江西鱼类

JIANGXI YULEI

郭治之　刘瑞兰　吴小平

编　著

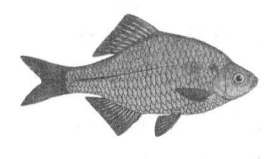

江西高校出版社
JIANGXI UNIVERSITIES AND COLLEGES PRESS

图书在版编目(CIP)数据

江西鱼类/郭治之,刘瑞兰,吴小平编著. --南昌:江西高校出版社,2023.10
ISBN 978-7-5762-4125-9

Ⅰ.①江… Ⅱ.①郭… ②刘… ③吴… Ⅲ.①鱼类资源—概况—江西 Ⅳ.①S922.9

中国国家版本馆 CIP 数据核字(2023)第 148676 号

出版发行	江西高校出版社
社　　址	江西省南昌市洪都北大道96号
总编室电话	(0791)88504319
销售电话	(0791)88522516
网　　址	www.juacp.com
印　　刷	江西新华印刷发展集团有限公司
经　　销	全国新华书店
开　　本	787mm×1092mm　1/16
印　　张	14
字　　数	255千字
版　　次	2023年10月第1版 2023年10月第1次印刷
书　　号	ISBN 978-7-5762-4125-9
定　　价	68.00元

赣版权登字 -07-2023-603
版权所有　侵权必究

图书若有印装问题,请随时向本社印制部(0791-88513257)退换

前　言

江西位于长江中游,分布有全国第一大淡水湖泊——鄱阳湖,有赣江、抚河、信江、修河及饶河五大水系。部分流入广东、安徽、长江的小水系,自然环境复杂。各地气候如山区、赣南及赣北差异较大,生物多样性丰富。鱼类种类繁多,区系组成较复杂。鄱阳湖早年的鱼年产量达到3 189.5万千克。其中,鲤鱼、鲫鱼产量占50%,是江西省重要的自然资源之一。

由于滥捕、围垦、灭钉螺及水质污染等多种因素的影响,江西省渔业资源量已大大下降。鄱阳湖的鱼年产量由3000多万千克下降到1000万千克,而且还在继续下降,已有数十种鱼类绝迹,再也采不到标本了,如著名的鲥鱼、白鲟、银鱼、胭脂鱼等。

为了渔业可持续生产,科学合理地利用自然资源,弄清鱼类的分布情况,我们自1956年起对全省各水系的鱼类进行了调查,与各县水产站、渔政站合作,对鱼类标本进行了数十年的系统采集,共获得标本196种(原发表为205种,已有多种鱼类因同物异名合并为一种),因此编写《江西鱼类》,为今后持续生产、合理利用渔业资源及生态保护提供较完整、系统的资料。

全书分工如下:

郭治之负责编写以下内容:江西省自然概况,江西省鱼类研究简史,江西鱼类区系概述,江西鱼类名录及分布表,鱼类形态特征和测量标准及名词的说明,鲤形目鲤科的鮈亚科、鲌亚科、鳅亚科、鳡亚科、鳊鲌亚科、鲢亚科、鲤亚科、平鳍鳅科,鲀形目的鮠科,鲈形目的鰕虎鱼科,合鳃鱼目。

刘瑞兰负责编写以下内容:鲟形目,鲱形目,鲤形目的胭脂鱼科、鲤科的鲃亚科、雅罗鱼亚科、鲅亚科、鳅科,鲶形目的鲶科、鲿科、胡子鲶科、钝头鮠科,鳗鲡目,颌针鱼目,鳉形目,鳢形目,鲈形目的鮨科、斗鱼科、塘鳢科,刺鳅目,鲽形目,鲀形目。

欧阳珊负责编写江西鱼类资源概况、利用及生态保护,负责全部图表制作、电脑扫

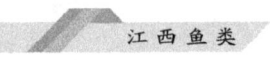

描及正文输入工作。

在省水产局、省渔政局及各地、市、县水产局的水产站、渔政站的大力协助下,我们得以全面地调查江西的鱼类资源、产量、利用现状及存在的问题,并采集了上千万号鱼类标本。

中科院水生生物研究所鱼类室主任何舜平博士、陈景星副研究员、张鹗先生等对我们采集的部分标本进行了鉴定,特别是在新种的鉴定等方面给予了大力协助。

技术员陈绍萍为在修水县三都镇采到异华鲮做出了一定的贡献。

蔡明俊先生绘制了全部鱼类图。

硕士研究生王忠明、周春花、凌高、高建华及赵大显老师,协助完成了鱼类图扫描、送稿、打字等工作;博士生陈重光协助完成名录核对等工作。

正是由于南昌大学校领导的重视,生命科学学院领导和邓宗觉教授的大力推荐,本书才得以出版。

在此对以上单位和有关人员表示衷心的感谢。

编 者

目录 CONTENTS

江西省自然概况 /001

江西省鱼类分类研究简述 /008

鱼类形态术语说明 /009

江西鱼类区系概述 /011

江西鱼类资源概况、利用及保护 /013

鲟形目 /018

　　一、鲟科 /018

　　二、匙吻鲟科 /019

鲱形目 /021

　　一、银鱼科 /021

　　二、鲱科 /024

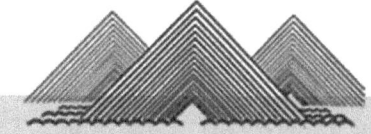

三、鳚科 /025

鲤形目 /027

一、胭脂鱼科 /027

二、鲤科 /028

（一）鲌亚科 /029

（二）雅罗鱼亚科 /032

（三）鮈亚科 /038

（四）鲴亚科 /054

（五）鳑鲏亚科 /059

（六）鲢亚科 /071

（七）鲃亚科 /073

（八）鲤亚科 /089

（九）鮈亚科 /094

（十）鳅鮀亚科 /119

三、鳅科 /123

（一）花鳅亚科 /123

（二）沙鳅亚科 /127

（三）条鳅亚科 /131

四、平鳍鳅科 /133

（一）平鳍鳅亚科 /133

（二）腹吸鳅亚科 /134

鲶形目 /141

一、胡子鲶科 /141

二、鲶科 /142

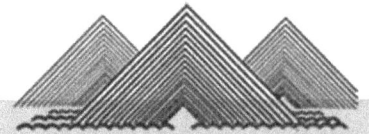

　　　　三、鮡科　/145

　　　　四、钝头鮠科　/148

　　　　五、鳡科　/151

鳗鲡目　/163

　　　　一、鳗鲡科　/163

颌针目　/165

　　　　一、针鱼科　/165

鳉形目　/167

　　　　一、鳉科　/167

　　　　二、胎鳉科　/168

鳢形目　/170

　　　　一、鳢科　/170

合鳃鱼目　/173

　　　　一、合鳃科　/173

鲈形目　/175

　　　　一、鮨科　/175

　　　　二、塘鳢科　/180

　　　　三、鰕虎鱼科　/182

　　　　四、斗鱼科　/185

刺鳅目　/187

　　　　一、刺鳅科　/187

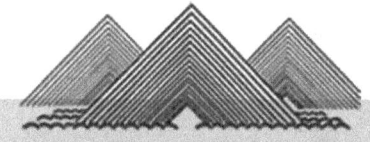

鲽形目 /189
  一、舌鳎科 /189

鲀形目 /191
  一、鲀科 /191

附录 /194
  附表1 江西鱼类名录及其分布 /194
  附表2 江西鱼类分类变化 /203

参考文献 /210

后记 /215

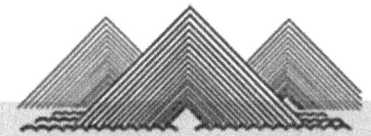

江西省自然概况

江西省简称赣,位于长江中下游南岸,地处北纬24°29′14″~30°04′14″、东经113°34′36″~118°28′58″之间。东与浙江省、福建省相邻,南连广东省,西与湖南省交界,北与湖北、安徽两省相接。

江西省南北长约620千米,东西宽约490千米,总面积16.69万平方千米,占全国土地总面积的1.74%。省内三面环山,中有鄱湖平原,自然环境复杂,河流众多,有全国最大的淡水湖——鄱阳湖,因此江西省物种多样性非常丰富,鱼类种类繁多。

一、地形、地貌

江西省位于中国东南部,属中国陆台的华南台块,是江南丘陵的重要组成部分。省境边缘的东、西、南三面都被高山环绕,中间则丘陵广布。整个地势大致为:周高、中低,由南向北、由外向内,朝鄱阳湖逐渐倾斜,形成一个以鄱阳湖平原为底部的不对称的巨大盆地。

主要地貌类型有平原、岗地、丘陵和山地。在山丘间镶嵌着东北向的断陷盆地和谷地。地貌以山地、丘陵为主。山地(包括中山、低山)面积占全省总面积的36%,丘陵占42%,岗地、平原、水面占22%。

根据地势特点,全省可分为三个区。

1. 边缘山区

边缘山区分布于省境周围。主要山脉有东北面的怀玉山、东南面的武夷山;南面有南岭山脉分支中的大庾岭和九连山,是长江流域的赣江与珠江流域的北江和东江(供应香港人民生活用水的东江水发源于此)的分水岭。驰名中外的井冈山就位于罗霄山脉的中段。赣西北有幕阜山和九岭山;幕阜山居北,处于湘、鄂、赣三省交界处,其东延余脉为庐山;九岭山居南,大部分在省境内,是修水和锦江的分水岭。

以上山峰海拔一般在1000米和1500米之间,少数达2000余米,成为江西与周边省份的自然分界线。

2. 中南部丘陵

中南部丘陵为罗霄山脉以东、鄱湖平原以南、武夷山以西及九连山脉以北的广大地区。地形比较复杂,低山、丘陵、岗阜与盆地交错分布,多为丘陵,海拔在100米和500米之间。还有海拔50米到200米的盆地,主要有吉泰盆地、赣州盆地、信丰盆地、瑞金盆地、

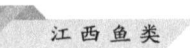

兴国盆地、南丰盆地及弋阳盆地等。此区域是江西重要的农业区。

3. 鄱阳湖平原

鄱阳湖平原位于江西省北部,为长江及鄱阳湖水系(赣、抚、信、饶、修等水系)冲积、淤积而成的湖滨平原,面积约4万平方千米,大部分海拔在100米以下。地表主要覆盖着第四纪红土和近代河湖冲淤物。鄱阳湖平原土地肥沃,气候温和,是江西的"鱼米之乡",也是全国主要商品粮产地之一。

二、气候特点

江西省地处中亚热带暖湿季风气候区。冬夏季风交替显著,四季分明,春、秋季短,夏、冬季长,其特点为:春天多雨,夏天炎热,秋天干燥,冬天阴冷。总的来说,江西气温适中,日照充足,雨量丰沛,无霜期长,冰冻期短,气候地域差异明显。

控制江西气候变化的主要因素是西伯利亚冷高压、太平洋副热带高压的移动。冬季,由于鄱湖盆地向北敞开,冷空气南下时可长驱直入,导致气温急剧下降,并伴有雨雪和大风。夏季,全省处于副热带高压控制之下,天气晴热,气温可升至39 ℃～40 ℃。

三、土壤

江西省土壤类型多样。由于长期开发、长期耕作,土壤已不同程度地熟化。全省共有红壤、黄壤、石灰土、山地草甸土、水稻土等13个土类。

红壤是江西省面积最大、分布最广的地带性土壤,广泛分布于全省海拔800米以下的低丘、丘陵和岗地。总面积约1.58亿亩,约占全省土地总面积的63.1%。江西是我国红壤分布的主要省区之一。

四、植被

江西省植被属于中亚热带常绿阔叶林带,自然条件复杂,植被类型多样,是亚洲东南部热带、亚热带植物区系的起源中心之一,至今保存有银杏、水松、金钱松、冷杉、鹅掌楸等孑遗植物。

1. 自然植被

全省自然植被的主要类型有以下几种。

(1)针叶林:广泛分布在海拔1000米以下的低山、丘陵地带,以马尾松和杉木为代表类型。全为用材林。

(2)常绿阔叶林:是江西省代表性植被类型,多为用材林和水源林,以壳斗科种类为最多。

(3)竹林:多分布在海拔1000米以下的地区。

(4)针阔叶混交林:主要有马尾松与阔叶树混交林、杉木与毛竹混交林,以及杉木、甜槠、栲树混交林等。

(5)常绿落叶阔叶混交林:为北亚热带地带性代表植被类型,资源数量仅次于常绿阔叶林。

(6)落叶阔叶林:分布于赣北丘陵和中山地区,面积较小。

(7)山地夏绿矮林:多分布于海拔1200米以上的山地,面积小,是江西山地水源林之一。

此外还有灌木草丛、沙地植被、草甸、水生植物群落等,后三种植被类型多分布于滨湖地区。

2. 栽培植被(人工植被)

栽培植被主要有农田植被、用材林、经济林和果木林等几类。

(1)农田植被:分布最广,类型最多,经济意义最大。水田植被以水稻、油菜、红花草为主;旱地植被以棉花、甘蔗、烤烟、麻类、花生、红薯、玉米、药材、西瓜等为主。

(2)用材林:人工栽培的有杉树、松树、毛竹和阔叶树种等。

(3)经济林:以人工栽培的油茶、油桐、乌桕、漆树、板栗、茶叶为主,还有杜仲林、紫胶虫寄生林等。

(4)果木林:以橘、柑、橙、柚、梨、桃、柿、枇杷、李为主。

五、水系概况

江西省共有大小河流2400余条,总长度约18 400千米。其中:常年有水的有160多条;集水面积大于3000平方千米的有18条,大于1000平方千米的有43条,大于200平方千米的有239条;集水面积大于100平方千米的有435条,其总长度为24 188千米;河长大于30千米的有315条。以上河流中,赣南的安远、定南、寻乌三县境内部分面积及信丰县境内少数面积共3562平方千米属珠江流域,上饶地区、赣州地区的部分边界县的少数面积共85平方千米属东南沿海的钱塘江、韩江水系,省内其余河流均属长江水系。

鄱阳湖水系汇集赣江、抚河、信江、饶河、修河五大主要水系。此外还有流域面积大于1000平方千米的博阳河、西河等直接汇入鄱阳湖,经湖口注入长江。整个鄱阳湖水系流域面积为162 225平方千米,其中江西境内有157 086平方千米,约占全省面积的94%。全省多年平均径流量为1483亿立方米,最大径流量为2 397.83亿立方米(1973年),最小年径流量为627.27亿立方米(1963年)。

省内主要河流有赣江、抚河、信江、饶河、修河。较大的湖泊有鄱阳湖、象湖、青山湖、瑶湖、青岚湖、军山湖、赛城湖、赤湖、太泊湖等。

1. 赣江

赣江为江西第一大河,就水量而言,是长江第二大支流。赣江自南向北流经44个县(市)注入鄱阳湖,流域面积为8.35万平方千米,全长766千米。实测最大径流量为1071亿立方米,最小年径流量为236.7亿立方米,多年平均径流量为637.9亿立方米。

2. 抚河

抚河位于江西省东部,发源于广昌、石城、宁都三县交界处,流经15个县(市)注入鄱阳湖,流域面积为1.58万平方千米,全长312千米。最大年径流量为251.5亿立方米,最小年径流量为48.3亿立方米,多年平均径流量为139.5亿立方米。

3. 信江

信江自东向西流经上饶、鹰潭,汇入鄱阳湖,流域面积为1.59万平方千米,全长313千米。最大年径流量为298.5亿立方米,最小年径流量为80.0亿立方米,多年平均径流量为165.8亿立方米。主要支流有石溪河、铅山河、白塔河。

4. 饶河

昌江和乐安河在鄱阳县姚公渡汇合后称饶河。饶河流域面积约1.5万平方千米,主河长298千米,多年平均径流量为107.6亿立方米。昌江流域面积为6220平方千米,主河长250千米。乐安河流域面积为8773平方千米,主河长279千米。

5. 修河

修河发源于湘、鄂、赣边界的幕阜山脉的东南侧,自西向东流,在永修县注入鄱阳湖。流域面积为1.48万平方千米,多年平均径流量为108.5亿立方米。主要支流有潦河、东津水、武宁水、黄沙港水。

6. 鄱阳湖

鄱阳湖位于长江中下游的南岸、江西北部,是我国第一大淡水湖,属吞吐型过水湖泊。南北长173千米,东西平均宽16.9千米,最宽处约70千米,最窄处约3千米。它汇集了赣江、抚河、信江、饶河、修河五大河流来水,于湖口注入长江。注入长江的多年平均天然流量为4380立方米每秒,径流量占长江流域的14.5%。

鄱阳湖面积为3960平方千米。最高洪水水位为21.7米(吴淞)。鄱阳湖不仅是渔产丰富的宝库,也是数百万只冬候鸟(白鹤、鹬、雁、野鸭等)的越冬天堂。

7. 其他水系

(1)洞庭湖水系

渌水:萍乡市境内三条河的总称。北支为萍水,源出宜春市五尖峰东麓;南支为南坑水,源出安福、莲花、萍乡三地交界的玉皇殿北,于萍乡市南部的长潭村与萍水汇合;另一支为麻山河,源出罗霄山东侧的莲花县境北。这三条河汇合后,经湖南醴陵汇入湘江,在萍乡市湘东区荷尧镇流入湖南。渌水流域面积为5713平方千米,河长168千米,在江西境内的总流域面积为2574平方千米。

栗江:源出宜春市五尖峰北麓,在江西境内的集水面积为415平方千米,主河长45.2千米。

草市水:发源于湘、赣交界的罗霄山北端的萍乡市境内,在江西境内的集水面积为317平方千米,河长34.3千米。

汨罗江:源出湘、鄂、赣交界的黄龙山东麓的修水县境内,在江西境内的集水面积为275平方千米。

(2)直接流入长江的河流

在湖口县以上直接流入长江的河流总集水面积为2440平方千米。主要河流有:长河,河长73.4千米,集水面积为703平方千米;南阳河,河长32.5千米,集水面积为190平方千米;龙港水,河长40.9千米,集水面积为309平方千米。

在湖口县以下直接流入长江的河流总集水面积为1406平方千米。主要河流有:郭家桥水,河长39.2千米,集水面积为277平方千米;浪溪水,河长45.5千米,集水面积为241平方千米;太平河,河长34.2千米,集水面积为264平方千米。

(3)珠江流域

东江水系:发源于江西寻乌、定南两县,在江西境内的集水面积为3524平方千米。其中:寻乌水的集水面积为1866平方千米,主河长100千米;定南水的集水面积为1658平方千米,主河长93千米。东江水系是香港人民生活用水的来源。

北江水系:流向北江水系的浈水,源出信丰县油山镇东侧,在江西境内的集水面积为38平方千米。

(4)韩江流域

韩江流域的梅江支流石窟河,为梅江一大支流,其上流有差干河、大柘河等数支水,均源于江西省寻乌县境内,集水面积都较小。以上各支流在省内的总集水面积为146平方千米。

江西省各水系流域面积见表1。

表1 江西省各水系流域面积表(单位:平方千米)

流域	水系	控制站	流域面积	外省汇入面积	江西境内面积	占全省(%)
	长江中游干流区	瑞昌、九江	2440		2440	1.46
	长江下游干流区	湖口、彭泽	1406		1406	0.84

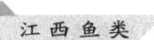

续表1

流域	水系	控制站	流域面积	外省汇入面积	江西境内面积	占全省(%)
长江	洞庭湖流域					
	1. 湘江渌水	萍乡	2299		2299	1.38
	2. 汨罗江	修水	275		275	0.16
	鄱阳湖流域		162 225	949	157 086	94.12
	1. 赣江	外洲	80 948		79 999	47.93
	2. 抚河	李家渡	15 811		15 811	9.47
	3. 信江	大溪渡	15 941	1019	14 922	8.94
	4. 饶河	饶公渡	14 367		12 186	7.30
	5. 修河	永修(山下渡)	14 539	2181	14 539	8.71
	6. 湖区(含清丰山区)	五口至湖口	20 619	990	19 629	11.76
珠江	东江流域	江西境内	3670		3670	2.20
	1. 定南水		1658		1658	
	2. 寻乌水		1866		1866	
	3. 韩江		146		146	
	合计				167 176	

六、饵料生物

江西地处亚热带,水质良好,饵料生物种类繁多且数量丰富,主要有浮游植物、浮游动物、底栖动物、水生维管束植物。以鄱阳湖为例,各饵料生物情况简述如下：

1. 浮游植物

在鄱阳湖及几条大河中,浮游植物种类较多,生物量则丰歉不一,根据刘瑞兰(1988)的名录,有 8 门 54 科 154 属。其中,绿藻门和硅藻门种类最多,占总数的70%(40%和30%),其他藻类约占30%。从组成上看,绿藻门12科33属,占总数的51%;硅藻门6科13属,占总数的19.7%。其中,优势种是纤维藻属、盘星藻属,其次为微囊藻属,鱼腥藻属、颤藻属、小球藻属、新月藻属、栅列藻属、平列藻属。硅藻的出现和水温有关。浮游植物是浮游动物的饵料,因此只有丰富的浮游植物才能培养出大量的浮游动物——所有鱼苗的高蛋白饵料。

2. 浮游动物

根据胡起宇(1988)的名录,浮游动物有轮虫类、枝角类、桡足类,共计 24 科:轮虫类有 12 科 59 属,枝角类有 7 科 40 属,桡足类有 5 科 13 属。其中,萼花臂尾轮虫属、晶囊轮虫属、六肢幼体、尖额蚤、长额象鼻蚤、剑水蚤较常见。

3. 底栖动物

根据吴小平(1988)的名录,底栖动物有 6 科 32 属。常见的有三角帆蚌属、背瘤丽蚌属、背角无齿蚌属、河蚬属，此外有中国圆田螺属、铜锈环棱螺属、钉螺属、豆螺属、耳萝卜螺属。蚌中，以三角帆蚌数量为最多。由于大量的河蚌（一天数千斤，甚至几万斤）被捕捞运往外地，而所有的刺鳑鲏都在蚌的外套腔内产卵，致使原先到处可见的刺鳑鲏产量下降，以刺鳑鲏为食的肉食性鱼类（如蒙古鲌等）的产量也随之下降。因此，毁灭性地破坏底栖生物，对整个生态环境都会带来灾难。

此外，江河、湖区含有机物的泥沼中有大量的水丝蚓、颤蚓、米虾、水生昆虫的幼虫、华溪蟹、石蚕、泥虫等。这些饵料是鱼类和大量冬候鸟的食物。由此可见，底栖动物在湿地生态系统中的地位非常重要。

水生维管束植物资源极为丰富，在鄱阳湖中共计有36种，分属22科33属。其中主要的优势种有：苦草、芦苇、轮叶黑藻、马来眼子菜、苔草和聚草等。它们不仅是草食性鱼类的饵料，也是鲤鱼、鲫鱼产卵的附着物，构成鱼类产卵时不可缺少的物质基础。

江西省鱼类分类研究简述

最早研究江西鱼类的傅桐生教授在1938年发表了《江西鱼类志》，记录了62种（实际只有58种）江西鱼类。1958年，原江西师范学院生物系龙迪宗结合实习经验，将在鄱阳湖采集到的鱼类数据写成报告——《鄱阳湖鱼类初步调查报告》，记录了57种鄱阳湖鱼类。1959年，中国科学院江西省分院报道鄱阳湖鱼类有80种。1964年，江西大学教师郭治之等发表了《鄱阳湖鱼类调查报告》，记述了120种鱼类。1974年，江西省农业局水产资源调查队发表了《鄱阳湖水产资源调查报告》，记述了118种鱼类。1982年，邹多禄发表了《江西省九连山地区的鱼类及其区系》，记述了24种鱼类。1983年，郭治之、刘瑞兰发表了《江西余江县（信江）鱼类调查报告》，记述了112种信江鱼类。1983年，邹多禄发表了《江西寻乌水的鱼类资源》，记录了43种鱼类。1984年，郭治之，刘瑞兰对赣南18个县进行了水产资源调查，并撰写了调查报告（铅印本），内容除了鱼类分类（147种），主要是赣南18个县水产生产现状及存在的问题，对今后的水产生产发展、东方墨头鱼及条纹二须鲃等珍稀物种的生态保护提出建议。

1986年，刘瑞兰、郭治之发表了鳅属鱼类的一个新种——江西副沙鳅。

1995年4月，张鹗、刘焕章发表了鳅鮀属的一个新种——江西鳅鮀。

1996年，张鹗等发表了《赣东北地区鱼类区系的研究》，记录了赣东北地区的135种鱼类，并对鱼类区系的主要组成进行了论述，将其与邻近水系进行比较后发现，赣东北地区的鱼类区系与赣江水系、钱塘江水系和湘江水系的鱼类区系无显著差异，而与闽江水系的鱼类区系差异显著。

1995年，郭治之、刘瑞兰发表了《江西鱼类的研究》，共记录了210种江西鱼类。

鱼类形态术语说明

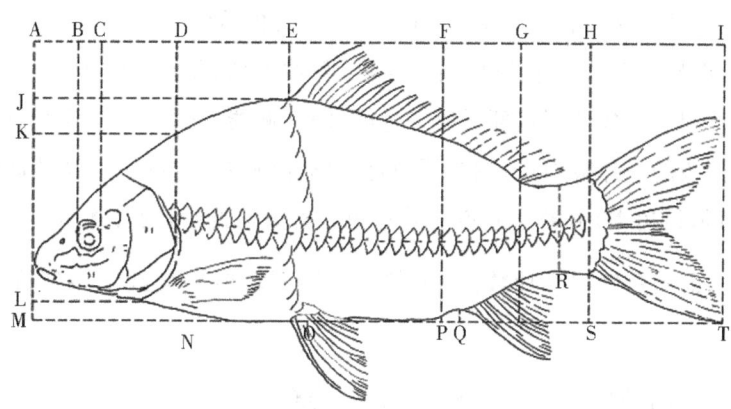

图1 鱼类的外形

全长:是鱼的全部长度,指从吻端到尾鳍末端的直线长度(A~I)。

标准长或体长:指从吻端到尾鳍基的直线长度(A~H)。

头长:指从吻端到鳃盖骨后缘的直线长度(A~D)。

头高:是头的最大高度,通常指鳃盖骨后缘的垂直距离(K~L)。

吻长:指眼眶前缘到吻端的直线长度(A~B)。

眼径:指眼眶的前缘到后缘的直线距离(B~C)。

眼间距:指从鱼体一侧眼眶背缘到另一侧的眼眶背缘的宽度。

眼后头长:指眼眶后缘到鳃盖骨后缘的长度(C~D)。

颐部(或颏部):位于下颌联合部之后。

峡部:位于颐部之后。

颊部:约相当于前鳃盖骨所在处。

鳃盖膜:包裹鳃盖边缘的皮质膜。

鳃耙数:以第一鳃弓外侧的鳃耙数或第一鳃弓内侧的鳃耙数来表示。

咽齿:鲤科鱼类下咽骨着生下咽齿,其形状和行数随种类而异,一般为1~3行(绝少有4行),常以齿式表示。如2.3.5~4.3.2,即每侧3行,4和5分别为位于内侧的主行咽齿数目,主行咽齿较大且较多。

体高:身体的最大高度(J~M)。

尾柄长:从臀鳍基部后端到尾鳍基部垂直线的距离(G~H)。

尾柄高:尾柄部分最低的高度。

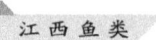

背鳍基长:从背鳍起点到背鳍基部末端的直线长度(E~G)。

臀鳍基长:从臀鳍起点到臀鳍基部末端的直线长度(Q~G)。

鳍条数:鳍条有分枝鳍条和不分枝鳍条两种。鲤科鱼类中,不分枝鳍条和分枝鳍条均用阿拉伯数字表示;其他鱼类中,不分枝鳍条用罗马数字表示,分枝鳍条用阿拉伯数字表示。

脂鳍:指没有鳍条支持的皮质鳍,存在于一些鱼类的背鳍之后。

鳞式:由3组数字表示。侧线鳞(侧线上鳞、侧线下鳞)是沿侧线的鳞片数,一般从近鳃孔上角的鳞片起一直数到尾基部最后一片鳞片止;侧线上鳞是从背鳍起点处的一片鳞斜数至接触到侧线的一片鳞为止;侧线下鳞是由紧邻侧线下方的一片鳞片向后下方斜数到腹鳍起点(鲤形目鱼类)或臀鳍起点的鳞片数。若数到腹鳍起点,就加上一个符号"v"。如鳞式 $35\dfrac{5}{4-v}$,即表示侧线鳞片数是35,侧线上鳞列数是5,侧线下鳞列数是4(数到腹鳍起点)。

纵列鳞数:指没有侧线的鱼沿体侧中轴的一排鳞片数。

腹棱:指有些鱼类沿腹缘正中线的皮质棱突。以腹鳍基底为界,腹鳍前后均有腹棱的称腹棱完全或全棱,仅在腹鳍后方有腹棱的称腹棱不完全或半棱。

棱鳞:指一些鱼类沿腹缘正中线的一列具有棱突或刺突的鳞片。

江西鱼类区系概述

本区系有鱼类 194 种(包括亚种),分别隶属于 13 目 31 科 102 属。

区系中最大的一个目是鲤形目,有 133 种,占总数的 68.56%;其次为鲶形目,有 26 种,占总数的 13.40%;第三为鲈形目,有 13 种,占总数的 6.70%。其余目、科多为 1～2 种,占总数的 11.34%。

在鲤形目中,胭脂鱼科只有 1 属 1 种;鳅科有 7 属 12 种;平鳍鳅科有 5 属 11 种;鲤科有 59 属 109 种,占鲤形目的 81.95%。而鲤科中最大的亚科为鮈亚科(30 种),接着是鲌亚科(19 种)、鲃亚科(19 种)、鳑鲏亚科(17 种)。鲤亚科只有 2 属 2 种,但其个体数量及产量占江西鲤亚科产量的 50%,是江西省的优势种。

横纹南鳅、异华鲮、白鲟、瓣结鱼、东方墨头鱼等为珍稀种类,其他均为普通种。

1. 鲟形目　2 科 2 属 2 种

2. 鲱形目　3 科 5 属 7 种

3. 鲤形目　4 科 72 属 133 种

(1)胭脂鱼科 1 属 1 种

(2)鲤科 10 亚科 59 属 109 种

①鲄亚科 3 属 4 种

②雅罗鱼亚科 7 属 7 种

③鲴亚科 4 属 5 种

④鲌亚科 10 属 19 种

⑤鲢亚科 2 属 2 种

⑥鮈亚科 15 属 30 种

⑦鳅鮀亚科 1 属 4 种

⑧鳑鲏亚科 6 属 17 种

⑨鲤亚科 2 属 2 种

⑩鲃亚科 9 属 19 种

(3)鳅科 3 亚科 7 属 12 种

①花鳅亚科 3 属 5 种

②沙鳅亚科 2 属 5 种

③条鳅亚科 2 属 2 种

（4）平鳍鳅科 2 亚科 5 属 11 种

①平鳍鳅亚科 1 属 1 种

②腹吸鳅亚科 4 属 10 种

4. 鲇形目 5 科 8 属 26 种

5. 鳗鲡目 1 科 1 属 1 种

6. 颌针鱼目 1 科 1 属 1 种

7. 鳉形目 2 科 2 属 2 种

8. 鳕形目 1 科 2 属 3 种

9. 合鳃鱼目 1 科 1 属 1 种

10. 鲈形目 4 科 5 属 13 种

11. 刺鳅目 1 科 1 属 2 种

12. 鲽形目 1 科 1 属 1 种

13. 鲀形目 1 科 1 属 2 种

江西淡水鱼类主要是以鲤形目(133 种)、鲇形目(26 种)、鲈形目(13 种)为主,分别占 68.56%、13.40% 和 6.70%。其中,鲤形目鲤科为最大的一科,有 109 种。

江西鱼类的分布区系属于东洋区、江淮(平原)西区,由以下几个区系复合体构成。

1. 江西平原鱼类区系复合体

包括鲤科的雅罗鱼亚科的大部分,鲷亚科、鲢亚科、鳊鲌亚科、鮈亚科、鳅鮀亚科的一部分,鮨科的鳜属等。

2. 热带平原鱼类区系复合体

包括鲤科的鲃亚科大部分属,鮈亚科的鳍属及棒花鱼属的部分种类,以及胡子鲇科、鮠科、鲿科、合鳃科、塘鳢科、鰕虎鱼科、攀鲈科、刺鳅科等。

3. 中印山区鱼类区系复合体

包括平鳍鳅科、鮡科的一些鱼类。

4. 上第三纪鱼类区系复合体

包括胭脂鱼科、鲤科的鲤亚科、鮈亚科的麦穗鱼属、鳅科的泥鳅属、鲶科等。

5. 北方山区鱼类区系复合体

这一鱼类区系复合体为北方山区冷水性鱼类,仅雅罗鱼亚科的拉氏鲅 1 种。

江西鱼类资源概况、利用及保护

一、江西鱼类资源概况及利用现状

江西省鱼类年捕捞量平均可达 5653 万千克,而 11 个鄱阳湖滨湖县(南昌、新建、鄱阳、余干、乐平、万年、都昌、永修、星子、湖口、进贤)的水产捕捞量平均为 2 384.5 万千克,占全省平均年捕捞量的 42.18%。由此可见,鄱阳湖鱼类资源非常丰富,养活了专业渔业人口 82 093 人(若包括兼业人口,达 17 万余人),各种渔船 13 500 艘。其中,机动渔船 194 艘,3168 吨,3281 马力。鄱阳湖的鱼产量决定了江西省鱼产量的大小。

江西的主要经济鱼类为鲤鱼、鲫鱼、鲢鱼、鳙鱼、翘嘴红鲌、蒙古红鲌、鲴类、鲶鱼、大口鲶、鲚鱼、草鱼、鲨条、刺鳑鲏、鳡鱼、花䱻、蛇䱛、鳜鱼、鲖鱼、乌鳢、黄鳝、黄颡鱼、太湖短吻银鱼等。鲥鱼是名贵经济鱼类,原来有大量的鲥鱼来赣江的峡江县产卵,现因过度捕捞已绝迹。各水系的渔获物统计较困难,现以鄱阳湖渔获物的重量组成表(表 2)来说明主要捕捞对象。表 3 为鄱阳湖渔获物组成在 1959 年、1974 年、1984 年、1997 年的变化情况。

表 2 鄱阳湖渔获物的重量组成(%)

	1959 年	1973—1974 年
鲤鱼、鲫鱼	45~50	40~45
青鱼、草鱼、鲢鱼、鳙鱼	10~15	5~10
鲴鱼	10~12	5~8
鲚鱼	2~3	10~15
鳊鱼、鲂鱼	5	4~5
鲶鱼	5	4~5
鲌鱼	3~5	3~5
鳜鱼	3~5	2~3
其他	5~10	10~15

表 3 鄱阳湖渔获物组成的变化情况(%)

渔获物组成	1959 年	1974 年	1984 年	1997 年
鲤鱼、鲫鱼	40~45	40~45	43.9	32.7
草鱼、青鱼、鲢鱼、鳙鱼	10~15	5~10	0.4	32.8
鲴鱼	10~12	5~8	0.4	

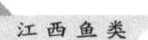

续表3

渔获物组成	1959年	1974年	1984年	1997年
鲚鱼	2~3	10~15	0.9	4.5
鳊鱼、鲂鱼	5	4~5	5.7	
鲶鱼	5	4~5	1.1	
鲌鱼		3~5	3~5	1.0
鳜鱼	3~5	2~3	6.3	1.3
其他	5~10	10~15	40.3	29.7

从重量来看,鲤鱼、鲫鱼占50%左右,应该是保护的重点。采集标本时,鲤鱼常堆成小山丘一样。在20世纪50—60年代,3~4龄、七八斤重的占多数。但近年来只看到1斤左右的鱼,这是捕捞强度大、网眼越来越密造成的。

表4为鄱阳湖主要经济鱼类的年龄组成。

表4 鄱阳湖主要经济鱼类的年龄组成(%)

	0	1+	2+	3+	4+	5+	6+	雌鱼最低成熟年龄
鲤鱼	1.08	14.60	59.73	15.95	5.67	1.25	1.62	1+
鲫鱼	2.00	22.00	65.00	11.00				1+
鲢鱼		9.60	34.60	50.00	5.80			3+
鳙鱼			56.60	35.80	1.90	5.70		4+
黄尾密鲴			75.00	25.00				2+
细鳞斜颌鲴		30.70	25.00	14.30				2+
长春鳊		25.53	44.68	29.79				2+
三角鲂		64.00	21.68	3.58	3.58	3.58	3.58	3+
翘嘴红鲌			11.11	43.33	34.45	8.89	2.22	3+
蒙古红鲌		3.57	17.86	57.15	10.71	10.71		2+
占总数的%	0.308	20.000	41.126	28.590	6.211	3.013	0.742	

表5记录了1963年、1971年、1984年、1997年鄱阳湖捕获物中鲤鱼的年龄组成变化情况。

表5 1963年、1971年、1984年、1997年鄱阳湖渔获物中鲤鱼的年龄组成变化情况(%)

	0	1+	2+	3+	4+	5+	6+	7+	8+
1963年			66.6	20.1	8.3	3.4	1.2	0.2	0.2
1971年		11	14.6	59.7	15.9	5.7	1.4	1.1	
1984年	25.3	37.6	24.5	9.4	2.1	1.1			
1997年	30.0	67.5		2.5					

从表5可以看出,从鄱阳湖中捕捞的渔获物中,幼龄鱼越来越多,高龄鱼越来越少。也就是重量小、个体小、数量小"三小"现象越来越明显,说明鄱阳湖渔业资源在极度衰退。

二、鱼类资源大幅衰退的原因

1. 捕捞过度

不分季节(产卵季节及非产卵季节)地捕捞,无论什么人都可以捕捞,而且对捕鱼手段没有限制:放丝网、摆迷魂阵、炸鱼都可以,竭泽而渔的现象屡禁不止,导致鱼被捞光。

2. 围垦

过去有53个鲤(鲫)产卵场,现在因围垦只剩下14个。鱼没有产卵场,必然影响可持续生产。

围垦不仅消灭了大面积的产卵场、幼鱼育肥场,而且直接影响每年的捕捞产量,而水面大小与每年的捕捞产量成正比。根据张本等人的计算,鄱阳湖渔获量与水面面积成正比(如图2)。

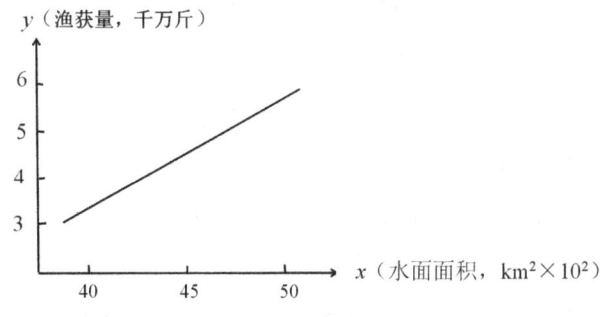

图2 鄱阳湖渔获量和水面面积的关系

水面大小与渔获量是正相关的(相关系数r为0.831),鄱阳湖围垦使渔捞产量直线下降。1954年的产量最高,由于当年发洪水,湖边各县被淹,池塘中养的鱼都被冲走,大量的长江野鱼苗进入鄱阳湖。在洪水期,渔民无法捕捞,相当于休渔数月,鱼儿育肥数月,使当年产量达到63 790 000 kg(表6)。

表6是1949—1984年鄱阳湖渔获量。

围垦以后,许多水草丛生的湖岸地带都被围住了,底栖生物、昆虫幼虫等饵料生物大大减少,导致幼鱼觅食、育肥的生态环境变差,幼鱼成活率降低,产量因此下降。

表6 鄱阳湖1949—1984年的渔获量

年份	渔获量($\times 10^4$ kg)	年份	渔获量($\times 10^4$ kg)
1949	2714	1966	4023
1950	2866	1967	3621

续表6

年份	渔获量（×10⁴ kg）	年份	渔获量（×10⁴ kg）
1951	3270	1968	3079
1952	3615	1969	3379
1953	3298	1970	2610
1954	6379	1971	3239
1955	4361	1972	2005
1956	4384	1973	4136
1957	4447	1974	3045
1958	4432	1975	2461
1959	4586	1978	2229
1960	4492	1979	2942
1961	4268	1980	3493
1962	5063	1981	16 844
1963	4043	1982	19 069
1964	4803	1983	25 484
1965	4325	1984	20 976

3. 在产卵繁殖季节偷捕孕卵亲鱼

有的人知道在繁殖季节，亲鱼个体大，容易集中，水浅，亲鱼产卵场水深且窄，于是就在产卵场外偷捕孕卵亲鱼。一条孕卵亲鱼孕卵量为 14.3 万粒到 126.1 万粒。如果有一半卵能孵化成鱼苗，则鱼苗数量可达 60 万到 70 万尾。这些鱼苗长成幼鱼后可以作为肉食性鱼类的饵料，增加肉食性鱼类的产量；有的鱼苗可成长为成鱼，增加成鱼的产量。偷捕亲鱼的做法直接造成鱼类资源衰退。

4. 灭钉螺

1970—1972 年的 3 年间，鄱阳湖全湖共投药 4200 余吨。大量投放五氯酚钠，造成大量幼鱼、成鱼死亡，大量鱼类饵料无法生存，严重改变了沿湖水质。投药后未能很好地消灭钉螺，反而污染了水质，破坏了多种生物的栖息条件。

5. 水质污染

据不完全统计，江西全省每天的废水排放量在 657.25 万吨左右。例如，某县利用山竹造纸排出的废水，全部不经处理就往河里排放，致使整条河河水变黑，呈酱油色，使鱼、虾等水生生物面临灭顶之灾。

6. 密眼网化

目前渔网的网眼越来越小，即便很小的幼鱼也不能幸免，这种"竭泽而渔"的做法必将导致鄱阳湖渔业资源枯竭。江西某些经济鱼类已绝迹,如鲥鱼就是一实例。

三、渔业生态保护

要恢复渔业资源就必须采取综合的生态保护措施。

1. 退田还湖,恢复鲤(鲫)产卵场,恢复刀鲚产卵场

鲤(鲫)产卵场在退田还湖后可以恢复到 20～25 处,尤其是湖岸高程在 16 米左右的围垦地带。刀鲚产卵场在鄱阳湖南部、程家池、草湾湖、东湖等处,产卵群体大。刀鲚产卵时间在"立夏"和"小满"之间。刀鲚产卵场是长江流域较大的一个产卵场,对长江鲚鱼的产量影响很大。

退田还湖后,在湖口可以大量纳江灌苗,上百种鱼苗可进入天然渔场鄱阳湖育肥。

2. 严禁在休渔期捕鱼

每年的 3—6 月为休渔期。在此期间,所有渔船、各种网具一律不得下湖。渔政部门应对每条船进行检查,检查是否有捕捞证,渔具是否合法,网眼密度是否合规,是否使用了毫网、布网、迷魂阵、毒饵等非法渔具及捕鱼法。对下河、下湖非法毒炸或堑湖的兼业农民应予以教育并施以重罚。

3. 限制每年的捕捞量

根据自然规律,生物量为种群数量的一半时才能获得最高的产量,才能科学地可持续地生产。鄱阳湖的限制捕捞量应在 2000 万千克左右,应严格控制这条红线,只有这样,全省水产资源才有望逐步恢复。

4. 利用野生鱼类培育新的养殖对象

江西已培育了荷包红鲤、兴国红鲤、万安玻璃鲤等品种。江西省水产科学研究所与九江市水产科学研究所合作培育了彭泽鲫,南昌市相关机构已成功繁殖并饲养鳜鱼、黄颡鱼、黄鳝、泥鳅。

南昌大学生命科学学院生物技术系和上饶水产站、水产场正在培育刺鲃并已养育成功。这对一些快要绝种的鱼不仅可以起到保护作用,保留相关鱼类基因,还可以放流鱼苗,保证这些鱼类不致灭绝。

鲟 形 目

内骨骼为软骨,中轴骨无椎体。体被5纵行骨板,有时裸露。头上骨板有或无。尾鳍歪形,上缘有一纵行棘状鳞。背鳍、臀鳍后位。无前鳃盖骨和间鳃盖骨。鳔大。鳔管与食道相连。肠有螺旋瓣。

科的检索表

1(1)体被5纵行骨板。头部具骨板。上、下颌无齿 ··· 鲟科
2(2)体无纵行骨板。头部光滑。上、下颌具细齿 ··· 匙吻鲟科

一、鲟科

头上被骨板。体被5纵行骨板,背面正中有1行,体侧各有2行。吻延长。眼小,侧位。喷水孔有或无。须2对,位于吻腹面。口下位。鳃盖骨消失,下鳃盖骨发达。

此科在江西仅有中华鲟一种。

1. 鲟属

(1)中华鲟

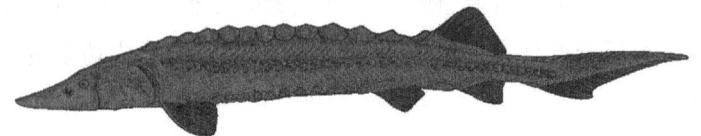

地方名:鲟鱼。

标本3尾,体长1143 mm～2540 mm,采自九江(长江段)、鄱阳湖。

背鳍48～62;臀鳍31～43;胸鳍40～51;腹鳍34～410。

背前骨板13～15;背后骨板0～3;体侧骨板31～37;腹侧骨板9～15。

体长为体高的5.0～7.9倍,为头长的2.3～3.9倍,为尾柄长的1.5～1.6倍,为尾柄高的19.7～25.0倍。

体长,向后渐细。腹面平直。头尖,略呈三角形。吻延长,前端尖,略向上翘,基部宽。眼小,侧位。眼间隔宽,中间凹陷。鼻孔2个,位于眼前,喷水孔呈裂缝状。口小,横裂,腹位,可自由伸缩,无齿。唇发达,具绒毛状突起。须2对,位于吻腹面。鳃孔大,具发达的假鳃,位于鳃盖的里侧。体被5纵行骨板,背中部1行较大,各骨板间皮肤裸露且

光滑。头部有多块骨板。尾鳍上缘具1纵行棘状鳞。背鳍和臀鳍后位。胸鳍宽短,位低,第1鳍条常骨化。腹鳍小,呈长方形。尾歪形。

头和体背为青灰色,下侧面为黄白色。腹部为乳白色。鳍为灰黑色,边缘色浅。

中华鲟是一种洄游性鱼类。在繁殖季节,性成熟个体均向长江上游洄游至产卵场产卵、繁殖,幼鱼翌年降河洄游至沿海育肥。

中华鲟为肉食性鱼类,主要以昆虫幼虫、软体动物、虾、蟹、小鱼等为食,繁殖期间停止摄食。

中华鲟在长江中的产卵场主要在四川金沙江段,葛洲坝修建截流后阻断了其生殖洄游通道。坝下天然产卵场小且不稳定,不再具备原先的产卵场所有的条件,导致亲鱼性腺有所退化,因此,开展人工繁殖是补救措施之一。从1981年到1982年间,长江水产研究所在宜昌进行了人工繁殖试验,终于在1983年育出幼苗39.5万尾,1985年又育出10.69万尾。

中华鲟是白垩纪残存下来的稀有种类,分布范围小,数量少,为我国特有鱼种,是世界20多种鲟类中个体最大、生长最快的种类。其肉质肥美,在产地为一种大型经济鱼类。1980年,在葛洲坝截流处,渔民大量捕捞中华鲟,使其数量日益减少。自1988年起,中华鲟被列为国家一级保护动物。三峡工程兴建以后,相关部门采取了适当措施,避免水域生态环境的改变影响中华鲟的生存,同时进一步开展人工繁殖的研究工作,进行增殖放流,并严禁在长江沿岸特别是长江下游的江西和长江口区捕捞幼鱼。

二、匙吻鲟科

头部光滑,无骨板。体光滑,仅具细小的斜方形鳞或颗粒状小鳞。吻延长,呈铲状或圆锥状。眼小,口大。上、下颌不能伸缩。须1对或2对。无假鳃。尾鳍歪形,上缘具1纵行棘状鳞。

1. 白鲟属

(1) 白鲟

标本1尾,全长600 mm,采自彭泽。

背鳍46,臀鳍51。

体长为体高的7.8倍,为头长的1.7倍,为尾柄长的10.0倍。头长为吻长的1.3倍,

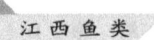

为眼间距的6.5倍。

体呈圆筒形,前粗后细。头长。吻延长,呈剑状,前端扁平而狭窄,后部宽大而肥厚。吻两侧具柔软的皮膜。眼小。喷水孔小,位高。口腹位,呈弧形。上、下颌不能伸缩。吻须1对,短而细,位于吻腹面。鳃孔宽大。鳃盖仅由下鳃盖骨组成。头、体光滑。尾鳍上缘具棘状鳞7~10枚。吻及头部具梅花状的凹窝。侧线几乎平直。背鳍大。胸鳍宽短,位低。腹鳍小,略呈方形。尾鳍歪形,稍向上翘;下叶前部大,呈三角形。

体背侧为灰褐色,略带淡红色。腹面为白色。鱼鳍为灰褐色。

白鲟为洄游性底栖鱼类,栖息于长江干流,有时也进入沿江大型湖泊。其为凶猛的肉食性种类,以幼鱼及蛇为食,食物种类因地而异。

白鲟为我国特有种类,个体较大,最大者可达500千克。有一定的经济价值。其肉质肥美,营养丰富,被视为水产中的名贵产品。目前,长江中的白鲟数量极少,已被列为珍稀动物,为保护对象。特别是在三峡库区建成后,更应限制合理的捕捞量,禁止滥渔滥捕,严禁捕捞幼鱼。

鲱 形 目

体呈长形,侧扁,常有棱鳞。口小或中等大,上颌口缘由前颌骨和上颌骨组成。辅上颌骨1~2块。牙小或不发达。体被圆鳞。胸鳍和腹鳍基部有腋鳞。背鳍无硬刺。尾鳍为正尾形,椎体横突,不与椎体愈合。常具鳔,鳔与食道相连。无侧线。

科的检索表
1(2)体极细长,圆筒状 ·· 银鱼科
2 体侧扁
3(4)口一般端位,口裂达眼前方或下方。鳃盖膜彼此不相连 ·············· 鲱科
4(3)口下位,口裂达眼后方。鳃盖膜彼此稍相连 ························ 鳀科

一、银鱼科

银鱼是小型的透明鱼类。其特征是头部扁平,吻长而尖。眼小。舌上有齿,前颌骨扩呈三角形。体大多无鳞,雄鱼在臀鳍之上有一列较大的鳞片。脂鳍小。背鳍后位,尾鳍分叉深。无侧线。

此科在江西有3属4种。

属的检索表
1(4)吻长,头长小于吻长的3倍,脊椎骨60以上
2(3)下颌缝合处有肉质垂 ·· 间银鱼属
3(2)下颌缝合处无肉质垂 ·· 大银鱼属
4(1)吻短,头长大于吻长的3倍,脊椎骨不超过60 ······················ 新银鱼属

1. 间银鱼属

(1)短吻间银鱼

标本38尾,体长101 mm~130 mm,采自鄱阳湖。

背鳍2-11;臀鳍3-24~25;胸鳍1-8;腹鳍1-6。脊椎骨74~79。

体长为体高的12.1~13.9倍,为头长的4.8~5.3倍,为尾柄长的9~12倍,为尾柄高的21.5~24.0倍。头长为吻长的2.3~2.6倍,为眼径的7.3~9.1倍,为眼间距的

3.2~4.5倍。尾柄长为尾柄高的2.4~3.2倍。

体细长,前圆后扁。头宽平。吻尖平,呈三角形。口大,端位,口裂不达眼前缘下方。上颌略长于下颌。两颌及左右口盖骨上各有1列细齿。下颌顶端有光滑的肉质垂,上有2枚较大的齿。舌细长,无齿。有粗糙突起。鳃孔大。背鳍近体下后部,位于臀鳍上方。脂鳍小。胸鳍小而尖,无肌肉基。腹鳍与肛门间有1条棱膜。尾柄细长。体光滑无鳞,仅成熟雄鱼在臀鳍基部两侧各有1列鳞片。

活体身体透明,死后变为乳白色。腹部从胸鳍至臀鳍有2列小黑点。臀鳍至尾鳍散有许多小黑点。其他鳍均无色透明。

此鱼常栖于敞水湖面,特别是在清水与浑水交界处较为集中。上午在水上层,日中则在水的中上层。以浮游生物为主食。其肉味鲜美,经济价值较高。6—9月为捕捞季节。冬季亦有少量。鄱阳湖产量最多。

此鱼分布于鄱阳、余干、瑞洪、九江、彭泽。

2. 大银鱼属

(1) 大银鱼

地方名:面条鱼。

标本25尾,体长73 mm~110 mm,采自鄱阳湖。

背鳍2-14~15;臀鳍3-28~30;胸鳍1-23;腹鳍1-6。脊椎骨60~64。

体长为体高的9.7~11.6倍,为头长的4.2~5.0倍,为尾柄长的12.1~13.8倍,为尾柄高的26.2~29.6倍。头长为吻长的2.4~2.8倍,为眼径长的7.5~8.3倍,为眼间距的3.1~3.8倍。尾柄长为尾柄高的1.3~1.6倍。

身体较银鱼科其他种银鱼粗大。体长。头宽扁,呈三角形。眼侧位。吻扁且尖。口大,端位,口裂长达眼前缘下方。上颌延伸,达眼中间下方。下颌前端略突出。前颌骨有1行齿,下颌骨及口盖骨上各有2行。犁骨齿较大,分成2丛。舌较大,有2行。鳃孔大。

背鳍靠近体后部,位于腹鳍与臀鳍中间的上方。脂鳍小,与臀鳍末端相对。胸鳍较小,有肌肉基。腹鳍起点距鳃孔较臀鳍起点为近。尾柄短,尾鳍呈叉形。

鱼体透明无鳞,仅成熟雄鱼的臀鳍基两侧各有1列鳞。腹部自腹鳍至臀鳍两侧各有1列黑点。臀鳍和尾鳍为灰褐色。

大银鱼为肉食性鱼类,可生活在咸水和淡水中。此鱼在江河中产卵,3月为生殖季。

此鱼产量较低,分布于鄱阳湖及长江中段。

3. 新银鱼属

种的检索表
1(2)上颌骨超过眼前缘下方,上、下颌前端具小齿突 ················太湖新银鱼
2(1)上颌骨达眼前缘下方,仅上颌具齿 ··························寡齿新银鱼

(1)太湖新银鱼

标本7尾,体长61 mm～70 mm,采自鄱阳湖。

背鳍2-12～14;臀鳍3-23～24;胸鳍25～26。脊椎骨54～60。

体长为体高的7.5～8.3倍,为头长的5.8～6.5倍,为尾柄长的11.0～12.0倍,为尾柄高的8.7～10.1倍。头长为吻长的3.1～4.5倍,为眼径长的4.0～6.0倍,为眼间距的2.7～3.8倍。尾柄长为尾柄高的1.5～1.8倍。

个体较小。头小。吻短钝,两侧稍向内凹,显得较窄。口小,端位。上颌骨超过眼前缘下方。两颌前端只有小齿突,下颌后端每侧有1列细齿。下颌稍长于上颌。舌细长,前端略凹,无齿。鳃孔小,具假鳃。

背鳍近体后部,位于臀鳍起点之前。脂鳍小。胸鳍小,有肉质基。尾柄短,尾鳍呈叉形。体无鳞,仅成熟雄鱼在臀鳍基两侧有1列鳞。体侧沿腹面每边有1列小黑点。尾鳍边缘为灰褐色。无侧线。

此鱼在鄱阳湖数量较多,每年6—9月为捕捞期。此鱼肉味鲜美,是一种经济价值较高的鱼类。银鱼干畅销国内外。

此鱼分布于鄱阳湖及长江段、进贤。

(2)寡齿新银鱼

地方名:银鱼。

标本10尾,体长33 mm～46 mm,采自鄱阳湖。

背鳍2-10～11;臀鳍3-21～23;胸鳍23～25。脊椎骨54～58。

体长为体高的7.8～8.5倍,为头长的5.7～7.7倍,为尾柄长的7.5～10.2倍,为尾柄高的 5.2~8.0 倍。头长为吻长的 3.0~4.0 倍,为眼径的 3.2~4.5 倍,为眼间距的 2.7~3.9 倍。尾柄长为尾柄高的 2.0~3.0 倍。

体小而细长。头小。吻短钝。口小,端位。口裂近眼前缘下。上颌达眼前缘下,具细齿 1 列。下颌、舌上等处均无齿。鳃孔小,鳃盖骨薄。

背鳍位于体后,距尾鳍基较近。脂鳍小,在臀鳍的后上方。雄性成鱼臀鳍中部鳍条粗长弯曲。胸鳍小,呈扇形,具肌肉基。腹鳍小。腹膜薄。尾柄短,尾鳍呈叉形。体无鳞,仅成熟雄鱼在臀鳍基两侧各有 1 列鳞。

通体透明。从胸鳍至臀鳍前,腹两侧各有 1 列小黑点。臀鳍基部正中有 1 长形黑色斑。尾鳍基上下各有 1 圆形黑斑。臀鳍、尾鳍均为灰黑色。

此鱼多生活于湖汊、港湾或清水、浑水交汇处,为一年生鱼类,以浮游动物为食。个体小,但有经济价值。3—5 月为繁殖季。亲体产后不久即死亡。

此鱼分布于鄱阳湖、九江。

二、鲱科

体呈梭形,侧扁。腹部常具棱鳞。头侧扁。吻不突出。口中大,前位,两颌等长,有辅上颌骨 1~2 块。牙小或无。有假鳃。体被薄圆鳞。无侧线。臀鳍基一般较长。尾鳍呈叉形。鳔前端与内耳相通。有输卵管。

鲱科在江西只有鲥属 1 种。

1. 鲥属
(1) 鲥鱼

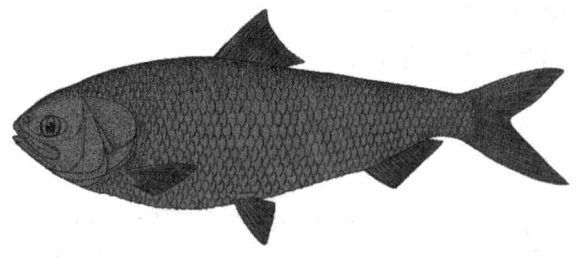

标本 3 尾,体长 445 mm ~ 495 mm,采自峡江。

背鳍 III - 14~15;臀鳍 II - 17;胸鳍 I - 14;腹鳍 I - 7~8。纵列鳞 43~44。胸棱鳞 15~16。腹棱鳞 13~15。外鳃耙 350~375。

体长为体高的 3.20~3.35 倍,为头长的 3.87~4.13 倍,为尾柄长的 7.42~7.62 倍,为尾柄高的 12.1~12.7 倍。头长为尾柄长的 1.82~1.95 倍,为尾柄高的 3.07~3.25 倍,为吻长的 3.44~3.97 倍,为眼径的 8.00~8.50 倍,为眼间距的 3.55~3.85 倍。

体呈长椭圆形,较侧扁。头中等大。吻尖。眼被皮膜,位于头的前部两侧,近吻端。上颌正中有一缺刻。上、下颌均无齿。鳃孔甚大,左右相连。鳃盖膜不与峡部相连。体被大而薄的圆鳞。腹部自胸鳍前到肛门间有锯齿状甲鳞。尾鳍分叉深,基部有小鳞覆盖。无侧线。

体背侧为灰黑色,略带蓝色光泽。体侧及腹部为银白色。腹鳍、臀鳍为灰白色,其他鳍为暗蓝色。

鲥鱼为洄游性鱼类,夏初由海洋进入长江,5月下旬到达鄱阳湖。6至7月上旬,鄱阳湖的鲥鱼数量达高峰。产卵场在鄱阳湖区的都昌附近和赣江的峡江一带。到7月底,鄱阳湖的鲥鱼就很少了,鱼汛也就结束了。孵化的幼鱼留在湖泊中或长江干流和支流内进行肥育。到9、10月份,幼鱼顺水而下,回到海中生活。鲥鱼主要以浮游动物为食。成年个体一般重1.5千克左右。

鲥鱼肉质细嫩,脂肪丰富,是名贵的食用鱼类。因捕捞过度,鲥鱼现几乎绝迹。

此鱼分布于长江中下游、鄱阳湖、赣江。

三、鳀科

体呈长形,稍侧扁。颌骨延长。吻突出。口大,下位。背鳍小。胸鳍具延长成丝状的鳍条。腹部自胸鳍前到肛门间有锯齿状棱鳞。体被圆鳞,鳞片易脱落。无侧线。

此科在江西只有1属2种。

种的检索表
1(2)上颌骨后端达胸鳍起点 ··· 长颌鲚
2(1)上颌骨后端不达胸鳍起点 ··· 短颌鲚

1. 鲚属

(1)长颌鲚

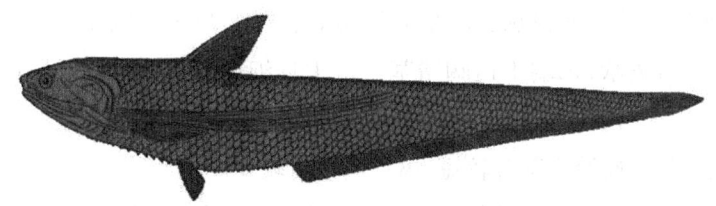

地方名:刀鱼。

标本10尾,体长280 mm～359 mm,采自鄱阳、余江。

背鳍2-11;臀鳍103～118;胸鳍6-13;腹鳍7。纵列鳞75～83。

体长为体高的 5.7~6.5 倍,为头长的 6.6~7.0 倍。头长为吻长的 4.1~4.8 倍,为眼径的 7.0~7.6 倍,为眼间距的 3.3~3.5 倍。

体长而侧扁。背部较平直。头尖而侧扁。口大而斜,前下位。下颌略短于上颌。上颌骨甚长且游离,向后伸达胸鳍基。上下颌、犁骨及口盖骨均有细齿。吻圆突。眼小,侧位。鼻孔 2 个,近眼前缘。鳃孔小,鳃耙细长。

背鳍位于体前部的 1/4 处。起点在腹鳍起点稍后。胸鳍下侧位,前 6 根鳍条游离,延长成丝状,伸达臀鳍基上方。腹鳍小。尾鳍短小,上叶大于下叶。体被薄而大的圆鳞。腹部从胸鳍前部到肛门间有锯齿状的棱鳞。无侧线。

体背部呈灰黑色或淡黄色。其余部分为银白色。体侧具有蓝色光泽。

长颌鲚为洄游性鱼类,平时生活在海中,每年 2—3 月由海入江进行生殖洄游。长颌鲚以浮游动物、小鱼为食。每年 2—3 月进入江河时,其性腺渐渐发育成熟。从 4 月下旬、5 月上旬开始,长颌鲚在沿江湖泊支流或干流浅水弯道、流速较缓的地区产卵。卵具油球,为浮性卵,飘浮在水中发育。幼体生活到秋后,再入海育肥。

此鱼肉味鲜美,富含脂肪,为群众所喜爱,但现在产量不多。

此鱼分布于鄱阳湖、九江、抚河下游。

(2) 短颌鲚

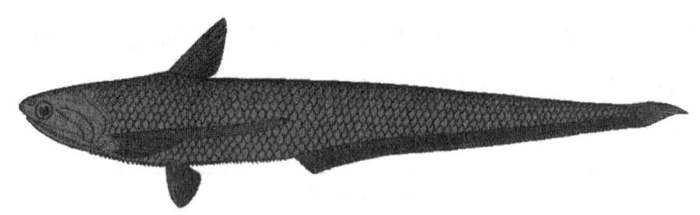

地方名:刀鱼、凤尾鱼。

标本 20 尾,体长 150 mm~350 mm,采自鄱阳。

背鳍 2-11~12;臀鳍 2-90~103;胸鳍 6-11;腹鳍 1-6。纵列鳞 72~77。

体长为体高的 6.0~6.5 倍,为头长 5.8~6.5 倍。头长为吻长的 4.0~5.0 倍,为眼径的 4.1~5.9 倍,为眼间距的 3.5~4.7 倍。

体形似长颌鲚。体长而侧扁。腹部有锯齿状棱鳞。口大。眼小。吻呈锥形。上颌骨短,后端呈片状游离状,末端不达胸鳍基。口中具细齿。背鳍靠前。胸鳍有 6 根丝状鳍条。腹鳍小。臀鳍特长。尾鳍小,上叶长于下叶。鳞薄。无侧线。它与长颌鲚的区别主要是:本种上颌骨后端游离部分较短,纵列鳞数目较少。

短颌鲚为淡水鱼类,生活习性均与长颌鲚相似,畅销市场,为群众所喜爱,属经济鱼类之一。

此鱼分布于鄱阳湖、抚河、余江、九江、峡江、赣州、进贤、彭泽。

鲤 形 目

具有咽齿。各鳍均无硬刺,有的仅背鳍和臀鳍的末根不分枝鳍条骨化成硬刺。背鳍1个。腹鳍腹位。体被圆鳞或裸露。侧线完全,一般中位。前4个椎骨部分变形成韦伯氏器以连接内耳和鳔。具顶骨、续骨及下鳃盖骨。

科的检索表
1(4)口前吻部无须或仅有1对吻须
2(3)下咽齿1行,多达数十枚。背鳍分枝鳍条数在50以上 ················ 胭脂鱼科
3(2)下咽齿1~3行(绝少有4行),每行最多7个。背鳍分枝鳍条数在30以下 ········ 鲤科
4(1)口前吻部有2对吻须
5(6)头部与体前部侧扁或呈圆筒形,偶鳍不扩大,位置正常,基部肌肉不发达 ········· 鳅科
6(5)头部与体前部平扁。偶鳍扩大,平展于腹面两侧,基底肌肉发达 ··········· 平鳍鳅科

一、胭脂鱼科

体高而侧扁,近长方形。腹部圆。头尖。口小,下位。唇肉质发达。无须。下咽齿小且数不多,排列呈梳状。侧线完全。背鳍长,无硬刺,分枝鳍条数在50以上。臀鳍短。尾鳍呈叉形。

本科在我国仅1属1种。

1. 胭脂鱼属

(1)胭脂鱼

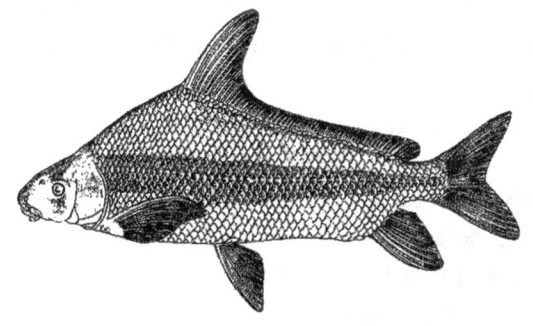

地方名:火烧鳊。

标本1尾,体长340 mm,采自鄱阳湖。

背鳍Ⅲ-5；臀鳍Ⅱ-10；胸鳍Ⅰ-10；腹条Ⅰ-15。侧线鳞53。下咽齿1行,40~50。

体长为体高的2.9倍,为头长的4.4倍,为尾柄长的8.0倍,为尾柄高的11.2倍。头长为吻长的1.9倍,为眼径的6.8倍,为眼间距的1.6倍。

体高而侧扁。背部从背后隆起,在背鳍起点处最高。头短小。吻钝圆。口小,下位,呈马蹄形。唇厚,具许多细小的乳突。上唇与吻皮间具一深沟,下唇外翻成肉褶。无须。眼小,侧位。眼间隔宽为圆突。鼻孔靠近眼前缘。下咽齿1行,数量多。齿扁平,末端呈钩状,排列成梳状。侧线平直。背鳍基长,约占体长的3/5。无硬刺。外缘内凹。胸鳍位低。臀鳍短。肛门紧靠臀鳍起点之前。尾鳍呈深叉形。幼鱼下叶较上叶为长。

胭脂鱼体色在不同的生长阶段变化很大。幼鱼(体长100 mm以下)体色微黑。体侧有3条较宽的黑色横纹。背鳍前部、胸鳍和腹鳍均为黑色。臀鳍和尾鳍下叶呈褐色。未成年个体上侧具有规则的黑色横纹和斑块,各鳍均为黑色。成鱼全身背鳍及尾鳍呈红色,在繁殖季节各有1条鲜红的纵纹从鳃孔上角延长至尾基。

胭脂鱼主要生活于长江中下游的干流中,有时也入湖泊,喜栖息于中层和下层,以底栖无脊椎动物、水生昆虫幼虫为食。胭脂鱼生长快,个体大,食性广,肉味鲜美,是长江中的一种经济鱼类,濒临灭绝,已被列为国家一级保护动物。

此鱼分布于彭泽、湖口、鄱阳湖。

二、鲤科

口通常能伸缩。上、下颌无齿。由最后一对鳃弓发展而成的下咽骨上有1~3行下咽齿,极少数为4行。主行齿数最多为7枚,与头骨腹面的角质垫形成咀嚼器。须1对、2对、4对或无。鳔大,2~3室。前室大多不为骨质囊或骨膜所包,少数种类的前室有骨质囊。后室显著缩小。体被圆鳞,较大,呈覆瓦状排列。也有少数种类鳞小,埋于皮下,或无鳞。背鳍最后1根不分枝鳍条常骨化成硬刺。

本科鱼类不仅种类多、适应性强,而且分布广、产量大,为重要的渔业对象,也是湖泊、池塘、水库的主要养殖和捕捞对象,在江西渔业产量中占有重要地位。已知江西省现有鲤科鱼类109种之多。

亚科的检索表
1(12)臀鳍分枝鳍条在14根以下,腹部有不完全腹棱或无
2(14)臀鳍分枝鳍条通常在7根以上
3(11)下颌无发达的角质边缘,下咽齿主行有6~7枚
4(13)口腔内无螺旋形鳃上器。鳃膜与峡部相连
5(15)须1对、2对或无
6(16)背鳍基部前于臀鳍起点。体延长。雌性生殖季无产卵管

7(17)臀鳍末根不分枝,鳍条一般柔软。如为硬刺,则其后缘具细齿	
8(18)有口前室。咽突的后突特化成扁平状。背鳍通常无硬刺	
9(10)下眶骨大,至少前3块大。侧线鳞50枚以下 ·················	鲌亚科
10(9)下眶骨较小,仅第4块较大。侧线鳞一般在50枚以上(除青鱼、草鱼、赤眼鳟属外)	
··	雅罗鱼亚科
11(3)下颌有发达的角质边缘,下咽齿主行有6~7枚	鲴亚科
12(1)臀鳍分枝鳍条有14根以上(除鲦属外)。腹部具发达的腹棱	鲌亚科
13(4)口腔内有螺旋形鳃上器。鳃膜不与峡部相连	鲢亚科
14(2)臀鳍分枝鳍条有7根以下	鮈亚科
15(5)须4对,颌顶1对,颏顶3对	鳅鮀亚科
16(6)背鳍与臀鳍基部相对。体呈卵圆形。雌性生殖季有产卵管	鳑鲏亚科
17(7)臀鳍末根不分枝鳍条具硬刺,其后缘具锯齿	鲤亚科
18(8)无口前室。咽突的后突侧扁。背鳍具硬刺 ·················	鲃亚科

(一)鲌亚科

体长而侧扁。腹棱不完全或无。吻钝。口端位或亚上位。有须或无须。下咽齿1~3行。各鳍均无硬刺。背鳍分枝鳍条6~8根。臀鳍分枝鳍条7~10根。尾鳍呈叉形。侧线完全或不完全。鳃耙短小。鳔2室,后室较长。

本亚科在江西省有3属4种。

属的检索表	
1(4)侧线完全。腹鳍基部之后的腹部无腹棱	
2(3)上、下颌两侧缘平直,无凹凸 ···············	鱲属
3(2)上、下颌两侧缘凹凸相嵌 ···············	马口鱼属
4(1)腹鳍后的腹部具不完全腹棱	细鲫属

1.鱲属

种的检索表	
1(2)下咽齿2行 ···············	大鳞鱲
2(1)下咽齿3行 ···············	宽鳍鱲

(1)大鳞鱲

地方名:桃花鱼。

标本2尾,体长77 mm～89 mm,采自修水。

背鳍3－7;臀鳍3－9;胸鳍1－14～15;腹鳍1－7～8。侧线鳞$42\frac{8}{3\sim v}44$。下咽齿4·4－4·4或4·4～5·4。

体长为体高的3.7～3.8倍,为头长的3.8～4.1倍,为尾柄长的4.8～5.5倍,为尾柄高的10.9～11.0倍。头长为尾柄长的2.9～3.3倍,为尾柄高的2.2～2.27倍,为吻长的2.4～3.1倍,为眼径的4～4.1倍,为眼间距的2.85～2.9倍。

体长而侧扁。体高大于头长。口端位。上、下颌等长。下颌前端有一突起与上颌凹陷处相吻合。无须。眼小。吻长与眼间距相等。鳞大而圆。侧线完全,前段微弯向腹部,后延至尾柄正中。下咽齿顶端呈钩形。背鳍较长,雄鱼臀鳍的第1至4根鳍条可达尾基部。尾鳍分叉深,两叶末端尖。

体色银白。背部灰黑。体侧有10～12条黑色垂直条纹。生殖季节,雄鱼臀鳍条延长,头部及臀鳍上均布有明显的珠星。

此鱼为栖息于支流浅滩及山涧流水中的一种小型鱼类,以甲壳动物及水生昆虫为食,个体小,无经济价值。

此鱼在江西分布区域不广,数量也不多,只在修水、铜鼓一带采到标本。

(2)宽鳍鱲

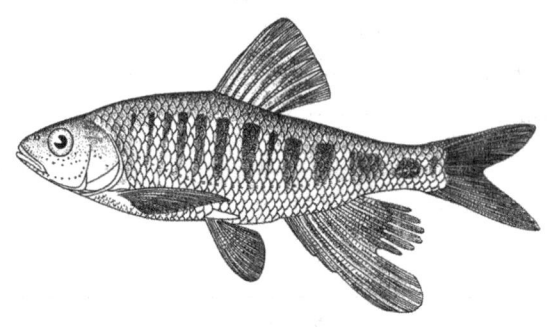

地方名:桃花鲨、宽边花炮、桃花鱼。

标本8尾,体长75 mm～110 mm,采自余江、赣州。

背鳍2－7;臀鳍2－9～10;胸鳍4－14;腹鳍1－8。侧线鳞$44\frac{8}{3}45$。咽齿3行,2·4·5～5·4·2。

体长为体高的3.0～3.5倍,为头长的3.9～4.3倍,为尾柄长的4.8～6.2倍,为尾柄高的9.7～14.0倍。头长为吻长的2.5～3.5倍,为眼径的3.8～4.6倍,为眼间距的2.5～3.5倍。尾柄长为尾柄高的1.4～1.7倍。

体长,稍侧扁。头尖。口端斜裂。吻长小于眼后头长。上、下颌等长。下颌尖端微向上突,与上颌前端的小缺口相对。

背鳍外缘较平直,起点距吻端较近。雄性个体的胸鳍达腹鳍,腹鳍达肛门。臀鳍特别发达,鳍条伸过尾鳍。雌性个体的胸鳍不达腹鳍,腹鳍不达肛门,臀鳍稍达尾基。尾鳍呈叉形。侧线下弯,呈弧形。

体背为黄绿色。腹部为白色。体侧粉红,间有10余条垂直的绿色斑条。背鳍间有黑色斑点。胸鳍、腹鳍为黄色。臀鳍为粉红色。尾鳍为淡黄色。在生殖期,雄鱼头部和臀鳍上有许多珠星,体色较艳。

此鱼个体较小,生活于江河浅滩及山涧中,以浮游动物为食,经济价值不大。

此鱼分布于余江、广丰、赣州、广昌、南城、资溪、乐安、宜黄、崇仁、寻乌、九连山。

2. 马口鱼属

(1)南方马口鱼

地方名:马口鱼、水老虎、硬头、大头。

标本12尾,体长96 mm~186 mm,采自余江、萍乡。

背鳍2-7;臀鳍3-10;胸鳍1-13~14;腹鳍1-8。侧线鳞$43\frac{8\sim9}{3\sim v}47$。下咽齿3行,1·4·5~5·4·1。外侧鳃耙9。

体长为体高的3.1~4.2倍,为头长的3.3~3.8倍,为尾柄长的4.8~5.8倍,为尾柄高的8.8~11.0倍。头长为尾柄长的1.3~1.6倍,为尾柄高的2.6~3.1倍,为吻长的2.4~3.1倍,为眼径的4.4~7.3倍,为眼间距的2.2~3.5倍。

体长,稍侧扁。腹部较圆。头长等于或大于体高。口端位。口裂大。颌角达眼中部正下方。下颌顶端有一明显突起,与上颌前端的凹陷处相吻合。下颌两侧不平整,有一处向下凹陷。胸鳍不达腹鳍,腹鳍不达臀鳍。雄鱼臀鳍前端鳍条较长,可达尾鳍基部。雌鱼臀鳍较短,不达尾鳍基部。侧线完全,在腹部向下弯曲后延至尾柄正中。鳔2室。

活体背部为灰黑色。腹部为白色。体侧有许多垂直的灰黑色条纹。生殖季节,雄鱼头部和臀鳍上有许多明显粗糙的珠星。

此鱼为肉食性鱼类,以小鱼和水生昆虫为食,个体不大,但数量较多,是经济鱼类之一。

此鱼分布于余江、萍乡,多栖息于山涧溪流中。

3. 细鲫属

(1) 中华细鲫

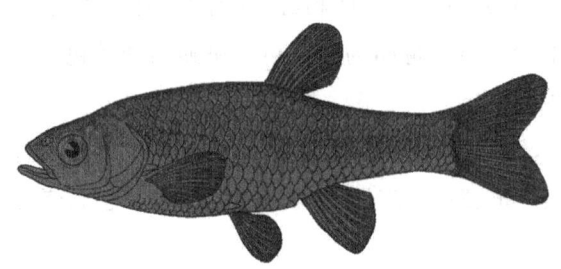

背鳍 3-6~7;臀鳍 3-7~8;胸鳍 2-10~11;腹鳍 1-6。纵列鳞 31~35。下咽齿 2 行,3·5~4·3。

体长为体高的 3.2~3.5 倍,为头长的 3.6~4.0 倍。头长为吻长的 3.5~5.0 倍,为眼径的 3.2~4.1 倍,为眼间距的 1.8~2.1 倍。尾柄长为尾柄高的 1.3~1.7 倍。

体细长而侧扁。腹面自胸部至腹鳍为圆形,自腹鳍基到肛门间有一不完全的肉棱。雌性比雄性体高。头中等大,较宽,稍侧扁,前端圆钝。口端位,较大,斜裂。下颌稍向前突出。上颌末端向后伸达眼前缘下方。唇薄,无须。眼中等大,上侧位。眼间隔平宽,小于眼后头长。鼻孔每侧 2 个,近眼。前鼻孔后缘具一半月形鼻瓣。鳃耙短小,排列稀疏。咽齿 2 行,细长,侧扁,前端微弯,呈钩状。体被圆鳞。侧线不完全,止于胸鳍末端上方之前。

背鳍短,无硬刺,起点位于腹鳍基部之后,距尾鳍基较吻端为近。胸鳍下侧位,伸达或不伸达腹鳍起点。腹鳍末端几达肛门。臀鳍中等长,无硬刺,起点位于背鳍基后下方。尾鳍分叉。

鳔 2 室,后室较前室大。腹膜为银白色,其上有许多黑色小斑点。

体背部为深黑色。腹部体侧下半部及各鳍均为灰白色。各鳍微黄或微红。自眼后缘至尾柄基部的体侧有较宽的暗色纵带,有时不太明显。

此鱼为一种小型鱼类,最大仅 60 mm,无经济价值。其生活于河沟、湖泊、池塘、水田或山间水域,游动迅速,以浮游动物、丝状藻类、植物碎屑、青苔等为食。生殖季节在 4—5 月。

在江西南昌莲塘有发现。

(二)雅罗鱼亚科

体延长,侧扁或呈圆筒形。一般无腹棱。口端位。上、下颌前端无相嵌合的凹刻和突起。须有或无。下咽齿1~3行。背鳍分枝鳍条7~10根(7根者多),臀鳍分枝鳍条7~14根。鳞片较大。侧线完全且平直。

本亚科在江西省有7属7种。

属的检索表
1(12) 上、下颌前凹凸不显著
2(5) 下咽齿1行
3(4) 齿呈臼齿状,头部正常 ··· 青鱼属
4(3) 齿侧扁,末端略弯。头延长,呈鸭嘴状 ··································· 鳡属
5(2) 下咽齿2~3行
6(9) 下咽齿2行
7(8) 齿侧扁,呈梳状,末端不呈钩状 ··································· 草鱼属
8(7) 齿不呈梳状,末端略呈钩状 ····································· 鲅属
9(6) 下咽齿3行
10(11) 口角具须,眼球上部有红斑 ································· 赤眼鳟属
11(10) 口角无须,眼球上部无红斑 ····································· 鲺属
12(1) 上、下颌前端凹凸明显 ······································· 鳡属

1. 青鱼属

(1) 青鱼

地方名:乌里鯇、乌鱼。

标本4尾,体长186 mm~340 mm,采自江口水库、南昌市。

背鳍3-7;臀鳍3-7~8;胸鳍1-15~17;腹鳍1-8。侧线鳞 $41\dfrac{6}{4\sim v}45$。下咽齿1行,5-5。外侧鳃耙18。

体长为体高的3.6~4.3倍,为头长的4.1~4.4倍,为尾柄长的5~6倍,为尾柄高的7.5~8.3倍。头长为尾柄长的1~1.4倍,为尾柄高的1.4~2倍,为吻长的3.3~4.2倍,为眼径的5.3~6.6倍,为眼间距的1.9~2.2倍。

体长,稍呈圆筒形。腹部圆。头中等大。口端位,呈弧形。上颌长于下颌。背鳍与腹鳍相对。胸鳍不达腹鳍,腹鳍不达臀鳍。鳔2室。

活体为青黑色。背部颜色较深。腹部为灰白色,两侧均为浅青黑色。各鳍均为黑色。

青鱼生活在水的中下层,以螺蛳、蚬、蚌为食,也食虾和水生昆虫,为肉食性鱼类。

青鱼生长速度快,个体较大,肉味鲜美,是主要的经济鱼类之一,在渔业生产中有重要的地位。

此鱼是江西省主要人工养殖的鱼类之一,在江西省各地的江河湖泊中均有分布。

2. 鳡属

(1)鳡

地方名:尖头鳡、吹火鲢、吹火杆。

标本9尾,体长170 mm~540 mm,采自鄱阳。

背鳍3-8;臀鳍3-9~11;胸鳍Ⅰ-15,腹鳍Ⅰ-8。侧线鳞$140\frac{21\sim24}{9\sim12v}168$,下咽齿1行,5~5。

体长为体高的6.1~9.6倍,为头长的3.3~3.9倍,为尾柄长的7.6~9.6倍,为尾柄高的9.6~12.6倍。头长为吻长的4.0~5.5倍,为眼径的9.1~11.9倍,为眼间距的5.8~6.5倍。尾柄长为尾柄高的1.4~1.5倍。

体长,略呈圆柱形。腹部圆,无腹棱。头前部显著延长,呈管状,眼后部分侧扁。吻圆钝,上下扁平。口上位。下颌稍向上倾斜,略长于上颌。口角无须。眼中等大,位于头侧稍上方,距吻端较近。眼间距较平坦。眼后头长约为吻长的2.0~2.5倍。鼻孔较小,位于眼前缘上方。鳃耙粗短。下咽齿细长,呈圆柱状,末端稍弯曲。鳞细小。

背鳍位置靠后,其起点至吻端的距离约为至尾鳍基的距离的2倍。胸鳍短小,其起点至腹鳍基的距离约等于至吻端的长。腹鳍短,后缘较圆,后伸不达肛门。臀鳍稍长,起点在背鳍基底末端下方或稍后。尾鳍呈深叉形,下叶较长。

体为银白色。背部为深灰色。胸鳍为淡红色。背鳍和尾鳍为灰色。腹鳍、臀鳍为灰白色。尾鳍后缘为黑色。

鳡为一种凶猛的肉食性鱼类,游泳力很强,可长至数十斤。其肉厚味美,深受群众喜爱,具有经济价值。由于它吞食经济鱼类,在渔业上曾被列为清除对象,长期遭到捕杀。现在,此鱼已近枯竭,在江河中已极少捕到。

此鱼分布于鄱阳湖及信丰、信江、广昌、南丰。

3. 草鱼属

(1) 草鱼

地方名:鲩鱼、草鲩。

标本5尾,体长197 mm~410 mm,采自江口水库、余江。

背鳍3-7;臀鳍3-8;胸鳍1-16~18;腹鳍1-8。侧线鳞$36\frac{6}{4\sim5\sim v}43$(一般为39~41)。下咽齿2行,2·5~4·2或2·5~5·2(少数为1·4~4·1)。外侧鳃耙16(少数为20)。

体长为体高的3.6~4.1倍,为头长的3.7~4.6倍,为尾柄长的5.4~6.6倍,为尾柄高的8.1~8.6倍。头长为尾柄长的1.2~1.8倍,为尾柄高的1.8~2.3倍,为吻长的2.7~4.4倍,为眼径的5.5~7.5倍,为眼间距的1.5~1.8倍。

体长,呈扁圆形。腹部较圆,无腹棱。身体后部稍侧扁。头中等大。眼前部稍平扁。口端位,呈弧形。上颌稍长于下颌。无须。鼻孔接近眼前缘的上方。下咽齿左右一般不对称。内行相当发达,外行次之。鳞片较大,呈圆形。侧线向下微弯,后延至尾柄正中轴。肛门接近臀鳍。鳔为2室。

活体呈茶黄色。背部为青灰色。腹部为白色。各鳍均为浅灰色。

草鱼一般栖息在水的中下层,觅食时也在上层活动,以水草为主要食物,是典型的草食性鱼类。人工养殖时也食豆饼、麦麸、豆渣等饲料。性情活泼,游动迅速。

此鱼生长速度快,产量高,个体较大,食料来源广泛,肉味鲜美,是主要的经济鱼类之一,有很重要的经济价值。

此鱼分布于江河湖泊中,是江西省各地人工养殖的主要种类之一。

4. 鳤属

(1) 拉氏鳤

标本 8 尾,体长 79 mm ~ 87 mm,采自婺源。

背鳍 3-7;臀鳍 3-7;胸鳍 1-15;腹鳍 1-8。侧线鳞 $78\frac{17}{9\sim10v}84$。下咽齿 2 行,2·4~4·2。

体长为体高的 4.2~4.5 倍,为头长的 3.6~4.7 倍,为尾柄长的 3.8~4.8 倍,为尾柄高的 7.2~8.3 倍。头长为吻长的 3.6~4.0 倍,为眼径的 2.6~3.0 倍,为眼间距的 2.2~2.7 倍,为尾柄高的 1.5~2.0 倍,为尾柄长的 1.1~1.15 倍。尾柄长为尾柄高的 1.9~2.1 倍。

体长而侧扁。腹部圆。体高约等于尾柄长。头钝。吻短。口较大,亚下位,呈马蹄形。上颌延至或超过眼前缘。下颌前端圆钝。下咽齿末端呈钩状。眼中等大。眼间距较平宽。鳞小,排列紧密。侧线完全,延伸至尾柄正中。背鳍短小,位于腹鳍起点之后。胸鳍小,末端稍尖。腹鳍短小,末端可达肛门。尾鳍分叉浅,上、下叶末端尖。

幼鱼身体两侧有许多黑色斑点。成鱼背部及两侧上部为黑色,腹部为灰白色,各鳍鳍膜上有黑色斑点。

拉氏鱥为小型鱼类,喜栖息于静水中,主要以小型浮游生物为食,无经济价值。

其分布于婺源、玉山、广丰、九江山区、宁都。

5. 赤眼鳟属

（1）赤眼鳟

地方名:红眼草鱼、火眼圈鱼、双鱼。

标本 10 尾,体长 140 mm ~ 283 mm,采自江口水库、樟树、余江、九江赛城湖。

背鳍 2-7;臀鳍 3-7~8;胸鳍 1-14~15;腹鳍 1-8~9。侧线鳞 $44\frac{6\sim7}{3\sim4\sim v}48$。下咽齿 3 行,2·4·4~4·4·2。外侧鳃耙 12~13。

体长为体高的 4.1~5.7 倍,为头长的 4.5~5.9 倍,为尾柄长的 5.2~5.9 倍,为尾柄高的 8.9~11.0 倍。头长为尾柄长的 1.0~1.3 倍,为尾柄高的 1.7~2.2 倍,为吻长的 3.4~5.4 倍,为眼径的 5.1~8.5 倍,为眼间距的 1.9~2.6 倍。

体略呈圆筒形。头较尖。口端位。口裂宽,呈弧形。上颌和口角有 2 对细小的触须在唇褶缝内。胸鳍不达腹鳍,腹鳍不达臀鳍。鳞较大,呈圆形。侧线完全且平直。肛门紧靠臀鳍。鳔 2 室。

活体颜色与草鱼相似。背部呈青灰色,两侧色较淡。腹部为白色。眼上部有红色斑块。背鳍和尾鳍为深灰色,其余色浅。

赤眼鳟在水的中下层活动,为杂食性鱼类,主食藻类、水草,也食小鱼、水生昆虫和软体动物。赤眼鳟是普通食用鱼类,数量较多,也是经济鱼类之一。

其分布于新余、樟树、余江、九江。

6. 鱤属

（1）鱤

地方名:刁鱼、棉花条。

标本 2 尾,体长 290 mm ~ 450 mm,采自余江、樟树。

背鳍 3 - 9 ~ 10;臀鳍 3 - 8 ~ 9;胸鳍 1 - 14 ~ 16;腹鳍 1 - 9 ~ 10。侧线鳞 $69\frac{10}{4\sim v}71$。下咽齿 3 行,2·4·4 - 4·4·2。外鳃耙 32。

体长为体高的 6.0 ~ 6.4 倍,为头长的 4.9 ~ 5.2 倍,为尾柄长的 5.3 ~ 5.4 倍,为尾柄高的 13.6 ~ 13.8 倍。头长为尾柄长的 1.0 ~ 1.1 倍,为尾柄高的 2.6 ~ 2.8 倍,为吻长的 3.2 ~ 3.7 倍,为眼径的 6.9 ~ 7.0 倍,为眼间距的 3.0 倍。

体细长,略呈杆状。腹部较圆。头小而长。口端位。口裂较大。吻长。上颌较下颌要长。尾鳍分叉深,上、下叶末端较尖。鳞小。侧线前端稍向下弯曲后延至尾柄正中。鳔 2 室。

活体背部及体侧上半部为深黑色。腹部为白色。

其分布于鄱阳湖、南昌、余江、樟树。

7. 鳡属

（1）鳡

标本8尾,体长149 mm～438 mm,采自江口水库及余江、樟树。

背鳍3-9～10;臀鳍3-10～11;胸鳍1-11～16(多数为14～15);腹鳍1-9～11。侧线鳞$108\frac{18\sim20}{6\sim7\sim v}118$。下咽齿3行,2·3·4-4·3·2。外侧鳃耙9～13。

体长为体高的5.4～6.7倍,为头长的3.8～4.6倍,为尾柄长的5.0～6.0倍,为尾柄高的11.9～14.1倍。头长为尾柄长的1.3～1.5倍,为尾柄高的2.9～3.5倍,为吻长的2.8～3.4倍,为眼径的6.8～11.0倍,为眼间距的3.2～3.8倍。

体呈圆筒形,稍侧扁。头较小且较长。口端位。口裂大。吻很尖。下颌前端有一角质突起与上颌相吻合。背鳍起点较腹鳍起点略后。胸鳍远离腹鳍,腹鳍远离臀鳍。鳞较小。侧线完全,前段略弯向腹方。肛门紧靠臀鳍。鳔2室。

活体背部为灰黑色。腹部为白色。鳃峡和背鳍、尾鳍为深灰色,其余鳍为橘黄色。

鱤鱼生活在水的上层,性情凶猛,游动迅速,以小型鱼类为食,常袭击和追捕其他鱼类,为凶猛的大型肉食性鱼类。

鱤鱼个体较大,数量较多,产量较高,肉味鲜美,肉质品级高,是经济鱼类之一。但在放养家鱼的湖泊水库内,鱤鱼是一大"害鱼"。

此鱼分布于江西各地的江河湖泊中。

(三)鲌亚科

鲌亚科鱼类在我国鲤科鱼类中是主要类群之一。鱼体较大,产量高,分布广。在各个水体中都具有很大的经济价值。

体扁薄,或延长或呈菱形。腹部有完全或不完全的腹棱。口端位、上位或亚上位。口裂较大,倾斜。唇较薄。眼侧上位,通常较大。背鳍最后1根不分枝鳍条柔软或为硬刺,分枝鳍条7根,其起点一般在腹鳍起点的上方。臀鳍分枝鳍条数一般在14根以上(9～32根,少数例外)。体被细鳞,鳞很薄,易脱落。侧线完全,通常较平直,有的向上弯曲,呈弧形;或在胸鳍上方急速向下弯曲,沿腹鳍基部上升后延伸,在臀鳍上方折向尾柄中部后较平直。下咽齿2～3行,末端常呈钩状。鳃耙较长而尖。鳔2室或3室。

鲌亚科在江西省有10属19种。

属的检索表

1(10)腹棱自胸部至泄殖孔

2(9)背鳍有硬刺

3(6)臀鳍分枝鳍条不超过20根

4(5)背鳍最后1根硬刺后缘有锯齿。下咽齿2行 ……………………………… 似鳊属

5(4)背鳍最后1根硬刺后缘光滑无锯齿。下咽齿3行 ……………………… 鲦条属

6(3)臀鳍分枝鳍条在20根以上

7(8)口端位。体长为体高的2.4～2.8倍。臀鳍分枝鳍条27～35根 ………… 鳊属

8(7)口上位。体长为体高的3.4～3.8倍。臀鳍分枝鳍条25～28根 ………… 鲌属

9(2)背鳍不具硬刺 …………………………………………………………… 飘属

10(1)腹棱自腹鳍基部至泄殖孔

11(18)背鳍有硬刺

12(13)侧线在胸鳍上方急剧向下弯折。臀鳍分枝鳍条12～18根 ………… 拟鲦属

13(12)侧线在胸鳍上方缓缓向下弯折。臀鳍分枝鳍条在18根以上

14(15)鳔2室。鳃耙9～12枚 ……………………………………………… 华鳊属

15(14)鳔3室。鳃耙在14枚以上

16(17)口端位。体呈菱形。体长为体高的1.9～2.8倍 …………………… 鲂属

17(16)口上位或近上位,体呈长形,体长为体高的3.5～5倍 ……………… 红鲌属

18(11)背鳍无硬刺或末根不分枝鳍条仅基部变硬 ……………………… 半鲦属

1. 似鳊属

(1)似鳊

标本62尾,体长57 mm～112 mm,采自信丰、鄱阳、瑞洪、星子。

背鳍 3-7;胸鳍 1-12;腹鳍 1-7;臀鳍 3-17～18。侧线鳞 $56\frac{10\sim11}{2}60$。下咽齿2行,5·2～2·4 或 5·3～2·5。鳃耙24～26。

体长为体高的3.5～4.1倍,为头长的4.4～4.8倍,为尾柄长的5.0～6.2倍,为尾柄高的9.3～11.0倍。头长为吻长的3.6～4.3倍,为眼间距的3.6～4.4倍,为尾柄高的2.1～2.3倍。

体及头部都侧扁。腹棱起于胸鳍基前,止于泄殖孔。头较尖。眼较大。口小,端位,斜裂。鳃孔大。鳃盖膜不与峡部相连。鳃耙细长。下咽齿侧扁,齿冠两侧具缺刻,顶部

呈钩状。

背鳍第 3 根不分枝鳍条为硬刺,其后缘有锯齿,故名锯齿鳊。尾鳍分叉深,下叶较上叶长。侧线完全,自胸鳍上方急剧向下弯曲,沿腹侧后伸至尾鳍基部又向中间弯,达尾柄中部。鳔 2 室,后室较大。

背侧为浅灰色。腹部为银白色。鳍为灰白色。

此鱼对环境挺敏感,由于水质污染,近年已不易见到。其个体小,无经济价值,但可作为水质好坏的指标之一。

此鱼分布于鄱阳湖、信丰、信江、赣江。

2. 鲌条属

种的检索表
1(2) 鳔后室末端圆钝 ··· 黑尾鲌
2(1) 鳔后室末端有一附属小室
3(4) 侧线在胸鳍上方急剧向下弯折 ····································· 鲌条
4(3) 侧线在胸鳍上方缓慢向下弯折 ····································· 油鲌

(1) 黑尾鲌

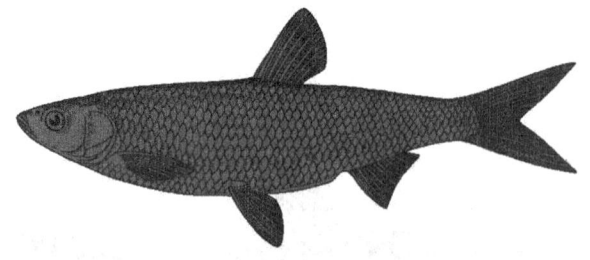

地方名:鲌条子。

标本 6 尾,体长 61 mm ~ 227 mm,采自南城。

背鳍 3 - 7;胸鳍 1 - 12 ~ 13;腹鳍 1 - 8;臀鳍 3 - 10 ~ 12。侧线鳞 $49\frac{6~7}{2~v}51$。下咽齿 3 行,1·4·4 ~ 5·4·2 或 2·4·5 ~ 5·4·2。鳃耙 21 ~ 28。

体长为体高的 4.0 ~ 4.8 倍,为头长的 3.8 ~ 4.5 倍,为尾柄长的 5.0 ~ 5.8 倍。头长为吻长的 3.3 ~ 4.0 倍,为眼径的 3.5 ~ 4.5 倍,为眼间距的 3.0 ~ 3.4 倍。

体长形,侧扁,但较肥厚。腹棱自胸鳍基至泄殖孔前,但前段腹棱不及同属其他种类明显。口端位。上、下颌等长。吻尖长,长度大于眼径。头背面平直。眼位于头前端。鼻孔较近眼前缘。鳃耙较长,侧扁,排列稍密。下咽齿末端尖,呈钩状。侧线完全,在胸鳍上方急剧向下弯曲,角度明显,然后与腹平行,至臀鳍基部上方又向上弯折,进入尾柄中线。

背鳍具硬刺,后缘光滑。胸鳍不达腹鳍。腹鳍末端不达泄殖孔。尾鳍分叉深。下叶略长于上叶。

体背部为青灰色。体侧和腹部为白色。背鳍和尾鳍为灰白色,尾鳍边缘为深黑色,其余鳍为白色。

此鱼和鳌条外形很难分辨,但其鳔后室末端圆钝,其他鳌条的后室都附有一小室,这是主要的不同点。

此鱼分布于南城。

(2) 鳌条

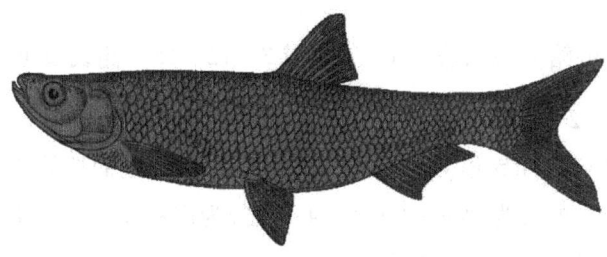

地方名:草参、鳌条子。

标本 64 尾,体长 64 mm ~ 179 mm,采自全省各地。

背鳍 3 – 7;胸鳍 1 – 13 ~ 14;腹鳍 1 – 8;臀鳍 3 – 12 ~ 14。侧线鳞 $50\dfrac{9.5\sim10}{1.5\sim2v}53$。下咽齿 3 行,数目不稳定,2·4·5 ~ 5·4·2 或 2·4·4 ~ 5·4·2。鳃耙 15 ~ 19。

体长为体高的 4.1 ~ 4.4 倍,为头长的 4.1 ~ 4.6 倍,为尾柄长的 6.5 ~ 8.4 倍,为尾柄高的 9.3 ~ 10.8 倍。头长为吻长的 3.6 ~ 4.9 倍,为眼径的 3.6 ~ 5.9 倍,为眼间距的 2.7 ~ 3.4 倍。

体扁而薄,为长形。背部稍平。头呈三角形。口端位。口裂斜。咽齿呈圆锥形,尖端微弯。上、下颌等长。侧线在胸鳍上方急剧向下弯折,角度明显,之后沿腹部平行向后延伸,至臀鳍基部末端上方又向上弯折,直达尾柄中线。腹棱完全,自胸部至泄殖孔。

背鳍小,最末根不分枝鳍条为光滑的硬刺。尾鳍分叉深,下叶长于上叶。臀鳍紧靠泄殖孔。

鳞片大而薄,易脱落。侧线完全。鳔 2 室。前室短。后室长,中部稍弯曲,后端小,有尖细的小室。

体背部为青灰色。体侧下部和腹部为银白色。尾鳍的边缘为灰黑色。

鳌条是小型鱼类,数量多,分布广,繁殖快,因此有一定的食用价值,也是肉食性鱼类的主要饵料。

此鱼分布于江西省各水系。

(3) 油鳌

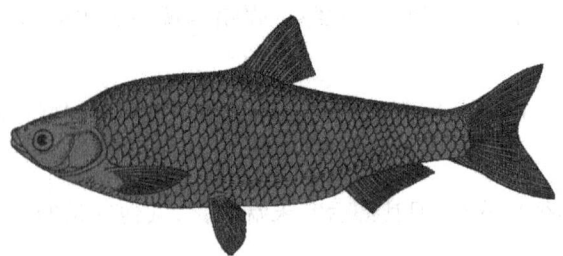

地方名:肉鲝里、油鲝。

标本147尾,体长89 mm ~ 176 mm,采自余江、上饶、都昌、修水、赣州、抚州、信丰、南昌。

背鳍3-7~8;胸鳍1-13;腹鳍1-8;臀鳍3-12~15。侧线鳞$40\frac{8\sim9}{2\sim v}46$。下咽齿3行,2·4·5~5·4·2或2·4·4~5·4·2。鳃耙19~25。

体长为体高的3.3~4.5倍,为头长的4.2~4.7倍,为尾柄长的8.0~9.8倍,为尾柄高的9.0~10.2倍。头长为吻长的3.8~4.5倍,为眼径的4.0~4.5倍,为眼间距的3.3~3.6倍,为尾柄长的1.5~1.9倍。

体长形,侧扁。背部和胸部呈弧形。腹棱从胸鳍基部至泄殖孔。头略呈三角形。口端上位。吻短。上、下颌等长。眼大,位于头前端。鼻孔靠眼近。鳃耙较短,排列稀疏。下咽齿稍粗壮,基部呈圆柱状,末端呈尖钩状。

背鳍短小,外缘平截,最后1根不分枝鳍条为光滑的硬刺。胸鳍较小,末端尖。腹鳍后伸不达泄殖孔。尾鳍分叉深,下叶较长。

鳞片大,易脱落。侧线完全,在胸鳍上方逐渐向下弯曲,然后沿腹部边缘向后延伸,至臀鳍基部后上方向上弯曲,最后沿尾柄中轴向后延伸。鳔2室。后室较长,末端尖。

体背部为青灰色。体侧和腹部为银白色。各鳍灰白色。

油鲝个体小,数量多,分布广,为小型经济鱼类,是肉食性鱼类的饵料。

其分布于江西省各水系。

3.鳊属

(1)长春鳊

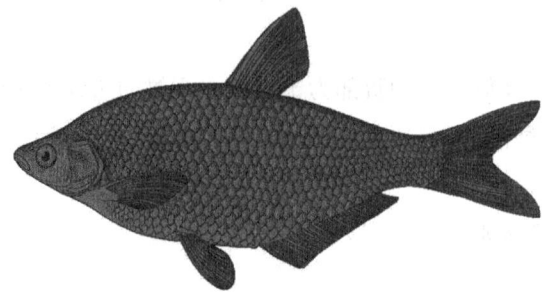

地方名：长身鳊、长叶扁。

标本 74 尾，体长 128 mm ~ 349 mm，采自余江、南昌、赣州、抚州、南城。

背鳍 3-7；胸鳍 1-18；腹鳍 1-8；臀鳍 3-29~33。侧线鳞 $54\frac{12}{9\sim v}61$。下咽齿 3 行，2·4·5~5·4·2 或 2·4·4~5·4·2。鳃耙 15~20。

体长为体高的 2.4~2.8 倍，为头长的 4.5~5.1 倍，为尾柄长的 10.6~14.4 倍，为尾柄高的 7.8~9.2 倍。头长为吻长的 3.7~4.2 倍，为眼径的 3.6~4.4 倍，为眼间距的 2.3~2.7 倍，为背鳍刺长的 1.0~1.1 倍。

体侧扁，呈长菱形。头小。口端位。口裂斜。上颌比下颌稍长。上、下颌盖有角质物。下咽齿 3 行，齿面无锯纹。鳃耙短小。侧线平直。自峡部至泄殖孔有明显的腹棱。

背鳍不分枝鳍条为强大的硬刺，最长的刺稍大于头长。背鳍起点位于腹鳍基的后方。胸鳍末端接近腹鳍。腹鳍不达泄殖孔。泄殖孔紧靠臀鳍。臀鳍基较长，其鳍条前长后短，但鳍缘平直。尾鳍呈叉形，上、下叶等长。鳔 3 室。中室最大。

体背部为青灰色。腹部为银白色。鳃盖上有一黑斑。尾鳍为青灰色，其他各鳍为灰白色。

长春鳊在江西比较常见，是重要的经济鱼类之一。

此鱼分布于江西各水系。

4. 鲌属

（1）红鳍鲌

地方名：白鱼。

标本 21 尾，采自南昌、吴城、南城、信丰、瑞金、宁都、上饶、瑞洪、鄱阳、湖口、星子。

背鳍 3-7；胸鳍 1-15~16；腹鳍 1-8；臀鳍 3-25~29。侧线鳞为 $62\frac{10}{5\sim v}68$。鳃耙 28~30 枚。下咽齿 3 行，2·4·4~5·4·2 或 2·4·5~5·4·2。

体长为体高的 3.4~3.8 倍，为头长的 4.0~4.5 倍，为尾柄长的 8.7~13.0 倍。头长为吻长的 4.1~4.8 倍，为眼径的 3.4~4.8 倍，为眼间距的 3.3~4.4 倍。

体长形，侧扁。头后显著隆起。胸鳍基部至泄殖孔之间有腹棱。头小。眼大，侧上位。口上位。上颌短。下颌突出,向上翘。口裂几乎垂直于体的纵轴。头背部平直。鳃膜与峡部相连。鳃耙较长,排列较密。侧线完全,略弯曲。下咽齿末端尖,略呈钩状。鳔3室。前室短。中室长,略弯曲。肠管长短于体长。

背鳍硬刺大而光滑。臀鳍基长,无硬刺。胸鳍接近或达到腹鳍起点。腹鳍不达臀鳍。泄殖孔靠近臀鳍。尾鳍分叉深。下叶稍长于上叶。

背部和体侧上部为青灰色带黄绿色。每片鳞后缘有灰黑色小斑点。体侧下部和腹部为银白色。背鳍为青灰色。腹鳍为橙黄色。臀鳍和尾鳍为橘红色。

红鳍鲌是肉食性鱼类,也是江西省内江河湖泊中常见的经济鱼类,有重要的经济价值。

此鱼分布于江西省各水系。

5. 飘属

种的检索表
1(2)侧线鳞59～68,侧线在胸鳍上方急剧下弯 ……………………………………… 银飘鱼
2(1)侧线鳞43～44,侧线在胸鳍上方平缓下弯 ……………………………………… 寡鳞飘鱼

(1)银飘鱼

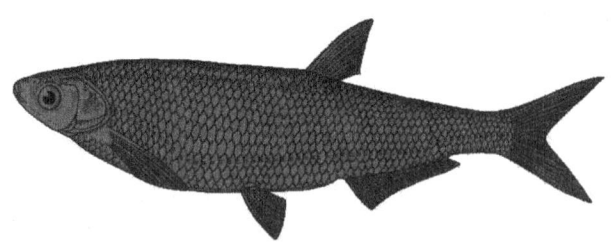

地方名:蓝刀、削刀皮。

标本147尾,体长58 mm～119 mm,采自湖口、都昌、鄱阳、余江、寻乌、抚州、南城。

背鳍3-7;胸鳍1～12-13;腹鳍1-8;臀鳍3-20～25。侧线鳞$60\frac{10}{2 \sim v}70 \sim 76$。下咽齿3行,3·4·5～4·4·2或2·4·4～5·4·2。鳃耙12～15。

体长为体高的4.4～4.8倍,为头长的5.0～5.1倍,为尾柄长的6.2～7.6倍,为尾柄高的9.6～11.0倍。头长为吻长的3.1～3.8倍,为眼径的4.0～5.4倍,为眼间距的3.4～3.9倍。

头及身体均极扁薄。背部平直。腹部圆凸。自颊部至泄殖孔有腹棱。头小,较尖。口端位。口裂斜。上、下颌等长。下颌前端中央有一突起与上颌中央的凹陷处相吻合。眼位于头侧中央的上方。眼后缘为脂眼睑所遮盖,离吻端较近。鼻孔离眼前缘稍近。鳃耙短小,排列稀疏。下咽齿侧扁,顶部呈钩状。

背鳍无硬刺,短小,起点位于腹鳍起点之后。胸鳍不达腹鳍起点。腹鳍短小,末端后伸不达泄殖孔。臀鳍条短,但臀鳍基部较长。尾鳍分叉深,下叶比上叶稍长。泄殖孔紧靠臀鳍起点。

鳞片较小,甚薄,采集标本时极易脱落。腹鳍基部有狭长的腋鳞。侧线完全,在胸鳍上方显著下弯,向后延伸至尾柄处转向弯曲,达尾柄中央。

体为银白色。背部为草绿色。背鳍和尾鳍为白色,其他各鳍为白色。

银飘个体小,但有一定的经济价值,并可作为肉食性鱼类的饲料,是食物链中不可或缺的一环,为鄱阳湖中常见的食用鱼类之一。

此鱼分布于鄱阳湖、赣江、信江、抚河、修水。

（2）寡鳞飘鱼

地方名:蓝刀。

标本18尾,体长69 mm~120 mm,采自湖口。

背鳍2-7;胸鳍1-12~13;腹鳍1-8;臀鳍3-16~21。侧线鳞 $45\frac{10}{3-v}54$。鳃耙10~13。

体长为体高的4.0~5.1倍,为头长的4.0~4.4倍,为尾柄长的5.4~6.8倍,为尾柄高的7.6~8.0倍。头长为吻长的2.7~3.5倍,为眼径的3.8~4.6倍,为眼间距的3.1~4.2倍,为尾柄长的1.5~1.7倍,为尾柄高的2.3~2.8倍。

体侧扁。背部较平直。腹部较圆凸。头中等大。口端位。口裂斜。下颌前端较尖,中央有一突起与上颌中央的凹陷处相吻合。眼位于头侧中线上。眼的前后缘均为脂眼睑所遮盖,离吻端较近。鼻孔位于眼前缘。鳃耙粗短,呈锥形,排列稀疏。下咽齿粗壮,末端呈钩状。有腹棱,腹棱自胸鳍基部后下方直达泄殖孔前。

背鳍小,无硬刺。胸鳍较长,后伸不达腹鳍起点。腹鳍短小。臀鳍较短。尾鳍分叉深,末端尖。下叶比上叶稍长。泄殖孔紧靠臀鳍。

鳞片较大且薄,易脱落。侧线完全,从鳃孔上向上平缓下弯,呈弧形,向后与腹部平行,至臀鳍基部后端向上弯曲,达尾柄中央。

体背及体侧上部为青灰色,体侧下部为银白色。

群体数量少,经济价值不大。

此鱼主要分布于赣江。

6. 拟鲌属

种的检索表
1(2)鳃耙12枚以下 ………………………………………………………………… 南方拟鲌
2(1)鳃耙12枚以下 ………………………………………………………………… 金华拟鲌

(1)南方拟鲌

标本14尾,体长71 mm～184 mm,采自南城、寻乌。

背鳍2-7;胸鳍1-13;腹鳍1-8;臀鳍3-14～18。侧线鳞$48\frac{8.5}{2.5\sim v}52$。下咽齿3行,2·4·4～5·4·2。鳃耙短小,有9～11枚。

体长为体高的4.0～4.2倍,为头长的4.0～4.1倍,为尾柄长的5.1～6.1倍。头长为吻长的2.7～2.9倍,为眼间距的3.6～4.7倍。尾柄长为尾柄高的3.1～3.7倍。

体侧扁。头呈三角形。口端位。口裂倾斜。上颌略长于下颌。下颌中央有一丘状突起和上颌中央的凹隔相吻合。鼻孔位于眼前缘至吻端的中点。头背面平坦,几乎呈直线。侧线在胸鳍上方急速向下弯折,角度明显。有腹棱,腹棱自腹鳍基部至泄殖孔。鳔2室,后室较长,末端具乳头状突起。

背鳍有硬刺。胸鳍末端远离腹鳍起点。腹鳍起点在眼后缘至臀鳍基部的中点,末端不达泄殖孔。尾鳍分叉深,下叶略长于上叶。

体上半部为淡灰色,下半部为银白色。尾鳍边缘为灰黑色,其他各鳍无色。

此鱼分布于南城、宁都、寻乌、余江。

(2)金华拟鲌

地方名:麻参。

标本12尾,体长87 mm～121 mm,采自南城、瑞金、赣州、余江。

背鳍3-7;胸鳍3-12～15。侧线鳞$47\frac{7\sim8}{1.5\sim2v}50$。下咽齿3行,2·4·5～4·4·2。

鳃耙12~14。

体长为体高的4.6~5.1倍,为头长的4.0~4.3倍,为尾柄长的4.5~5.0倍。头长为吻长的2.9~3.4倍,为眼径的3.5~4.3倍,为眼间距的3.2倍。

体略侧扁。头尖。口端位。口裂斜。下颌中央有小丘状突起和上颌中央的凹陷处相吻合。背部平直。侧线在胸鳍上方急速向下弯折。腹棱自腹鳍基部至泄殖孔。鳔2室。

背鳍具硬刺,其起点位于腹鳍基部上方之后。胸鳍末端不达腹鳍基。尾鳍分叉深,下叶略长于上叶。

背部为青灰色。体侧及腹部为银白色。尾鳍上叶及下叶均有黑色斑点,其他各鳍均无色。

此鱼分布于南城、余江、赣州。

7. 华鳊属

(1) 华鳊

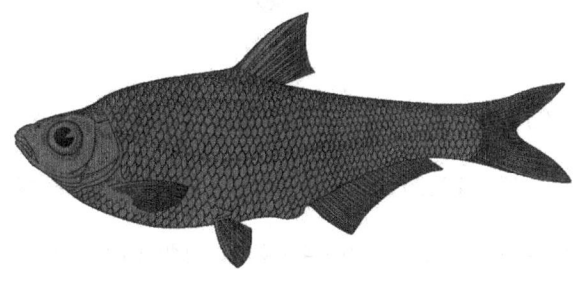

地方名:圆眼鱼、大眼花边。

标本21尾,体长84 mm~94 mm,采自南城、余江、寻乌。

背鳍3-7;胸鳍1-15;腹鳍1-8;臀鳍3-21~24。侧线鳞$54\frac{11}{5-v}56$。下咽齿3行,2·4·5-4·4·2。鳃耙10~12。

体长为体高的2.8~3.3倍,为头长的3.3~4.1倍,为尾柄长的9.4~11.2倍,为尾柄高的8.8~11.0倍。头长为吻长的3.5~4.3倍,为眼径的2.8~3.1倍,为眼间距的2.8~3.7倍。

体高而侧扁。背部隆起。腹部下凸。从腹鳍基到泄殖孔间有腹棱。头小而尖。眼大,侧位,其直径比吻长。口端位,为半圆形。鳃耙短,排列稀疏,呈三角形,末端钝。下咽齿侧扁,尖端为钩状。侧线完全,在胸鳍上方稍向下弯曲。鳔2室。前室短。后室长,末端圆钝。

体背部为深灰色。腹部为灰白色。体侧中部有1条宽的纵列黑色条纹。背、尾鳍为浅灰色,其他各鳍为浅黄色。

此鱼有一定的经济价值,但近年来因捕捞过度而少见,且个体越来越小。

此鱼分布于鄱阳、余江等地。

8. 鲂属

种的检索表
1(2)尾柄长大于尾柄高。上、下颌盖以较厚的角质物。背鳍高度显著大于头长 …………… 三角鲂
2(1)尾柄长小于尾柄高。上、下颌不覆盖角质物。背鳍高度显著小于头长 …………… 团头鲂

（1）三角鲂

地方名:三角鳊。

标本 56 尾,体长 105 mm ~ 261 mm,采自江西省各水系。

背鳍 III - 7；胸鳍 1 - 17 ~ 19；腹鳍 1 - 8；臀鳍 3 - 24 ~ 32。侧线鳞 $50 \frac{10 \sim 13}{8 \sim 12 \sim v} 60$。下咽齿 3 行,2·4·4~5·4·2 或 2·4·5~4·4·2。鳃耙 17 ~ 21。

体长为体高的 2.0 ~ 2.3 倍,为头长的 4.0 ~ 4.4 倍,为尾柄长的 9.9 ~ 11.4 倍,为尾柄高的 7.0 ~ 8.0 倍。头长为吻长的 3.3 ~ 3.8 倍,为眼径的 3.3 ~ 4.6 倍,为眼间距的 2.1 ~ 2.5 倍。

体高而侧扁,呈菱形,腹鳍基部到泄殖孔前有腹棱。头小而尖。眼大,侧位。眼间部头圆形隆起。口小,端位。口裂呈马蹄形。上、下颌等长,具角质边缘。无须。侧线平直,横贯体侧中部下方。鳃盖膜与峡部相连。鳃耙短而侧扁,略呈三角形,排列较稀。下咽齿侧扁,尖端略呈钩状。

背鳍较长,具光滑的硬刺。其长大于头长。其起点在身体最高处。胸鳍较长,末端达到或超过腹鳍,后接近或达到泄殖孔。臀鳍基甚长,外缘内凹。尾鳍呈深叉形。下叶比上叶长。泄殖孔在臀鳍起点前方。

鳔 3 室。前室长、大。中室较前室小。后室短小。体背侧为青灰色。腹面为银白色。各鳍为灰黑色。鳞片边缘黑点密集,形成许多网眼状黑圈。

此鱼是鄱阳湖及养殖水体中常见的经济鱼类。

(2)团头鲂

地方名:角鳊、边鱼。

标本47尾,体长174 mm~311 mm,采自江西省各水系。

背鳍3-7;胸鳍1-16~17;腹鳍1-8;臀鳍3-28~30。侧线鳞 $54\frac{11\sim13}{9\sim v}56(60)$。下咽齿3行,2·4·5-5·4·2或1·4·5-4·2。鳃耙17~21。

体长为体高的2.0倍,为头长的4.3~4.6倍,为尾柄长的10.0~13.0倍,为尾柄高的7.2~7.7倍。头长为吻长的3.3~3.5倍,为眼径的4.4~4.7倍,为眼间距的2.0~2.2倍,第3枚背鳍刺为头长的0.96~1.13倍。

体高而侧扁。头后背部隆起。体呈菱形。头小。口小,端位,呈马蹄形。口裂斜。上、下颌边缘有薄的角质。背鳍具硬刺,稍长于头长。胸鳍末端接近或达到腹鳍,腹鳍几乎达到泄殖孔。尾鳍分叉深。侧线直而完全,纵贯于体侧中部下方。鳔3室。中室最大,后室最小。从腹鳍到泄殖孔间有腹棱。尾柄宽而短。

体为灰黑色。体侧每个鳞片基部为灰白色,边缘为灰黑色。因此,体侧形成数条暗色条纹。

团头鲂在鄱阳湖中有野生种群,但市面上出售的标本多为人工饲养,是重要的经济鱼类。

此鱼分布于江西各水系。

9. 红鲌属

种的检索表	
1(2)口上位。口裂与身体几乎垂直 …………………………………………………	翘嘴红鲌
2(1)口端位。头后背稍隆起。臀鳍分枝鳍条22根以下	
3(4)头后背隆起较低。尾鳍为鲜红色 ……………………………………………………	蒙古红鲌
4(3)口亚上位。头后隆起明显	
5(8)头短,前端稍钝。侧线鳞65~71	
6(7)头后背显著隆起。尾鳍下叶为橘红色 …………………………………………………	尖头红鲌

7(6)头后背稍隆起。尾鳍下叶为青灰色 ………………………………………… 青梢红鲌

8(5)头长。前端尖。侧线鳞79～86 …………………………………………… 拟尖头红鲌

(1)翘嘴红鲌

地方名:大嘴白。

标本21尾,体长241 mm～371 mm,采自南城、余江、寻乌。

背鳍3－7;胸鳍1－15～16;腹鳍1－8;臀鳍3－21～25。侧线鳞$78\frac{16～17}{6～7～v}93$。下咽齿3行,2·4·4～5·4·2或2·4·4～5·3·2。鳃耙24～28。

体长为体高的3.9～4.9倍,为头长的4.5～4.7倍,为尾柄长的6.5～7.6倍。头长为吻长的3.3～4.3倍,为眼径的3.9～5.3倍,为眼间距的4.1～4.7倍。

体长形,侧扁。头较大,侧扁,背面平直。头后背稍隆起。口上位,口裂与身体几乎垂直。上颌短。下颌厚,向上翘起。眼大,侧位,位于头前部。鳃膜与峡部相连。下咽齿粗壮,末端尖。侧线比较直。腹棱不全,自腹鳍基至泄殖孔。

背鳍有大而光滑的硬刺。胸鳍末端几达腹鳍基部。腹鳍末端不达泄殖孔。臀鳍起点靠近泄殖孔。尾鳍为叉形。鳔3室。中室最长,后室最小。

背部及体侧上部为青灰色带黄色。体侧下部和腹部为银白色。尾鳍为青灰色,其余鳍为灰色。

本种鱼是重要的经济鱼类之一,产量高,生长快,分布广。

此鱼分布于江西各水系。

(2)蒙古红鲌

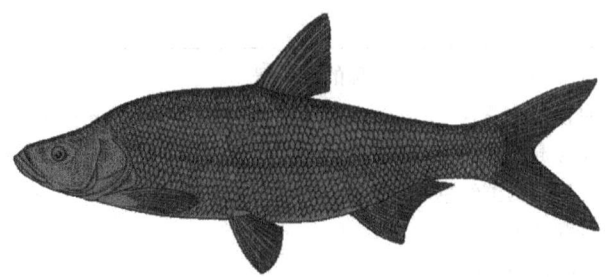

地方名:红梢。

标本67尾,体长167 mm～349 mm,采自鄱阳湖、赣州、抚州、吉安等地。

背鳍3-7;胸鳍1-15～17;腹鳍1-8;臀鳍3-18～22。侧线鳞$73\frac{13}{6\sim v}83$。下咽齿3行,2·4·4—5·4·2或2·4·4—5·3·2。鳃耙17～20。

体长的体高的3.9～4.3倍,为头长的3.8～4.3倍,为尾柄长的7.4～8.3倍。头长为吻长的3.2～3.7倍,为眼径的5.1～7.9倍,为眼间距的2.7～3.3倍。

体长形,侧扁。头较大,背面倾斜。头后背隆起。腹鳍基部至泄殖孔前有腹棱。口端位。口裂稍平。下颌突出,略比上颌长。眼中等大,侧位,在头的前半部。鳃膜与峡部相连。鳃耙细长,较硬,排列稀疏。咽齿呈锥形,末端呈钩状。侧线完全,略弯。

背鳍有光滑的硬刺,外缘平截。腹鳍短,后伸不达臀鳍起点。臀鳍基部长,外缘内凹。尾鳍分叉深,上、下叶末端尖。泄殖孔靠近臀鳍。

生殖季节,雄性头部、背部以及胸鳍的第1～3根鳍条上有许多白色珠星,雌鱼则无。

头背部及体背部为灰黑色带黄色。体侧下半部为白色。背鳍为灰色。胸鳍、腹鳍、臀鳍均为黄色带红色。尾鳍呈鲜红色。

蒙古红鲌是较大的经济食用鱼类,以小型鱼类为食。在大型水库中,只要上游有流水浅滩,蒙古红鲌就可以繁殖,使种群数量经常保持一定数量,因此成为水库清淤难点之一。

此鱼分布于江西各地。

(3)尖头红鲌

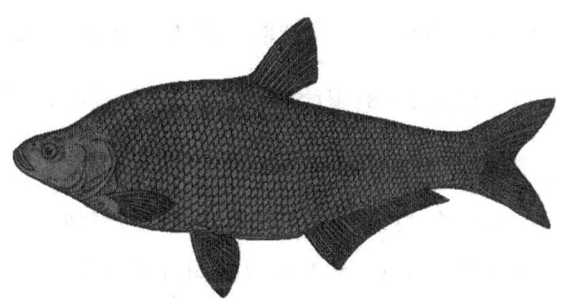

地方名:白鱼。

标本11尾,体长241 mm～314 mm,采自湖口、鄱阳、余干。

背鳍3-7;胸鳍1-13;腹鳍1-8～7;臀鳍3-26～28。侧线鳞$65\frac{12.5\sim 15}{8\sim v}67\sim 69$。下咽齿3行,2·4·4-5·3·2或1·4·4-1·4·2。鳃耙22～23。

体长为体高的3.6～3.9倍,为头长的4.0～4.1倍,为尾柄长的7.0～7.5倍,为尾柄高的8.0～8.2倍。头长为吻长的3.6～4.0倍,为眼径的5.8～6.2倍,为眼间距的2.8～3.0倍。

体长形,侧扁,较厚。头后背显著隆起。腹鳍基部后端至泄殖孔前有腹棱。头小。吻较尖。口亚上位。口裂斜。上颌短于下颌。眼小,位于头的前半部。鳃耙稍长,排列稀疏。下咽齿较细,末端略呈钩状。鳔3室。中室大而长,呈圆筒形。后室小,末端尖。

背鳍较短,末根不分枝鳍条为光滑的硬刺。胸鳍较小,末端后伸接近或达到腹鳍起点。腹鳍起点位于背鳍起点前下方,后伸不达泄殖孔。尾鳍分叉深,末端尖。泄殖孔靠近臀鳍起点。鳞片较小。侧线完全,平直,位于体侧中部。在生殖季节,性成熟的雄鱼头部、胸鳍条上及尾柄上有白色珠星。

体呈银白色。背部为灰白色。背鳍和胸鳍为灰白色。腹鳍和臀鳍为黄白色。尾鳍下叶为橘红色。上叶略带红色,边缘有黑色。

此鱼个体较大,是经济鱼类之一,但因过度捕捞,数量越来越少,近年来已很难见到。

此鱼分布于鄱阳湖、都昌、星子、余干、南昌、湖口。

(4)青梢红鲌

地方名:青梢。

标本44尾,体长117 mm～304 mm,采自鄱阳湖、柘林水库、南城。

背鳍3-7;胸鳍1-13;腹鳍1-8;臀鳍3-25～29。侧线鳞 $64\frac{14\sim15}{7\sim8\sim v}71$。下咽齿3行,2·4·4—5·4·2或2·4·4—5·3·2。鳃耙20～22。

体长为体高的3.6～4.3倍,为头长的3.8～4.1倍,为尾柄长的7.5～8.7倍。头长为吻长的3.3～4.1倍,为眼径的4.1～5.7倍,为眼间距的3.5～4.1倍。

体长形,侧扁。头后背隆起。自腹鳍基部后方至泄殖孔前有腹棱。头较大,侧扁,背面较平。吻尖而长。口近上位,斜裂。上颌较短,下颌较长。唇薄。眼小,位于头侧中部。鳃耙细长,较硬。下咽齿较长,呈柱状,末端尖,略呈钩状。

背鳍长,末根不分枝鳍条为光滑的硬刺,比头短。胸鳍较长,后伸达到或超过腹鳍基部。腹鳍位于背鳍前下方,后伸达泄殖孔。臀鳍较短,基部长,外部微凹。尾鳍分叉,上、下叶等长,末端尖。泄殖孔位于臀鳍前方。侧线完全,较直。性成熟的雄鱼头部、体背部、尾柄长有白色珠星。

体背部为青灰色。体侧为灰白色。各鳍为青灰色。

青梢红鲌数量多,产量高,为江西重要的经济鱼类之一。

此鱼分布于江西各水系。

(5)拟尖头红鲌

地方名:尖头白、钻子鲌。

标本8尾,体长201 mm~374 mm,采自鄱阳、星子。

背鳍3-7;胸鳍1-5~17;腹鳍1-8;臀鳍3-23~27。侧线鳞 $79\frac{13~14}{7~v}85$。下咽齿3行,2·4·5~4·4·2或2·4·4~5·4·2。鳃耙19~22。

体长为体高的3.5~4.2倍,为头长的3.7~4.2倍,为尾柄长的8.0~10.3倍,为尾柄高的3.0~3.8倍。头长为吻长的4.3~6.3倍,为眼间距的4.0~4.9倍。

体长,侧扁。头后背部明显隆起。腹部自腹鳍基部至泄殖孔前有腹棱。头尖长,头背面较平。吻尖长。口亚上位。口裂斜。下颌比上颌长。唇薄。眼稍小,位于头侧上部。鳃耙较粗且硬,排列稀疏。下咽齿较细,呈柱状,末端呈钩状。鳃膜与峡部相连。鳔3室。前室粗短。中室最大,呈圆筒形。后室细长,末端尖。

背鳍长,末根不分枝鳍条为粗壮、光滑的硬刺。胸鳍较短小,后伸不达腹鳍起点。尾鳍分叉深,上、下叶等长。泄殖孔紧靠臀鳍起点。

鳞细小。侧线完全,较平直。性成熟雄鱼的头部、尾柄和体侧上部有珠星。

背部为灰色。体侧和腹部为银白色。尾鳍为橘红色。下叶较鲜艳,后缘具黑边。其他各鳍为灰白色。

拟尖头红鲌是大型经济鱼类,但数量少,现已很难在鄱阳湖中见到,已成为濒危物种。

此鱼分布于鄱阳湖。

10.半䱗属

(1)四川半䱗

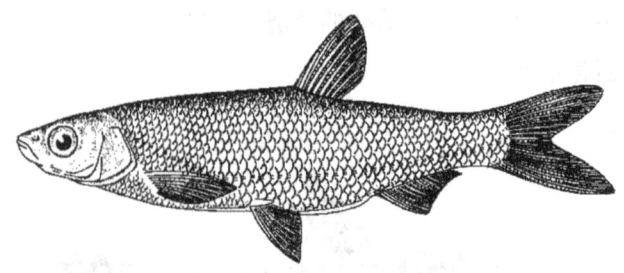

地方名:青鲨。

标本 4 尾,体长 87 mm ~ 102 mm,采自余江、南城、瑞金。

背鳍 3 - 7;胸鳍 1 - 12;腹鳍 1 - 8;臀鳍 3 - 11 ~ 13。侧线鳞 $50 \frac{7.5}{1.5 \sim v} 55$。下咽齿 2 行或 3 行,2·4 ~ 4·2 或 2·4·5 ~ 4·3·2。鳃耙短小,有 9 ~ 11 枚。

体长为体高的 4.2 ~ 4.8 倍,为头长的 3.9 ~ 4.2 倍,为尾柄长的 4.0 ~ 4.8 倍。头长为吻长的 3.0 ~ 3.2 倍,为眼间距的 2.8 ~ 3.2 倍。尾柄长为尾柄高的 2.2 ~ 2.7 倍。

体侧扁。头尖。口端位。口裂斜。下颌中央有一丘突和上颌中央的凹陷处相吻合。头背面平直,从前到后几乎呈直线。侧线在胸鳍上方急速向下弯折,角度明显。有腹棱,腹棱自腹鳍基部至泄殖孔。

背鳍无硬刺,胸鳍末端接近腹鳍起点。腹鳍起点位于眼后缘至臀鳍基部末端的中点,末端远不达泄殖孔。尾鳍分叉深,下叶略长于上叶。

鳔 2 室,后室较长,具乳头状突起。

背面及体侧上半部为灰黑色。腹面及体侧下半部为银白色。背鳍及尾鳍为灰黑色,其他各鳍为白色。

此鱼分布于余江、南城、瑞金、遂川。

(四)鲴亚科

体侧扁,腹棱不完全或无。口下位,横裂,呈"一"字形。下颌大多具锋利的角质缘。无须。下咽齿 1 ~ 3 行。背鳍硬刺光滑。肛门位于臀鳍前方。

本亚科在江西省有 4 属 5 种。

属的检索表
1(4)下咽齿 3 行
2(3)腹棱不完全 ················· 鲴属
3(2)有发达的腹棱 ················· 细鳞斜颌鲴属
4(1)下咽齿 1 ~ 2 行
5(6)下咽齿 2 行,无腹棱 ················· 圆吻鲴属
6(5)下咽齿 1 行,有发达的腹棱 ················· 似鳊属

1. 鲴属

种的检索表
1(2)腹棱长小于腹鳍基至肛门距离的1/5,或看不出 ·················· 银鲴
2(1)腹棱长约为腹鳍基至肛门距离的1/4 ·················· 黄尾密鲴

(1)银鲴

地方名:早里鱼、老益。

标本10尾,体长134 mm～168 mm,采自樟树、余江、萍乡。

背鳍3-7;臀鳍3-9;胸鳍1-13～15;腹鳍1-8。侧线鳞$58\frac{8\sim10}{5\sim6\sim v}63$。下咽齿3行,2·4·6～6·4·2或2·3·6～6·3·2。外侧鳃耙38～45。

体长为体高的3.5～4.0倍,为头长的4.5～4.9倍,为尾柄长的5.6～6.6倍,为尾柄高的9.2～10.2倍。头长为尾柄长的1.2～1.5倍,为尾柄高的1.9～2.2倍,为吻长的2.9～3.3倍,为眼径的3.7～4.5倍,为眼间距的2.4～3.1倍。

体形长而扁。腹部圆。头小。吻钝。口下位,横裂。上、下颌有角质,成为薄锋的边缘。鳃耙短,侧扁,呈三角形,排列紧密。下咽齿内侧1行6枚侧扁,柄端呈钩状,外侧2行纤细。腹部无腹棱,如有也不超过肛门至腹鳍基部距离的1/5。侧线完全,前段微弯。背鳍起点至吻端的距离较背鳍起点至尾鳍基部的距离更近。肛门紧靠臀鳍起点之前。鳔2室。腹腔膜为黑色。

体背部为灰黑色。腹部和体下侧银为白色。鳃盖膜上有一较深的弧形杏黄色斑块。尾鳍为深灰色。

银鲴是底层鱼类,冬季在水体深处栖息,春季水温升高时分散觅食,生殖季节到流水处产卵,以硅藻、丝状藻、水草及高等植物碎屑为食。

银鲴生长较快,同时也是植食性鱼类,但个体较小,具有一定的经济价值。

此鱼分布较广,鄱阳湖、樟树、余江、萍乡、信丰、赣州均有分布。

(2)黄尾密鲴(黄尾鲴)

地方名:黄尾鱼。

标本13尾,体长82 mm～228 mm,采自江口水库、赛城湖、樟树、余江。

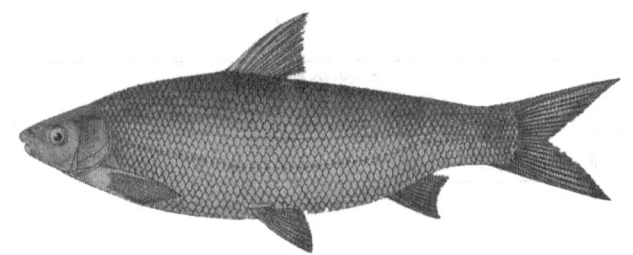

背鳍37,臀鳍3-9~11;胸鳍1-13~16;腹鳍1-8~9。侧线鳞$63\frac{10~12}{5~6~v}68$。下咽齿3行,2(1)·4·6·6·4·2。外侧鳃耙42~52。

体长为体高的3.5~4.1倍,为头长的4.6~5.5倍,为尾柄长的5.8~7.3倍,为尾柄高的9.0~9.8倍。头长为尾柄长的1.1~1.4倍,为尾柄高的1.7~2.2倍,为吻长的3.0~3.5倍,为眼径的3.8~5.0倍,为眼间距的2.3~2.8倍。

体形长而侧扁。腹部圆。吻钝。口下位。下颌有较发达的角质边缘。鳃耙扁而薄,呈三角形。下咽齿内侧1行6枚侧扁,外侧2行细长。腹棱不完全,一般在肛门至腹鳍基部的1/4处。侧线完全,前段略弯向腹部。背鳍起点至吻端的距离较背鳍起点至尾鳍基部的距离短。肛门紧靠臀鳍起点之前。鳔2室。腹腔膜为黑色。

背部为灰黑色。腹部及体侧下部为银白色。尾鳍上、下叶为杏黄色。

黄尾密鲴冬季群集于敞水区的深水处越冬,天气转暖后开始分散于水体中下层。到涨水季节,成熟的黄尾密鲴溯水而上,到急流浅滩处产卵。生殖季节,雄鱼头部、背鳍起点之前有珠星,且非常显著。其主要以高等植物碎屑、硅藻和丝状藻为食。

黄尾密鲴肉味鲜美,成熟较早,具有较高的经济价值。如果对此鱼进行饲养,能起到"清扫"鱼池中的食饵残渣的作用。

此鱼分布较广,鄱阳湖、余江、樟树、江口水库、赛城湖、赣州、信丰均有分布。

2. 细鳞斜颌鲴属

(1)细鳞斜颌鲴

标本4尾,体长207 mm~271 mm,采自宜春江口水库、九江赛城湖、余江。

背鳍3-7;臀鳍3-11~12;胸鳍1-14~15;腹鳍1-8。侧线鳞$74\frac{12~13}{7~v}78$。下咽

齿 3 行,2·4·7(6)~6·4·2 或 2·3·6~6·3(4)·2。外侧鳃耙 34~43。

体长为体高的 3.5~3.9 倍,为头长的 4.8~5.8 倍,为尾柄长的 6.3~6.8 倍,为尾柄高的 1.6~2.1 倍,为吻长的 2.8~3.9 倍,为眼径的 4.3~4.8 倍,为眼间距的 2.1~2.7 倍。

体侧扁,较高。头小。吻钝。口小,下位,横裂,呈弧形。下颌角质边缘比较发达。鳃耙扁薄,呈三角形。下咽齿内侧 1 行侧扁,外侧 2 行纤细。腹棱从腹鳍基部直达肛门。鳞小。侧线鳞多。侧线完全,前段略弯向腹部。背鳍有一光滑的硬刺。肛门紧靠臀鳍起点。鳔 2 室。腹腔膜为黑色。

背部为灰黑色。背鳍为灰色。臀鳍为淡黄色。

细鳞斜颌鲴冬季群居于水面开阔的湖泊深水处,春暖后分散活动、觅食。到生殖季节,鱼群溯水而上,去产卵场繁殖。此时,雄鱼的头部和胸鳍条上有明显的珠星。其主要以硅藻、丝状藻及高等植物碎屑为食。

细鳞斜颌鲴成熟早,生长快,个体较大,天然产量很高,且肉味鲜美,所以在渔业生产中占有一定的地位。

此鱼分布较广,在余江、九江、宜春均有。

3. 圆吻鲴属

(1)圆吻鲴

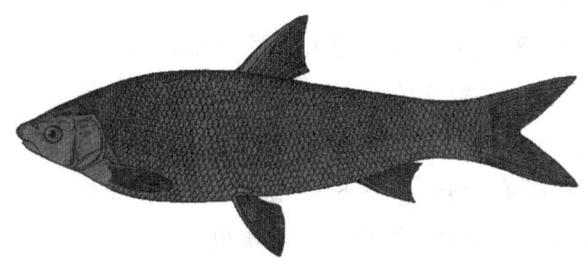

地方名:勒鱼、朱雄。

标本 11 尾,体长 120 mm ~374 mm,采自余江。

背鳍 3-7;臀鳍 3-9~10;胸鳍 1-13~15;腹鳍 1-8。侧线鳞 $72\dfrac{13~14}{6~8~v}81$。下咽齿 2 行,2·6~6·2,1·6~6·1,3·6~6·3 或 4·6~6·4。外侧鳃耙 75~98。

体长为体高的 3.8~4.3 倍,为头长的 4.3~5.0 倍,为尾柄长的 5.3~6.0 倍,为尾柄高的 8.6~9.5 倍。头长为尾柄长的 1.0~1.4 倍,为尾柄高的 1.8~2.2 倍,为吻长的 2.5~3.2 倍,为眼径的 4.6~5.4 倍,为眼间距的 2.0~2.4 倍。

体侧扁。腹部圆。头小。吻钝,特别突出。口下位,横裂。下颌具有很发达的角质边缘。鳃耙短且薄,排列紧密。下咽齿 2 行,侧扁,顶端尖。无腹棱。侧线完全,前段向腹部微弯。背鳍起点与腹鳍起点相对。肛门靠近臀鳍起点。鳔2室。腹腔膜为黑色。

背部为深褐色。腹部为银白色。背鳍、尾鳍为灰色,鳍缘为灰黑色。

圆吻鲴肉质鲜美,个体较大。冬季,江西信江上游的圆吻鲴产量较高,所以圆吻鲴具有较高的经济价值。

此鱼分布于余江、寻乌、宁都、瑞金。

4. 似鳊属

(1) 似鳊

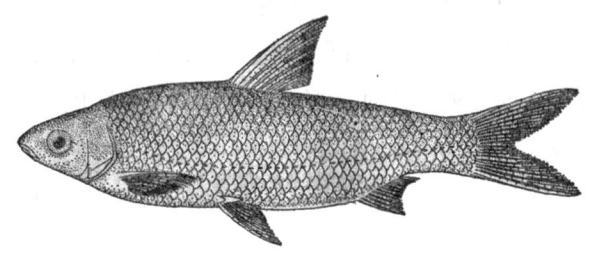

地方名:扁部、妹易。

标本7尾,体长107 mm~153 mm,采自江口水库、樟树、余江。

背鳍3-7;臀鳍3-9~11;胸鳍1-2~14;腹鳍1-8。侧线鳞$45\frac{7~9}{4~5~v}50$。下咽齿1行,5~5或6~6。外侧鳃耙120~150。

体长为体高的3.1~3.8倍,为头长的4.7~5.0倍,为尾柄长的5.8~6.4倍,为尾柄高的8.3~9.0倍。头长为尾柄长的1.2~1.4倍,为尾柄高的1.7~1.8倍,为吻长的3.7~4.5倍,为眼径的3.3~4.2倍,为眼间距的2.2~2.7倍。

体侧扁,较高。头很短。吻钝。口下位,横裂。唇较薄,角质缘不发达。眼靠近吻端。眼径约与吻长相等。鳃耙排列紧密。下咽齿侧扁。腹棱从腹鳍基部直达肛门。鳞片比细鳞斜颌鲴的鳞大。侧线完全,前段微弯。背鳍最长的1根不分枝鳍条是光滑的硬刺。肛门紧靠臀鳍起点。鳔2室。腹腔膜为黑色。

背部和体上侧为灰褐色。腹部和体下侧为银白色。背鳍、尾鳍为浅灰色。臀鳍为灰白色。

似鳊是江湖中常见的鱼类,喜群集、逆水而游。生殖季节,雄鱼的吻部出现珠星。似鳊主要以硅藻、线状蓝藻及高等水生植物碎屑为食。

此鱼个体虽小,但数量多,为植食性鱼类,具有一定的经济价值。

此鱼分布于余江、樟树、江口水库。

（五）鳑鲏亚科

鳑鲏亚科为小型鱼类，最大个体体长不超过180 mm。体侧扁且较高，略呈卵圆形或菱形。背鳍和臀鳍具或不具硬刺。侧线完全或不完全。口多为端下位，少数为端上位。有须或无须。下咽齿1行，5～5。齿面平滑或带有锯纹，尖端呈钩状。鳔2室。后室大于前室。肠管长，一般为体长的3倍以上。雌性具长的产卵管。卵产于蚌类的鳃水管内或外套腔中，发育成幼鱼才离开蚌体。

鳑鲏广泛分布于我国各种类型的水体中及亚洲东部，经济价值不大，仅作为其他凶猛鱼类的食物。

此亚科在江西共有6属17种。

属的检索表
1(6) 侧线不完全
2(3) 下咽齿齿面平滑，无锯纹 ················· 鳑鲏属
3(2) 下咽齿有锯纹
4(5) 背鳍及臀鳍无硬刺 ················· 彩石鲋属
5(4) 背鳍及臀鳍有硬刺 ················· 副鳑鲏属
7(10) 背鳍及臀鳍有硬刺
8(9) 下咽齿平滑，无锯纹 ················· 鱊属
9(8) 下咽齿有明显的锯纹 ················· 刺鳑鲏属
10(7) 背鳍及臀鳍无硬刺 ················· 副鱊属

1. 鳑鲏属

种的检索表
1(2) 体长为体高的2.3倍以上 ················· 中华鳑鲏
2(1) 体长为体高的2.3倍以下 ················· 高体鳑鲏

（1）中华鳑鲏

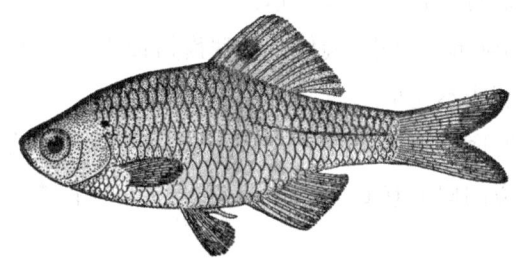

标本10尾，体长30 mm～41 mm，采自寻乌、信丰、瑞金。

背鳍2-10～11；臀鳍2-10～11。纵列鳞34。下咽齿1行，5～5。

体长为体高的2.4～2.7倍，为头长的3.8～4.1倍。头长为吻长的4.0～4.5倍，为眼径的 2.6～3.3 倍,为眼间距的 2.6～3.3 倍。

体侧扁,呈卵形。口小,端位。下咽齿齿面平滑。下颌稍短于上颌。无须。背鳍和臀鳍的最后 1 根不分枝鳍条基部较硬,末端柔软。侧线不完全,有 3～7 个鳞片。鳔 2 室。后室较前室大。

体侧上部每个鳞片的后缘都有小黑点。自最后第 3 个侧线鳞开始,尾柄中线有 1 条黑色纵纹,向前直伸至臀鳍起点的正上方。鳃孔后方第 1 个侧线鳞及第 4、第 5 个侧线鳞上均有 1 个很不明显的黑斑。幼体背鳍第 1～3 根分枝鳍条间有 1 个黑斑。

生殖季节,雄鱼吻端两侧各具 1 丛白色珠星。眼球上半部为红色。臀鳍为浅红色,镶 1 条较窄的黑色条纹。尾鳍中部具红色纵纹。雌鱼具长的产卵管,个体一般比雄鱼小。

繁殖期在 5 月间,卵产于蚌的鳃水管中。孵出的仔鱼栖居于蚌的鳃瓣间,发育成幼鱼后才离开蚌体。主要食物为藻类。

此鱼分布于寻乌、信丰、瑞金、余江、德兴。

(2)高体鳑鲏

标本 10 尾,体长 30 mm～52 mm,采自瑞金、宁都、寻乌。

背鳍 3-11～12;臀鳍 3-10～12。纵列鳞 32～34。下咽齿 1 行。

体长为体高为 2.0～2.3 倍,为头长的 3.8～4.3 倍。头长为吻长的 3.3～3.6 倍,为眼径的 3.5～3.7 倍,为眼间距的 2.4～2.8 倍。

体侧扁且高,略呈卵圆形。口小,端位。下咽齿齿面平滑。无须。头后背部显著隆起。鳔 2 室。后室大。侧线不完全。

体侧上部鳞片后缘有密集的黑点。沿尾柄中线有 1 条黑色纵纹,向前延伸至背鳍基部中点正下方。鳃盖后方的肩上有 1 块黑斑。体侧第 4～5 个鳞片上有 1 条不太明显的黑斑。

此鱼分布于长江流域,在江西主要分布于寻乌、宁都、石城、瑞金、抚河、余江、德兴。

2. 彩石鲋属

(1) 彩石鲋

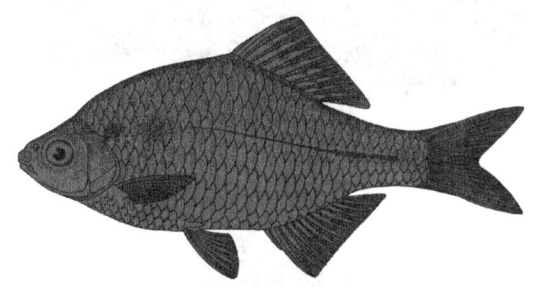

标本4尾,体长约50 mm,采自抚河、德兴。

背鳍2-9~10;臀鳍2-8~11。纵列鳞31~34。下咽齿1行,5~5。

体长为体高的2.4~3.2倍,为头长的3.8~4.5倍。头长为吻长的3.8~4.8倍,为眼径的2.4~3.6倍。

体侧扁且高,呈卵圆形,较肥厚。头小。口端位。无须。下咽齿齿面有明显的锯纹,尖端呈钩状。头后背部隆起。侧线鳞不完全。背鳍及臀鳍无刺,二者外缘轮廓圆凸。鳔2室。

体上部为黄褐色,下部及腹面为淡黄色。眼球上方为橘红色。鳃孔后第1个鳞片上有1个大的黑点。尾柄中部有1条蓝黑色的纵纹,向前延伸至背鳍基部中点的正下方,或超过背鳍起点。背鳍、臀鳍和腹鳍呈橘黄色。上、下叶之间有1条橘红色的纵纹。幼鱼和成熟雌鱼的背鳍前部有1个大的黑色斑点,雄鱼的不太明显。

处于生殖期的雄鱼,吻端具2丛白色珠星。臀鳍边缘镶有比雌鱼宽而明显的黑边。在第5~6个侧鳞处有1条不太明显的淡绿色横斑。

产卵期为4—6月。分批产卵。卵产于河蚌的外套腔中,在外套腔的鳃瓣间发育。仔鱼长成幼鱼后离开蚌体自由生活。

此鱼栖息于水流缓慢、水草茂盛的水湾、溪流或静水塘,喜群游,以水草、附着藻类、沉淀有机物、水生昆虫及枝角类为食。

此鱼分布于九江、抚河、德兴。

3. 副鱊属

(1) 方氏副鱊

标本8尾,体长约40 mm,采自抚河。

背鳍3-9;臀鳍3-10。纵列鳞33。下咽齿1行,5~5。鳃耙4。

体长为体高的2.5倍,为头长的3.8倍。头长为吻长的3.5倍,为眼径的3.5倍,为眼间距的2.4倍。

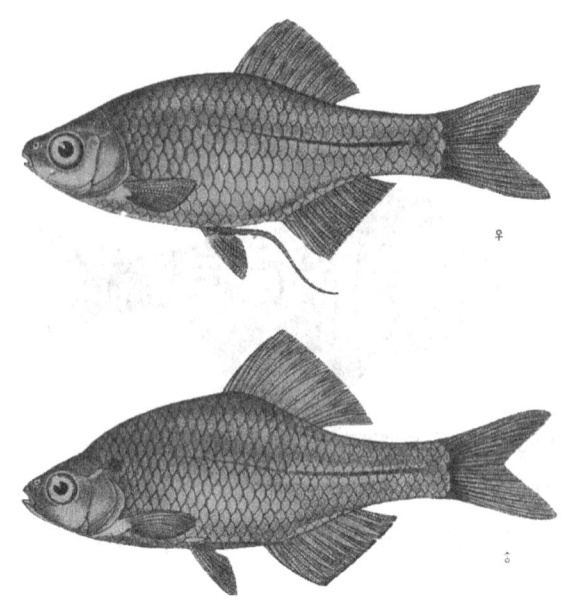

体侧扁,呈纺锤形。背鳍起点为身体最高处。头小。口端位。下咽齿尖端呈钩状,齿面锯纹明显。无须。眼间头背部宽,稍圆突。侧线不完全。侧线鳞有 4 片。背鳍、臀鳍具硬刺。背鳍起点位于身体中部,接近尾柄基部。臀鳍起点位于背鳍基部中点的直下方。鳃耙短。鳔 2 室。

背部为灰色。体侧上半部的鳞片具灰色边缘。鳃孔后方第 1 个侧鳞上有 1 个大黑点。尾柄中线有 1 条黑色纵纹,向前伸至背鳍起点的前方。雄鱼的臀鳍镶有窄的黑边。生殖季节,雄鱼吻端有白色珠星。

此鱼分布于抚河。

4. 鳑属

种的检索表
1(2)口角具触须,臀鳍分枝鳍条 9,鳃耙 6 ············ 须鳑
2(1)口角无须,臀鳍分枝鳍条 7,鳃耙 22 ············ 无须鳑

(1) 须鳑

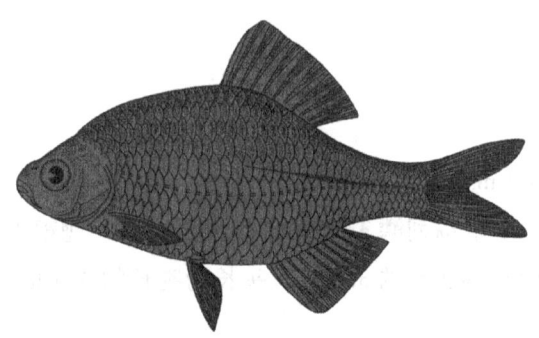

标本5尾,体长约66 mm,采自余江。

背鳍2-10;臀鳍2-9。侧线鳞36~38。下咽齿1行,5~5。

体长为体高的2.3~2.6倍,为头长的3.5~4.3倍。头长为吻长的3.0~3.2倍,为眼径的3.0~3.2倍,为眼间距的2.3倍。

体侧扁,呈长卵圆形。头后背部显著隆起。头小。吻尖。上颌明显比下颌突出。口端下位,呈马蹄形。口角有1对触须。下咽齿齿面光滑,无锯纹。背鳍和臀鳍具硬刺,末端柔软可弯曲。背鳍起点约位于体长的中点,略靠近最后的鳞片。侧线完全。鳔2室。后室大。

体侧上半部的每个鳞片的后缘为黑色。鳃孔后方第1个侧线鳞上有1个大黑点。雌鱼沿尾柄中线有1条明显的纵纹,但雄鱼不甚明显。背鳍有3列小黑点。臀鳍为灰黑色,边缘为白色。

此鱼分布于长江中下游,在江西分布于鄱阳湖、余江。

(2)无须鱊

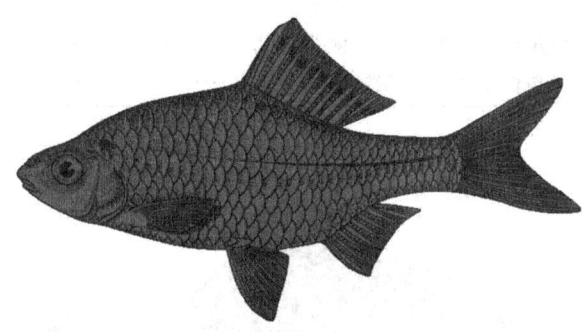

标本10尾,体长45 mm~48 mm,采自鄱阳湖。

背鳍2-8~9;臀鳍2-7。侧线鳞32~35。下咽齿1行,5~5。

体长为体高的3.0~3.3倍,为头长的3.8~4.0倍。头长为吻长的3.6倍,为眼径的2.5~2.9倍。

体侧扁,呈长纺锤形。背鳍起点处为身体最高处。头小。吻钝。口端下位,略呈马蹄形。口角无触须。下咽齿齿面光滑,无锯纹。背鳍和臀鳍具硬刺。背鳍起点位于吻端至最后鳞片的中点。腹鳍起点稍前于背鳍。侧线完全。鳔2室。后室大。

体侧上半部的每个鳞片后缘为灰黑色,下半部的为银白色。沿尾柄中线有1条黑色纵纹,向前延伸至背鳍起点下方。背鳍有3列小黑点,边缘为黑色。臀鳍中央有1条黑色的带纹,边缘无色。

此鱼分布于长江流域,在江西主要分布于鄱阳湖。

3. 刺鳑鲏属

种的检索表
1(8)口角具1对触须
2(3)背鳍分枝鳍条15根以上。臀鳍分枝鳍条13根以上 ················ 大鳍刺鳑鲏
3(2)背鳍分枝鳍条不超过15根。臀鳍分枝鳍条不超过13根
4(5)体长为体高的2.2～2.4倍 ·· 越南刺鳑鲏
5(4)体长为体高的2.6～3.2倍
6(7)侧线鳞32～33。鳃耙6～7 ··· 短须刺鳑鲏
7(6)侧线鳞38～39。鳃耙10～11 ··· 多鳞刺鳑鲏
8(1)口角无触须
9(10)背鳍分枝鳍条超过15根。臀鳍分枝鳍条超过13根 ·················· 斑条刺鳑鲏
10(9)背鳍分枝鳍条不超过15根。臀鳍分枝鳍条不超过12根
13(14)体长为体高的1.7～1.8倍 ·· 寡鳞刺鳑鲏
14(13)体长为体高的2倍以上
15(16)侧线鳞36～38。体长为体高的3.0～3.7倍 ····························· 长身刺鳑鲏
16(15)侧线鳞14～18。体长为体高的2.2～2.3倍
17(18)鳃耙14～18。体侧黑斑位于第4～5个侧线鳞上 ···················· 兴凯刺鳑鲏
18(17)鳃耙6～8。体侧黑斑位于第1个侧线鳞上方 ·························· 白河刺鳑鲏

(1)大鳍刺鳑鲏

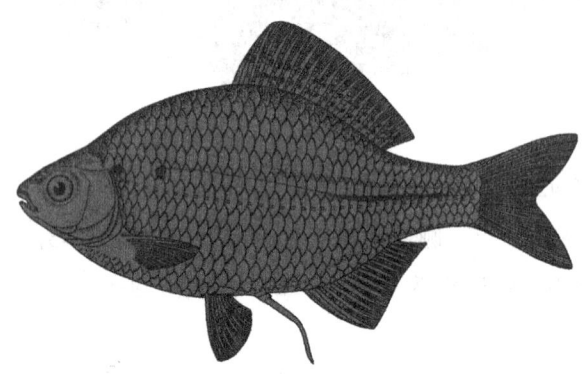

标本10尾,体长52 mm～95 mm,采自鄱阳湖。

背鳍3－15～17;臀鳍3－11～13。侧线鳞35～38。下咽齿1行,5～5。

体长为体高的2.1～2.6倍,为头长的3.5～4.0倍。头长为吻长的3.2～4.5倍,为眼径的3.0～3.6倍,为眼间距的3.1～3.8倍。体长和体高的比,随体长的增加而减少。

体侧扁,呈卵圆形。口端下位,略呈马蹄形。下咽齿齿面有锯纹,尖端呈钩状。口角具1对触须。背鳍及臀鳍有硬刺。背鳍起点位于吻端至最后鳞片的中点。侧线完全。鳔2室。

背部为暗绿色或黄灰色。体侧为银白色。尾柄中线有1条黑色纵纹。成鱼第4～5个侧线鳞上有1个大黑点。背鳍上具有3列小黑点。雄鱼背鳍及臀鳍鳍条延长,鳍的外缘呈弧形。臀鳍有 3 列小黑点,边缘为白色。雌鱼鳍条上的 2 列斑点不明显,或全部缺如。生殖季节,雄鱼吻端及眼眶上缘出现白色珠星。雌鱼具长的灰色产卵管。

此鱼常栖于水草丛生处,主要以高等植物的叶片、浮游生物及着生藻类为食。较大的个体也摄食动物性食料。

此鱼分布于鄱阳湖、余江、抚河、德兴。

(2) 越南刺鳑鲏

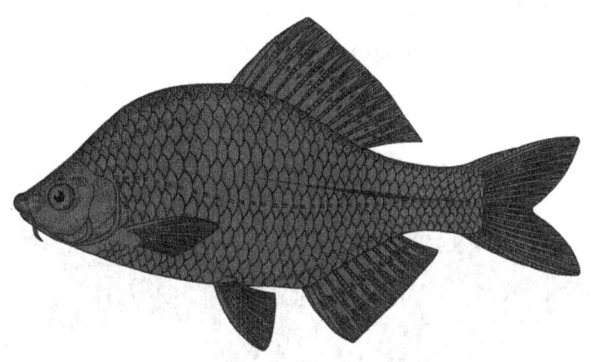

标本 6 尾,体长 66 mm ~ 78 mm,采自信丰、鄱阳湖。

背鳍 3 - 12 ~ 13;臀鳍 3 - 9 ~ 10。侧线鳞 34 ~ 36。下咽齿 1 行,5 ~ 5。

体长为体高的 2.2 ~ 2.4 倍,为头长的 3.8 ~ 4.0 倍。头长为吻长的 2.8 ~ 3.1 倍,为眼径的 3.1 ~ 3.4 倍,为眼间距的 2.4 ~ 2.6 倍。

体侧扁,呈卵圆形。头后背部显著隆起。口端下位,略呈马蹄形。口角具 1 对触须。下咽齿齿面有锯纹,尖端呈钩状。背鳍及臀鳍具硬刺。侧线完全。鳔 2 室。

背部为灰黑色。沿尾柄中线有 1 条黑色纵纹,向前伸至背鳍基部中点的前下方。鳃孔后方第 1、第 2 个侧线鳞上有 1 个明显的大黑点。背鳍及臀鳍具 2 列小黑点。

生殖期的雄鱼吻端、眼前缘及鼻孔周围有白色珠星。雌鱼的产卵管为灰色。

此鱼分布于长江流域,在江西省内分布于抚河、余江、德兴、信丰。

(3) 短须刺鳑鲏

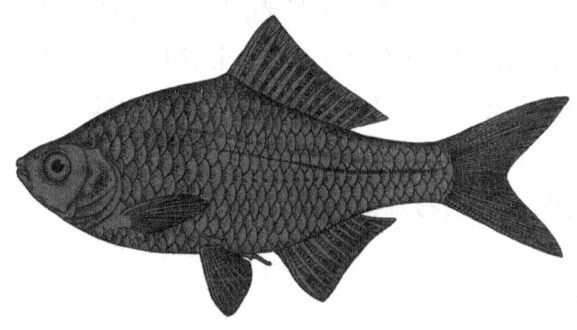

标本 3 尾,体长 70 mm,采自余江。

背鳍 2-11~13;臀鳍 2-8~10。侧线鳞 32~33。下咽齿 1 行。鳃耙 6~7。

体长为体高的 2.6~3.2 倍,为头长的 3.9~4.6 倍。头长为吻长的 3.3 倍,为眼径的 2.9 倍,为尾柄长的 2.0 倍。

体高而侧扁。背前部平直。口端下位,呈马蹄形。口角有 1 对短须。齿面有锯纹,尖端呈钩状。侧线完全。鳔 2 室。

鳃盖后缘上方有 1 个黑色斑点。尾柄中线有 1 条黑色纵带。生殖期的雄鱼吻端有白色珠星。雌鱼具有产卵管。

此鱼分布于长江下游,在江西省内分布于余江。

(4)多鳞刺鳑鲏

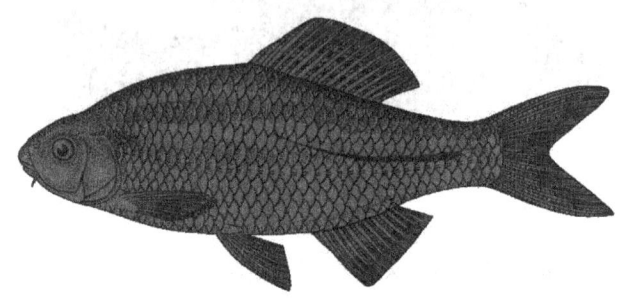

标本 2 尾,体长 83.0 mm~138.0 mm,采自余江。依伍献文等的原始描述摘录如下:

背鳍 3-12~14;臀鳍 3-9。侧线鳞 38~39。下咽齿 1 行,5~5。鳃耙 10~11。

体长为体高的 2.6~3.0 倍,为头长的 4.0~4.5 倍。头长为吻长的 2.8~4.0 倍,为眼径的 3.1~3.7 倍。尾柄长为尾柄高的 1.6~2.0 倍。

体侧扁,矮长。身体外部轮廓呈长纺锤形。口端下位,呈马蹄形。下颌盖以角质唇。口角具触须 1 对,长度约与瞳孔相当,横切面呈扁圆形。齿面有锯纹,尖端呈钩状。背鳍及臀鳍均具硬刺。背鳍起点位于吻端至最后鳞片的中央。臀鳍起点位于第 7 根背鳍分枝鳍条的正下方。胸鳍末端伸至胸鳍及臀鳍基部间距的 1/2,近腹鳍起点。鳔 2 室。后室特别长,为前室的 2.2 倍。鳃耙短,呈三角形。肠管长,其长度约为体长的 6 倍。腹膜为深黑色。

鳃孔后方第 1、第 2 个侧线鳞上有 1 个明显的黑点。尾柄中线有 1 条黑色纵纹,近尾基部的一端较粗,向前渐细,伸至背鳍起点下方完全消失。雄鱼的背鳍有 3 列小黑点,镶以细而窄的黑边。臀鳍也有 2 列小黑点。其余鳍无色。吻部有白色珠星。雌鱼鳍条上的斑点不明显。

此鱼栖息于溪流中,主要食物为着生藻类。

此鱼分布于余江。

(5)斑条刺鳑鲏

标本 3 尾,体长 62 mm ~ 75 mm,采自鄱阳湖。

背鳍 3-16~17;臀鳍 2-12~13。侧线鳞 35~36。下咽齿 1 行,5~5。

体长为体高的 2.3~2.4 倍,为头长的 4.3~4.5 倍,为尾柄长的 4.7~5.3 倍,为尾柄高的 7.8~8.7 倍。头长为吻长的 3.4~3.7 倍,为眼径的 3.0~3.6 倍,为眼间距的 2.4~2.5 倍。

体高而侧扁。背前部隆起。头小。口亚下位。口角无须。齿面有明显的锯纹。侧线完全。背鳍和臀鳍都具硬刺。鳔 2 室。后室长。

体背部为灰褐色。腹侧为银灰色。鳃孔后第 1~2 个侧线鳞上方有 1 个黑色的大斑点。尾柄中部具有 1 条黑色的纵带。背鳍有 2 列小白点。生殖期的雄鱼吻端、眼眶前方及上方具有珠星。胸部和腹部为黑色。腹鳍为黑色。雌鱼具细长的产卵管。

此鱼分布于长江流域,在江西省内分布于鄱阳湖、余江、抚河、德兴。

(6) 寡鳞刺鳊鲌

无标本,有记录。依伍献文等的描述摘录如下:

体长 60 mm ~ 70 mm,背鳍 3-14~15;臀鳍 3-12~13。侧线鳞 31~33。下咽齿 1 行,5~5。鳃耙 15~18。

体长为体高的 1.7~1.8 倍,为头长的 3.8~4.1 倍,为尾柄长的 5.9~6.2 倍。头长为吻长的 3.5~4.0 倍,为眼径的 2.3~2.5 倍,为眼间距的 2.0~2.2 倍。尾柄长为尾柄高的 1.1~1.3 倍。

体扁且高,近圆形。头小。口端位。上、下颌几乎等长。无须。下咽齿齿面有锯纹,尖端呈钩状。眼大,侧上位。上眼眶骨较突出。眼间头部宽而平坦。侧线完全。背鳍具硬刺。臀鳍起点位于第3根背鳍分枝鳍条的直下方。胸鳍末端伸至腹鳍基部。腹鳍末端达臀鳍起点。鳃耙密。鳔2室。后室长且弯曲。腹膜为灰黑色。

体侧上半部第5个鳞片的后缘为灰黑色。沿尾柄中线有1条很细而颜色不甚明显的灰色纵纹。背鳍有数列小黑点。雄鱼的臀鳍有3列黑色小斑,边缘为黑色。腹部及腹鳍为黑色。雌鱼的腹面、腹鳍及臀鳍无色。

生殖期的雄鱼吻端具白色珠星。各鳍条略延长,颜色加深。雌鱼具产卵管。

此鱼分布于长江流域,江西鄱阳湖有记录。

(7) 长身刺鳑鲏

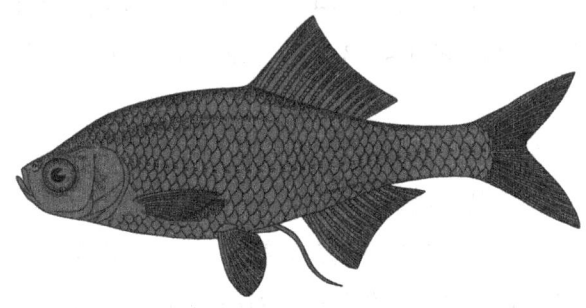

标本4尾,体长 50 mm ~ 55 mm,采自鄱阳湖。

背鳍 2 - 11 ~ 13;臀鳍 2 - 10 ~ 12。侧线鳞 36 ~ 38。下咽齿 1 行,5 ~ 5。

体长为体高的 3.0 ~ 3.7 倍,为头长的 4.0 ~ 4.5 倍。头长为吻长的 3.8 ~ 4.0 倍,为眼径的 2.7 倍。

体侧扁,较长。眼大,侧位。口端上位。口角无须。齿面有锯纹。侧线完全。背鳍及臀鳍均有硬刺。胸鳍末端伸至腹鳍基部。鳔2室。

身体为银白色。背部为橄榄色。尾柄中线有1条细的黑色纵纹。雄鱼的臀鳍为灰黑色。雌鱼的臀鳍无色。

此鱼分布于鄱阳湖、余江、德兴。

(8) 兴凯刺鳑鲏

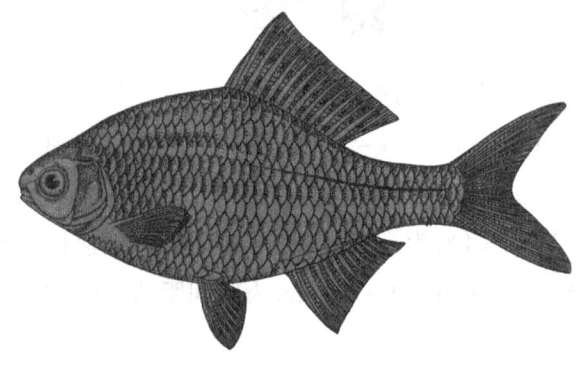

标本10尾,体长48 mm~76 mm,采自鄱阳湖。

背鳍3-11~12;臀鳍3-9~11。侧线鳞34~38。下咽齿1行,5~5。

体长为体高的2.3~2.7倍,为头长的3.4~4.7倍。头长为吻长的3.2~4.3倍,为眼径的2.8~3.8倍,为眼间距的2.8~3.8倍。

体高而侧扁,呈椭圆形。头小。口端位。无须。齿面有锯纹,尖端呈钩状。侧线完全。背鳍及臀鳍有硬刺。鳔2室。

背部为黄灰色,两侧为银白色。成鱼体侧的第4~5个侧线鳞上无或有不明显的灰色大斑点。沿尾柄中线有1条黑色的纵纹。雄鱼的背鳍及臀鳍有2列黑色的小斑点。臀鳍镶以宽的黑边。雌鱼背鳍有不明显的黑色小点,臀鳍及腹鳍为淡黄色。

此鱼主要以藻类和植物碎屑为食。生殖期的雄鱼吻端具白色珠星,鳍条上的斑点更明显。雌鱼的产卵管为灰色。

此鱼分布于鄱阳湖、余江、德兴。

(9)白河刺鳑鲏

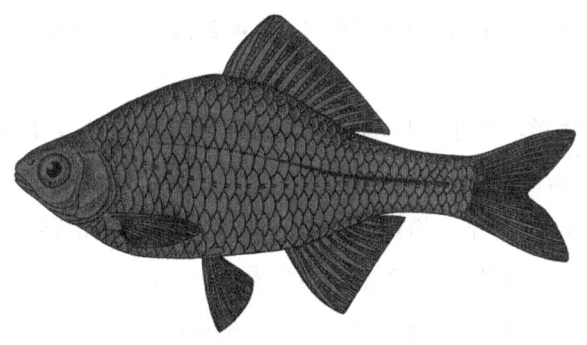

标本3尾,体长约52 mm,采自余江。

背鳍2-11~13;臀鳍2-9~10。侧线鳞33~35。下咽齿1行,5~5。

体长为体高的2.7~3.2倍,为头长的3.9~4.2倍。头长为吻长的3.2倍,为眼径的2.5~2.9倍。

体侧扁,接近卵圆形。口亚下位。上颌比下颌稍长。口角无须。齿面为黑褐色,有锯纹,尖端呈钩状。背鳍及臀鳍有硬刺。鳔2室。

鳃孔后方第1个侧线鳞上有1个大黑点。沿尾柄中线有1条黑色的纵纹,向前伸至背鳍基部中点的下方。雌鱼的臀鳍为灰黑色,无明显有规则的斑点。背鳍有2列小黑点,前部有1个大的黑斑。产卵管为灰黑色。雄鱼的臀鳍有2列小黑点,边缘无色;背鳍有2列小黑点,边缘为黑色。生殖期吻端有珠星。

此鱼分布于余江、抚河。

4. 副鱊属

种的检索表
1(2)口角无触须 ·· 彩副鱊
2(1)口角有 1 对明显的触须 ·· 广西副鱊

(1)彩副鱊

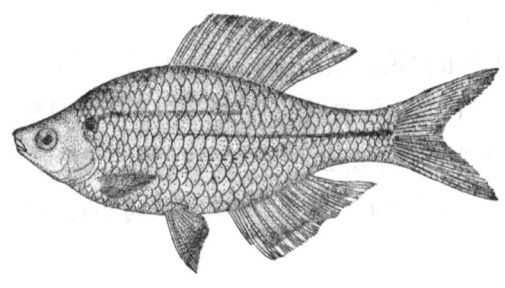

标本 10 尾,体长约 64 mm,采自修水。

背鳍 2-9~10;臀鳍 2-9~10。侧线鳞 34~37。下咽齿 1 行,5~5。鳃耙 8~9。

体长为体高的 3.0~3.5 倍,为头长的 3.9~4.2 倍,为尾柄高的 2.0~2.1 倍。尾柄长为尾柄高的 2.1 倍。

体侧扁,呈长纺锤形。头小。口端位。口角无须。齿面锯纹明显,尖端呈钩状。头后背部不显著隆起。背鳍起点为身体最高处。背鳍及臀鳍均不具硬刺,仅不分枝鳍条的基部较硬,而末端仍柔软、分节。臀鳍起点位于背鳍基部中点的前下方。腹鳍末端超过臀鳍起点。侧线完全。鳃耙短。鳔 2 室。膜为黑色。

体侧上半部每个鳞片的后缘为灰黑色。沿尾柄中线有 1 条明显的纵纹,向前伸至背鳍起点下方之前。鳃孔后方的肩上有 1 个明显的大黑点。

背鳍边缘为白色,第 2 根刺及第 3 根刺的基部为黑色。雌鱼的背鳍前部有 1 个明显的大黑点,此外还有 3 列小黑点。臀鳍无色。

生殖季节,雄鱼吻端有白色珠星,雌鱼有产卵管。雄鱼尾柄上的黑色纵纹及肩上的黑点均比雌鱼明显得多。

此鱼分布于长江中段,及江西的鄱阳湖、湖口。

(2)广西副鱊

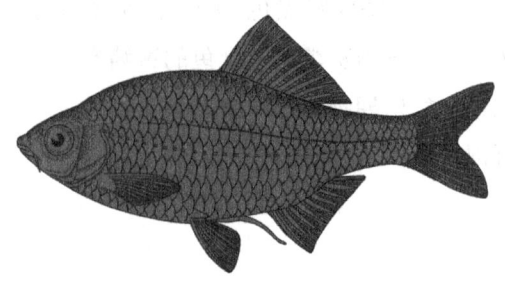

标本10尾,体长50 mm~56 mm,采自瑞金、南康。

背鳍2-9~11;臀鳍2-8~9。下咽齿1行,5~5。

体长为体高的2.8~3.6倍,为头长的4.0~4.5倍。头长为吻长的3.0~3.3倍,为眼径的2.5~2.8倍。

体侧扁,呈长纺锤形。头小。口端下位。口角具1对触须。齿面有明显的锯纹。背鳍及臀鳍无硬刺,仅有基部较硬的不分枝鳍条。头后背部不显著隆起。侧线完全。鳔2室。

身体上半部每个鳞片的后缘均镶有灰色边缘。体侧中部有1条黑色的纵纹,自尾柄基部向前延伸至背鳍起点下方之前。体侧第3、第4个侧线鳞上均有1个明显的大黑点。雄鱼腹鳍及尾鳍为淡黄色。臀鳍略带红色。背鳍具3列黑色斑点,边缘为黑色。体侧的黑色纵纹较雌鱼粗,颜色也较深,并和体侧肩上的大黑点相连。雌鱼的颜色大多不鲜艳,纵纹不与肩上的黑点相连。

此鱼生活于水清、砾石底质的江中,分布于瑞金、石城、南康、余江、德兴。

(六)鲢亚科

体侧扁。腹部具腹棱。口端位。下颌稍向上颌斜。无须。下咽齿1行。磨面平扁,呈履状。背鳍和臀鳍均无硬刺。鳃耙长,排列细密或有侧枝相互连接,形成海绵状膜质片。有鳃上器。体被小鳞。头部无鳞。肠很长,约为体长的5~8倍。侧线完全。

此亚科在江西省有2属2种。

属的检索表
1(2)鳃耙细密,相互交错成海绵状膜质片。腹棱完全,从胸鳍基前方向后达肛门 ················· 鲢属
2(1)鳃耙细长密排,互不相连。腹棱不完全,仅存在于腹鳍基向后至肛门间 ················· 鳙属

1. 鲢属

(1)鲢

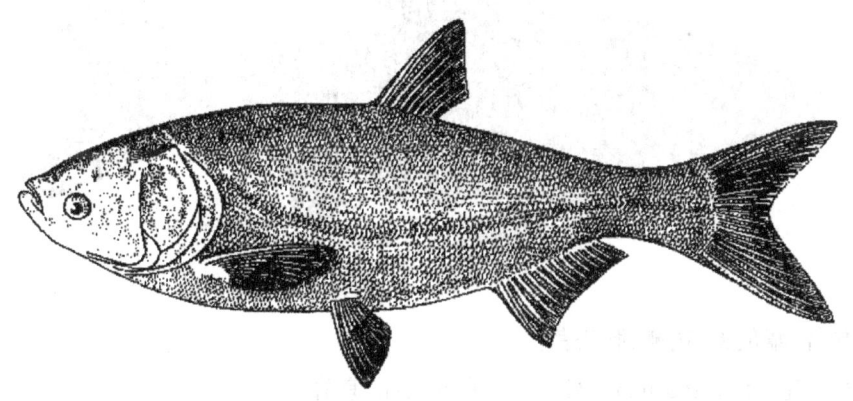

地方名：鲢子鱼、白鲢、鲢蓬头。

标本7尾,体长149 mm～320 mm,采自余江、宜春。

背鳍3－7；臀鳍3－12～14；胸鳍1－16～17；腹鳍1－7。侧线鳞$110\dfrac{28～31}{15～20～v}120$。下咽齿1行,4～4。

体长为体高的3.2～3.7倍,为头长的3.6～3.9倍,为尾柄长的5.5～6.0倍,为尾柄高的8.7～10.2倍。头长为尾柄长的1.4～1.8倍,为尾柄高的2.3～2.9倍,为吻长的3.6～4.5倍,为眼径的6.7～8.5倍,为眼间距的1.8～2.2倍。

体侧扁,稍高。腹部狭窄。腹棱自胸鳍直达肛门。头较大。眼小,位于头侧中轴之下。鳃耙特化,彼此联合,呈海绵状膜质片。鳃膜不与峡部相连。鳞小,易脱落。鳃耙彼此相连。侧线完全,在腹鳍前方较弯曲,在腹鳍以后较平直,延伸至尾部正中。鳔2室。

体色为银白色。各鳍为浅灰色。

鲢鱼喜栖于水的中上层,性情活泼,被惊动时能跳出水面。鲢鱼以浮游植物为主食,兼食浮游动物；在人工饲养的条件下,亦吃糠、麦麸、豆饼等。性成熟年龄一般为4年。在流水中产卵。

鲢鱼适应性强,生长快,产量高,在江西渔业生产中占有很重要的地位,是江西中小型湖泊和池塘饲养的重要种类。鲢鱼苗过去历来靠到长江采捕,目前大部分地区通过人工催产获得。

此鱼分布于长江,以及江西的鄱阳湖、赣江。

2. 鳙属

（1）鳙

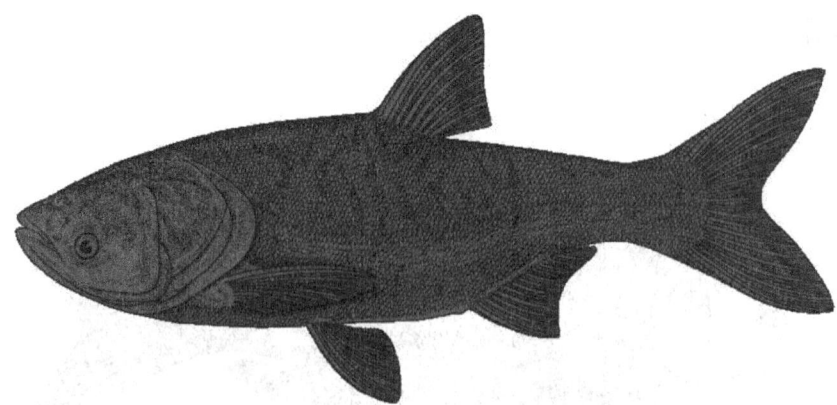

地方名：鳙鱼头、花鲢、胖头鱼。

标本3尾,体长163 mm～312 mm,采自余江、宜春。

背鳍3-7;臀鳍3-12~13;胸鳍1-17;腹鳍1-8。侧线鳞$105\frac{21\sim27}{16\sim18\sim v}110$。下咽齿1行,4~4。外侧鳃耙400以上。

体长为体高的3.2~3.5倍,为头长的3.1~3.4倍,为尾柄长的3.9~5.2倍,为尾柄高的8.6~9.6倍。头长为尾柄长的1.3~1.5倍,为尾柄高的2.8~2.9倍,为吻长的3.0~3.4倍,为眼径的5.3~7.2倍,为眼间距的1.8~2.4倍。

体侧扁,较高。腹鳍基部至肛门处有狭窄的腹棱。头特别大,故有"鳙鱼头"和"胖头鱼"之称。口端位。吻钝,阔而圆。眼小,位于头下侧。鳃耙数目很多,排列紧密,但不联合。鳃膜不与峡部相连。鳞小。侧线完全。

背部及体侧上半部为灰黑色,间有浅黄色泽。腹部为银白色。体侧有许多不规则的黑色斑点。各鳍呈灰白色,并有许多黑斑。

鳙鱼生活于水的中上层,性情温顺,易捕获。在天然水域中,鳙鱼的数量比鲢鱼少。其繁殖习性、洄游规律皆与鲢鱼相似。鳙鱼主要以浮游动物为食,辅以浮游植物,这与鲢鱼有显著区别。

鳙鱼生长较快,个体大,经济价值高,极易饲养,是池塘、湖泊中的主要养殖对象,也是我国特产的四大家鱼之一。

此鱼分布于长江,江西的鄱阳湖、赣江及其他湖泊、水库中。

(七)鮈亚科

体呈纺锤形或长形。口端位或下位。吻端圆突。吻皮止于上颌基部或稍向后伸展,当口关闭时则盖在上、下颌的外面。须1对、2对或缺。下咽齿通常为3行。背鳍短或中等,具或不具硬刺。臀鳍短,无硬刺,分枝鳍条一般为5根。侧线完全。肛门通常接近臀鳍起点。

少数生活于山涧,大都为江河湖泊中常见的种类。

此亚科在江西省有9属19种。

属的检索表
1(14)吻皮一般止于上颌或上唇基部,不形成口前室
2(13)上唇与上颌不分离
3(12)唇后沟中断
4(7)下唇紧包下颌,不形成侧瓣
5(6)须1对 ································· 二须鮈属
6(5)须2对 ································· 刺鮈属
7(4)下唇与下颌分离,侧瓣发达
8(9)口端位,呈弧形或马蹄形。口宽不超过口角处吻宽的2/3。成鱼须2对 ········ 光唇鱼属
9(8)口下位,横裂。口宽与口角处吻宽相等。成鱼须1对或退化

10(11)背鳍无刺	铲颌鱼属
11(10)背鳍有锯状的刺	白甲鱼属
12(3)唇后沟在颐部相通。下唇分3叶	结鱼属
13(2)上唇与上颌分离或具须沟	鲮鱼属
14(1)吻皮下包,并与上唇连生,形成口前室	
15(16)吻皮边缘较薄,上有肉质乳突呈直线排列,可能裂成流苏状	异华鲮属
16(15)吻皮上乳突呈斜行排列,不开裂成流苏状	墨头鱼属

1. 二须鲃属

(1) 条纹二须鲃

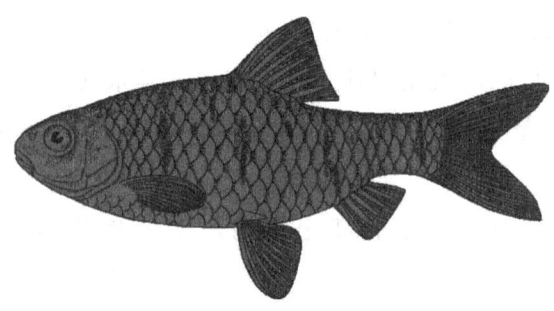

标本5尾,体长41 mm~44 mm,采自泰和、全南、龙南、瑞金、寻乌。

背鳍III-8;臀鳍III-5。侧线鳞$23\sim24\frac{4}{3\sim v}24$。下咽齿3行,2·3·5~5·3·2。鳃耙4~5。

体长为体高的2.4倍,为头长的3.7倍,为尾柄长的8.8倍,为尾柄高的6.3~6.8倍。头长为吻长的4.0~4.4倍,为眼径的3.0~3.1倍,为眼间距的2.2~2.4倍。尾柄长为尾柄高的1.3倍。

体稍高而侧扁。吻短钝。吻长小于眼后头长。口亚下位,呈马蹄形。下咽齿齿端微弯。唇薄,光滑。唇后沟中断。无吻须。颌须1对,短小,长度不及眼径的2/3。背鳍具硬刺,后缘有锯齿,但末端较柔软。背鳍起点与腹鳍起点相对或稍后。肛门紧接臀鳍起点之前。鳞大。侧线完全,微弯,伸至尾柄正中。

背部微黑。腹部为银白色。体侧有4条垂直的条纹。

条纹二须鲃是一种生活在山溪中的小型鱼类,数量稀少,经济价值低。

此鱼分布于赣州、寻乌。

2. 刺鲃属

(1) 刺鲃

地方名：长公鱼、军鱼。

标本13尾，体长75 mm~202 mm，采自宁都、于都、湖口。

背鳍3-9；臀鳍3-5。侧线鳞$23\frac{4}{2～v}25$。下咽齿3行，2·3·5-5·3·2。

体长为体高的3.8~4.1倍，为头长的3.7~3.8倍，为尾柄长的7.5~8.8倍，为尾柄高的9.2~9.4倍。头长为吻长的3.2~3.3倍，为眼径的4.4~5.0倍，为眼间距的2.3~2.7倍。

体长而稍侧扁。腹圆。吻圆钝，向前突出。唇紧贴于上、下颌外。上、下唇在口角处相连。唇后沟不相互连接。口亚下位，呈马蹄形。齿端微弯。上颌略长于下颌。须2对，吻须比颌须略短。眼中等大，位于头部中前侧的上位。

背鳍短，无硬刺，其起点位于腹鳍起点的前上方，至吻端距离小于至尾基的距离。其前方有一平卧的倒刺。胸鳍不达腹鳍。腹鳍后伸不及臀鳍起点。肛门紧靠臀鳍。

鳞大。侧线完全，前段向腹面稍弯，向后伸入尾柄中轴。

背部为青黄色。腹部为灰白色。体侧的大多数鳞片基部有一黑斑。背鳍边缘黑。其他鳍为橙红色。

刺鲃是江河中常见的种类，为杂食性鱼类，在水流湍急的江河繁殖。刺鲃生长快，肉味美，个体大（大者可达2千克左右），数量多，是经济鱼类之一，也是有开发价值的驯养对象。

此鱼分布于九江、余江、瑞金、玉山、鄱阳、萍乡、广丰、于都、宜春、赣州等地。

3. 光唇鱼属

本属根据下唇侧瓣分离或向中央集合而分为2个亚属：厚唇鱼亚属、光唇鱼亚属。其中，光唇鱼亚属的鱼类下唇侧瓣前端间有一定的距离，为宽的1/3，或略微超过1/2。而厚唇鱼亚属的鱼类下唇侧瓣前端间相互接触，或有一条细缝。

3-1. 厚唇鱼亚属

种和亚种的检索表
1(4)背鳍末根不分枝鳍条不变粗，与分枝鳍条的粗细几乎相等
2(3)背鳍末根不分枝鳍条后缘光滑 ································· 厚唇鱼

3(3)背鳍末根不分枝鳍条后缘有细齿 …………………………………………………… 侧条厚唇鱼
4(1)背鳍末根不分枝鳍条变粗,明显比其他的粗壮
5(6)体侧无显著垂直黑条纹,背鳍条间膜无黑条纹 …………………………………… 半刺厚唇鱼
6(5)体侧有黑色垂直纹,背鳍条间膜有黑条纹
7(8)沿侧线有纵行黑条纹 ……………………………………………………………… 带半刺厚唇鱼
8(7)沿侧线无纵行黑条纹 …………………………………………………… 北江厚唇鱼(新亚种)

(1)厚唇鱼

标本4尾,体长105 mm～107 mm,采自余江、贵溪、九连山、寻乌。

背鳍4-8;臀鳍3-5。侧线鳞 $39\dfrac{6\sim7}{3\sim4v}40$。下咽齿3行,2·3·5～5·3·2。

体长为体高的3.1倍,为头长的3.9～4.0倍,为尾柄长的6.3～7.4倍,为尾柄高的9.3～9.7倍。头长为吻长的2.7倍,为眼径的4.5～4.8倍,为眼间距的3.2～3.4倍。

体长而侧扁。背部略呈弧形。腹部圆。头侧扁。吻前突,呈锥形。口下位,呈马蹄形。下颌前缘呈弧形,前端一般露于唇外。唇肥厚。上唇包于上颌外。下唇发达,分两侧瓣。唇后沟不相通。须2对。吻须较颌须短。鳃耙短。下咽齿稍侧扁,主行腹面。第1枚齿短小,顶端尖而弯。第2枚齿最大,呈锥形。

背鳍末根不分枝鳍条不变粗,后缘光滑。胸鳍不达腹鳍。肛门紧接臀鳍起点的前方。鳞中等大,胸部的鳞较小。侧线平直。

浸制标本呈黑色。腹部为灰白色。雌性体侧具6条垂直的黑色狭条纹,从背部向下达腹部。最末2条位于尾柄侧面。雄性沿侧线还有1条黑色的直条纹直达尾鳍基,且体侧的条纹不明显。

此鱼是一种小型鱼类,生活于山区的急流中,以藻类为食,数量多,个体小。经济价值不大。

此鱼分布于江西的九连山、贵溪、寻乌、洪门水库。

(2)侧条厚唇鱼

地方名:石管鲫。

标本10尾,体长71 mm～98 mm,采自余江、贵溪、玉山、鄱阳、广丰、德兴、寻乌。

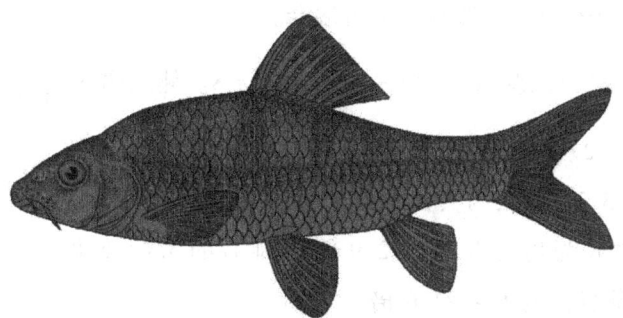

背鳍 3-8;臀鳍 3-5。侧线鳞 $39\frac{6}{4\sim v}40$。下咽齿 3 行,2·3·5~5·3·2。

体长为体高的 2.9~3.4 倍,为头长的 3.7~3.9 倍,为尾柄长的 7.0~8.3 倍,为尾柄高的 8.3~8.9 倍。头长为吻长的 2.8~3.1 倍,为眼径的 3.3~5.0 倍,为眼间距的 2.7~3.1 倍。

体侧扁。吻皮游离,止于上唇基部。口小,下位,呈马蹄形。齿端微弯。唇肥厚,肉质。下唇较发达,分左、右两侧瓣,中间仅有 1 条裂缝。唇后沟前端不相通。下颌前缘无角质。须 2 对。吻须短,不及颌须的 1/2。下咽齿稍侧扁。先端呈钩状,主行第 2 枚和第 3 枚较大,第 1 枚特小。

背鳍末根不分枝鳍条细长,顶端柔软,后缘具极细的锯齿。胸鳍短于头长,向后延伸,不达腹鳍。腹鳍起点位于背鳍起点稍后的位置。肛门距臀鳍的距离比距腹鳍基的距离更近。鳞中等大。

体侧具 6 条黑色的垂直条纹。有时背部有 1~2 条较短的垂直条纹。沿侧线有 1 条黑色的纵带。雄性纵带显著,垂直条纹短,限于侧线上方。雌性纵带不显著,而垂直条纹显著,且可达到或超过侧线。幼鱼体侧具 7~8 条垂直条纹。背鳍条为灰黑色,鳍膜色淡。其他鳍皆为浅灰色。雄鱼吻部具珠星。

此鱼个体小,数量不多,经济价值低。

此鱼分布于江西赣州、鄱阳、寻乌、玉山。

(3) 半刺厚唇鱼

标本4尾,体长98 mm~172 mm,采自瑞金。

背鳍4-8;臀鳍3-5;胸鳍1-15~16;腹鳍1-8。侧线鳞$36\frac{5~6}{3.5~4v}38$。下咽齿3行,2·3·5~5·3·2。

体长为体高的3.3~3.4,为头长的3.6~3.7倍,为尾柄长的5.4~6.3倍,为尾柄高的8.2~9.5倍。头长为吻长的2.7~2.9倍,为眼径的5.4~5.8倍,为眼间距的3.0~3.4倍。尾柄长为尾柄高的1.4~1.6倍。

体狭长而侧扁。背部略隆起。腹部圆。头呈锥形,表面光滑。吻稍前突。口下位,呈马蹄形。唇较厚。上唇完全包在上颌外。下唇中央有一狭沟,为左右两侧瓣相接处。上、下唇在口角处相连。唇后沟中断。下颌前缘呈弧形,无角质边缘,稍凸出于上、下唇之前。须2对。颌须较粗长,其长与眼径相等或更长。吻须较细,约为颌须的2/3。鳃膜宽,在前鳃盖骨下与峡部相连,间距稍小于口宽。背鳍外缘微凹。鳍条末端突出于间膜外。末根不分枝鳍条基部的2/3处变粗,后缘有细锯齿,末端柔软、分节。其起点在吻端至尾鳍基间的中点。胸鳍不达腹鳍,腹鳍不达臀鳍。臀鳍后伸至或将伸至尾鳍基。尾鳍分叉,上、下叶尖。鳞中等大。胸部的鳞略变小。侧线几乎平直。腹鳍基有腋鳞。背鳍、臀鳍基部有低的鳞鞘。

体背部为灰黑色。腹部为白色。背鳍及尾鳍微黑。多数在鳃盖及尾鳍基处有一黑斑。

半刺厚唇鱼是一种生活在山区的小型鱼类。此鱼个体小,数量少,经济价值小,仅为产地的一般食用鱼。

此鱼分布于余江、彭泽、瑞金、修水。

(4)带半刺厚唇鱼

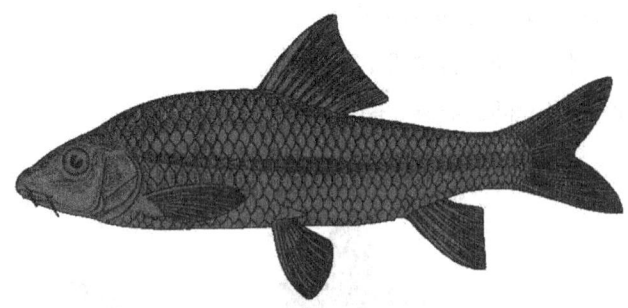

标本7尾,体长98 mm~107 mm,采自寻乌、瑞金、崇都、抚河。

背鳍4-8;臀鳍3-5;胸鳍1-15~17;腹鳍1-8。侧线鳞$35\frac{6}{4~v}37$。下咽齿3行,2·3·5~5·3·2。

体长为体高的3.1~3.4倍,为头长的3.6~3.7倍,为尾柄长的5.4~6.3倍,为尾柄高的8.2~9.1倍。头长为吻长的2.4~3.0倍,为眼径的4.9~5.7倍,为眼间距的2.9~3.6倍。尾柄长为尾柄高的1.4~1.6倍。

体中等长,侧扁。头稍尖,较小。鼻前稍凹,使吻更突出。吻端具许多细小的角质颗粒,吻长约等于眼后头长。口下位,呈马蹄形。唇厚。下唇由中央一个狭的间隔分为互相接近的两侧瓣。上唇完整。上、下唇连于口角。唇后沟中断。下颌前缘有角质须2对。颌须较长。吻须较短,为颌须的1/2~3/4。鳃膜宽。在前鳃盖骨下方与峡部相连,间距约与口宽相等。背鳍末根不分枝鳍条较粗,后缘具锋利的细齿。胸鳍不达腹鳍,腹鳍不达臀鳍。尾鳍短,分叉深。侧线平直。腹鳍基有腋鳞。鳞中等大,胸部的较小。下咽齿较小。主行齿较膨大,末端微钩。

体背为青灰色。腹部为灰白色。沿侧线有1条黑色的纵带。较小的个体具6条细小而垂直的黑色条纹,一般下伸不超过侧线。幼鱼体侧的6条黑色条纹极为明显,一般有沿侧线的直行黑条纹。背鳍、尾鳍为深灰色,胸鳍为灰白色,其余鳍略带红色。

此鱼数量不多,个体较小,经济价值低。

此鱼分布于抚河、洪门、宁都、瑞金。

(5)北江厚唇鱼(新亚种)

标本1尾,体长85 mm,采自寻乌。

背鳍4-8;臀鳍3-5;胸鳍1-16~17;腹鳍1-8。侧线鳞$36\frac{5}{4\sim v}$。咽齿3行,2·3·5~5·3·2。

体长为体高的2.9倍,为头长的3.2倍,为尾柄长的4.5倍,尾柄高的7.5倍。头长为吻长的2.0倍,为眼径的4.8倍,为眼间距的3.1倍。尾柄长为尾柄高的1.2倍。

体侧扁。口下位,呈马蹄形。吻端较圆。吻皮与上唇分离。唇厚,肉质。上唇完整,与上颌分离。下唇分为两侧瓣(两侧瓣在中央接触),盖在下颌前端。唇后沟不相通,但彼此相距很近。上颌较下颌长。下颌前缘一般不突出唇外。须2对,均细长。吻须细小,其长等于眼径的2/3。颌须较粗,长约等于眼径。侧线平直,向后延至尾柄中轴。下咽齿3行,内列第1齿特小,第2齿特大。齿端有钩。鳞片中等大。背鳍外缘微凹。末根不分枝鳍条粗壮,后缘有密集的锯齿,约30个。尾鳍分叉,上、下叶等长。

背部颜色较暗,腹部颜色较淡。体侧具5条黑色的垂直条纹,每条均上窄下宽,下伸超过侧线,在侧线处最宽。背鳍前部有4个等距离的大黑斑,第1个在头后部,并向下延伸至鳃孔上角,最后1个在背鳍起点处。也有和第2条相连接的。背鳍后方出现的黑斑是体侧垂直条纹向背面延伸而成的。另外在背鳍基末端常出现1个黑斑,其下方的体侧会出现单独的黑斑。背鳍间膜具黑色条纹。

本种在江西分布不广,仅在寻乌采到过。

3-2. 光唇鱼亚属

种的检索表
1(2)体侧无垂直条纹 ·· 细身光唇鱼
2(1)体侧有垂直条纹
3(4)唇后沟间距较小,小于口宽的1/3。下颌前缘近弧形 ·································· 薄颌光唇鱼
4(3)唇后沟间距宽,大于口宽的1/3。下颌前缘几乎平截 ····································· 光唇鱼

(1)细身光唇鱼

标本5尾,体长150 mm~201 mm,采自余江。

背鳍4-8;臀鳍3-5。侧线鳞$40\frac{6}{4\sim v}42$。下咽齿3行,2·3·5~5·3·2。

体长为体高的3.1~3.6倍,为头长的3.9~4.1倍,为尾柄长的5.8~6.0倍,为尾柄高的7.8~8.3倍。头长为吻长的2.5~3.0倍,为眼径的4.3~5.9倍,为眼间距的2.8~2.9倍。

体细长而稍侧扁。尾柄细长。吻圆钝,向前突出。上唇较厚,紧贴于上颌外。下唇分两侧瓣,二者相距甚宽,超过口宽的1/2。唇后沟中断。口下位,呈马蹄形,下颌有角质边缘。须2对,均较短。下咽齿细长,顶端呈钩状,但第2枚齿大,呈圆形,齿冠下陷成窝。

背鳍末根不分枝鳍条细,但后缘可见细齿。胸鳍向后不达腹鳍起点。鳞中等大小,但胸部的稍小。侧线几乎平直。吻端有稀疏的大珠星。

体背部为黑色,腹部为灰白色。沿侧线有1条宽的黑带,在后半部特别显著。体侧无垂直的黑色条纹。头后部斜向鳃盖骨后缘有1条倾斜的黑色条纹。

此鱼个体不大,数量不多,经济价值不高。

此鱼分布在赣江上游及其支流、信江中上游的山溪等处。

(2)薄颌光唇鱼

标本8尾,体长68 mm~168 mm,采自广丰、上饶等地。

背鳍4-8;臀鳍3-5。下咽齿3行,2·3·5~5·3·2。

体长为体高的3.4~4.0倍,为头长的3.8~4.0倍,为尾柄长的5.8~6.7倍,为尾柄高的1.5~1.6倍。头长为吻长的2.4~2.6倍,为眼径的4.2~5.0倍,为眼间距的2.9~3.6倍。尾柄长为尾柄高的1.4~1.6倍。

体侧扁。头后背部微呈弧形。头较小。口下位,呈弧形。唇肥厚。下唇分两侧瓣,但其间距很窄。唇后沟不相通。下颌有发达的角质,其前缘呈宽弧形,外露于下唇之前。须2对。颌须大于眼径。吻须长约为颌须长的3/4。第1枚下咽齿细小。第2枚下咽齿最大,呈圆形,齿冠平,其余齿冠斜。顶部为钩形。

背鳍末根不分枝鳍条不明显变粗,其后缘具锯齿。胸鳍不达腹鳍,腹鳍不达臀鳍。

鳞中等大,胸部的略小。侧线平直。雄鱼吻两侧有2~3行排列稀疏的珠星。

背部略带深青黑色。腹面为灰白色。体侧一般有5条黑色的垂直条纹。尾鳍基部有1个大黑斑。幼鱼的黑条纹间还有短的条纹或黑斑。沿侧线有1条纵的黑带。背鳍条膜上有黑条纹。其他各鳍为灰白色。

此鱼是一种数量不多的小型鱼类,经济价值低。

此鱼分布于信江、赣江上游及其支流以及山溪中。

(3)光唇鱼

标本 16 尾，体长 83 mm ~ 160 mm，采自鄱阳湖、彭泽、湖口、修水、赣州、南康。

背鳍 3-8；臀鳍 3-5；胸鳍 1-13；腹鳍 1-7~8。侧线鳞 $36\frac{5.5}{4~v}73$。下咽齿 3 行，2·3·5~5·3·2。

体长为体高的 3.6~3.8 倍，为头长的 3.9~4.0 倍，为尾柄长的 6.6~6.7 倍，为尾柄高的 7.6~10.0 倍。头长为吻长的 2.1~3.8 倍，为眼径的 3.6~5.1 倍，为眼间距的 2.9~3.0 倍。尾柄长为尾柄高的 1.1~1.5 倍。

体侧扁。头后背部隆起。腹部圆，略呈弧形。头侧扁，略尖。吻圆突。吻长一般短于眼后头长。口宽下位，近弧形，两侧弯。上颌围在下颌之外。下颌前缘几乎平直，裸露，具角质。上唇较下唇狭。下唇两侧瓣的间距宽，眼径约为其最小间距的 2.4~4.5 倍，个体间有差距。须 2 对，细长。吻须约为颌须的 3/5~2/5。颌须长比眼径稍大。下咽齿侧扁，主列腹面第 1 枚最小，第 2 枚最大，顶端具钩。背鳍外缘近乎平截，其末根不分枝鳍条后缘有锯齿。鳞中等大，胸部的较小。背鳍、臀鳍的鳞鞘不明显。侧线平直，前半部稍下弯，向后延伸至尾柄中轴。

雌鱼体侧具 6 条细小而垂直的黑条纹。鳃孔后有 1 条斜的黑条纹，自背部伸达腹缘。尾鳍基的末根黑条纹有时变宽。雄鱼侧线有 1 条直行的黑带和 6 条细小而垂直的条纹，黑带随年龄增大而逐渐消失。背鳍间膜有黑色的直条纹。

此鱼分布于彭泽、湖口、修水、赣州、南康。

4. 铲颌鱼属

（1）台湾铲颌鱼

地方名：石鲫。

标本 9 尾，体长 75 mm ~ 110 mm，采自九连山、余江、寻乌、瑞金。

背鳍 3-8；臀鳍 3-5。下咽齿 3 行，2·3·5~5·3·2。

体长为体高的 3.1~4.0 倍，为头长的 4.6~5.5 倍，为尾柄长的 3.8~4.0 倍，为尾柄高的 10.0~10.5 倍。头长为吻长的 2.5~3.0 倍，为眼径的 4.5~5.0 倍，为眼间距的 1.8~2.9 倍。

体长，稍侧扁。腹部圆。头短小。口下位，横裂，略呈新月状。吻圆钝。下颌具锐利的角质边缘。上唇光滑,与吻皮分离。下唇限于口角。须 2 对,吻须甚细小。颌须较长,长度不超过眼径的 1/4。眼中等大,位于头的侧上方。眼间距宽。眼间部分稍隆起。

背鳍末根不分枝鳍条柔软,后缘光滑。胸鳍不达腹鳍。腹鳍末端尖,不达臀鳍。臀鳍末端圆。鳞中等大。下咽齿为匙状,末端稍弯曲。

体背部和侧部为黑褐色。腹部为白色。体侧和背部的鳞片基部有新月形黑斑。各鳍均为青灰色。雄鱼有珠星。

此鱼生活于山溪中,在水底岩石上刮取食物。其分布不广,数量较少,经济价值不高。

此鱼分布于九连山、余江、寻乌、瑞金。

5. 白甲鱼属

种的检索表
1(6)侧线鳞 43 以上
2(5)成鱼无须
3(4)尾柄长为尾柄高的 1.4～1.7 倍。上颌末端达眼前缘下方 ················· 白甲鱼
4(3)尾柄长为尾柄高的 2 倍,不达眼前缘 ································ 南方白甲鱼
5(2)成鱼须 2 对 ·· 小口白甲鱼
6(1)侧线鳞 43 以下 ·· 稀有白甲鱼

(1)白甲鱼

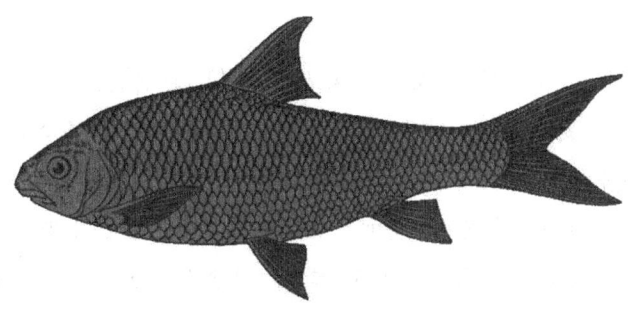

标本 8 尾,体长 47 mm～175 mm,采自南康、鄱阳、贵溪。

背鳍 4-8;臀鳍 3-5。侧线鳞 $47\frac{9}{5}$。下咽齿 3 行,2·3·4～4·3·2。

体长为体高的 3.5～3.8 倍,为头长的 3.8～4.6 倍,为尾柄长的 6.9～7.0 倍,为尾柄高的 10.2～10.9 倍。头长为吻长的 2.6～3.5 倍,为眼径的 3.5～4.1 倍,为眼间距的 2.6～3.2 倍。

体长而侧扁。背部稍隆起。腹部圆。头较短。吻圆钝,向前突出。口宽,下位,横裂,稍弯曲。上颌末端达眼前缘下方。下颌边缘有锐利的角质。下唇仅限于口角处。唇后沟短,不相通。幼鱼具 1 对颌须,成鱼的颌须已退化。

背鳍末根不分枝鳍条为强壮的硬刺,后缘具锯齿。背鳍起点位于腹鳍起点的前上方。胸鳍不达腹鳍。肛门紧靠臀鳍。侧线完全。鳞中等大,胸腹部的鳞片较小。侧线完全,自鳃孔上部逐渐向下弯曲,在胸鳍末端上方向后平直地伸入尾鳍基的中央。下咽齿具斜凹面,顶端稍弯。

背部微黑。腹部为灰白色。各鳍为灰白色。

此鱼是一种经济鱼类,肉嫩味美,个体较大,但数量较少,可作为开发对象。其以藻类为主食,兼食小型底栖动物。

此鱼分布于赣江、信江中上游以及山溪中。

(2)南方白甲鱼

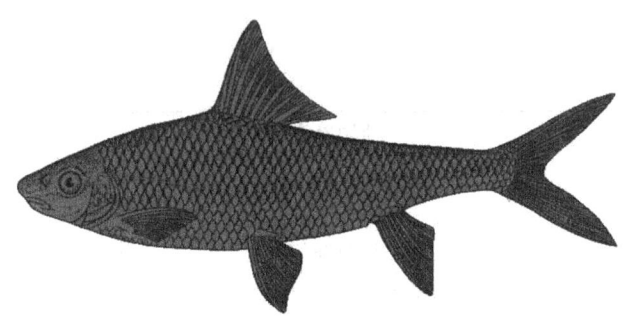

标本 3 尾,体长 159 mm~215 mm,采自寻乌。

背鳍 IV-8;臀 III-5;胸鳍 1-16~17;腹鳍 1-8。侧线鳞 $47\frac{7}{4～v}$。下咽齿 3 行,2·3·5~5·3·2。

体长为体高的 3.4~4.0 倍,为头长的 4.7~5.0 倍,为尾柄长的 5.7~6.3 倍,为尾柄高的 11.0~12.3 倍。头长为吻长的 2.6~2.8 倍,为眼径的 3.3~4.5 倍,为眼间距的 2.5 倍。尾柄长为尾柄高的 1.8~2.0 倍。

体长而侧扁。头短小。吻圆钝,向前突出。吻皮下垂,盖住上唇基部。吻侧在前眶骨的前缘有明显的斜沟走向口角。口下位,横裂,口裂宽。上颌后端仅达鼻孔后缘的垂直线。下颌裸露,具锐利的角质缘。下唇仅限于口角。唇后沟很短。沟间距大于眼径,小于眼间距。190 mm 以下的幼鱼有 1 对或 2 对颌须。成鱼的颌须已退化。

背鳍末根不分枝鳍条变成稍粗的硬刺,后缘具锯齿。尾柄细长,其长为高的 2.0~2.8 倍。鳞中等大。吻端有或无锥状珠星。下咽齿具斜凹面,顶端稍弯。鳃耙短小,呈三角形。

体背微黑。腹部稍白。体侧的鳞片有暗色边缘,上半部的更为明显。沿侧线有 1 条隐约可见的黑色条纹。背鳍、尾鳍微黑,其他鳍为灰白色。

此鱼生活于山区的流水中,常以下颌在岩石上刮取食物。

此鱼在江西分布不广,仅在寻乌采到标本。其数量不多,主要分布在珠江水系。

(3) 小口白甲鱼

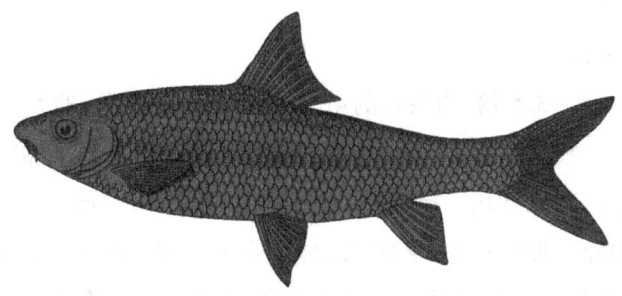

标本10尾,体长98 mm~265 mm,采自余江、广丰、赣州、寻乌。

背鳍Ⅳ-8;臀鳍Ⅲ-5;胸鳍1-16;腹鳍1-9。侧线鳞$46\frac{7}{4}48$。下咽齿3行,2·3·5-5·3·2。

体长为体高的3.7~4.5倍,为头长的4.5~5.0倍,为尾柄长的6.8~7.1倍,为尾柄高的9.9~10.1倍。头长为吻长的2.8~3.0倍,为眼径的3.1~4.5倍,为眼间距的2.4~3.1倍。尾柄长为尾柄高的1.8~2.0倍。

体为梭形,且侧扁。腹部圆。头短,呈圆锥形。吻尖,末端钝。吻皮下垂,盖住上唇基部。前眶骨前有明显的斜沟。口下位,呈马蹄形。口角间距较小。头长为口宽的3.6~4.6倍。下颌前缘平直且裸露,有锐利的角质缘。上、下唇在口角处相连。下唇仅限于口角附近。唇后沟很短。其两侧间距等于或稍小于眼径。须2对。吻须短小。颌须较长,约为眼径的1/2。

背鳍末根不分枝鳍条为硬刺,后缘具锯齿。尾柄较细,其长约为高的1.7~1.9倍。下咽齿细长,末端稍膨大,呈斜勺形,微弯曲。

体背为青黑色,腹部为银白色。体侧鳞片的基部有新月形黑斑。沿侧线有1条暗色的条纹。背鳍间膜上部有黑条纹(幼鱼无)。背鳍、尾鳍微黑,其余鳍为灰白色。

此鱼的生活习性与南方白甲鱼相同。在江西,其分布较其他种类更广,但数量不多,个体不大,经济价值较低。

此鱼分布于赣州、广丰、寻乌。

(4) 稀有白甲鱼

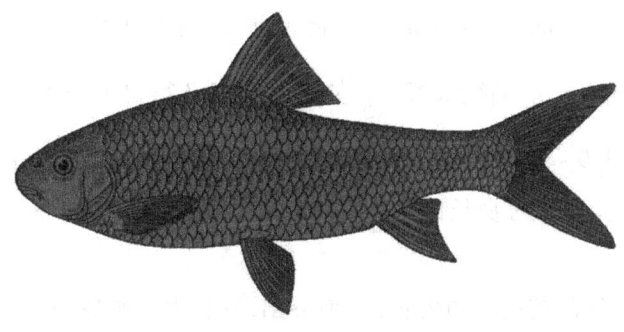

背鳍 IV-8；臀鳍 III-5；胸鳍 1-15~16；腹鳍 1-8。侧线鳞 $40 \frac{7 \sim 75}{4 \sim 5v} 42$。下咽齿 3 行，2·3·4~4·3·2。

体长为体高的 2.7~3.5 倍，为头长的 4.7~5.1 倍，为尾柄长的 5.2~6.7 倍，为尾柄高的 8.0~9.0 倍。头长为口宽的 1.9~3.1 倍，为吻长的 2.2~2.9 倍，为眼径的 3.5~4.1 倍，为眼间距的 1.7~2.5 倍。尾柄长为尾柄高的 1.2~1.4 倍。

体为纺锤形，侧扁。头短而宽。吻圆钝，向前突出。吻长短于眼后头长。口下位，颇宽，几乎横裂，稍呈弧形。头长上颌后端达眼前缘的下方。下颌裸露，有锐利的角质边缘。下唇仅限于口角。唇后沟很短，两侧的间距大于眼径，小于眼间距。须 2 对。吻须微细，有的已退化，只遗留 1 对突起。颌须较长，约等于眼径的一半。背鳍末根不分枝鳍条为硬刺，后缘具齿。尾鳍分叉。侧线完全，自鳃孔上部逐渐向下弯曲，至胸鳍末端上方渐向上弯曲，至腹鳍上方平直地伸入尾柄中央。主行下咽齿具勺状的斜切面。

背部为青黑色。腹部为银白色。体侧鳞片的基部有新月形黑斑。鳞为微黑色。

此鱼多栖息于水清流急、石砾多的河段底层，为杂食性鱼类，用下颌刮食。

此鱼无标本，有记录。上述特征摘录于伍献文等人编写的《中国鲤科鱼类志（下卷）》（1977 年，第 317-318 页）。

6. 结鱼属

（1）瓣结鱼

地方名：同心鱼、马给。

标本 8 尾，体长 205 mm~297 mm，采自德兴、贵溪、余江等地。

背鳍 3-8；臀鳍 3-5。侧线鳞 $43 \frac{5 \sim 6}{5} 47$。下咽齿 3 行，2·3·5~5·3·2。

体长为体高的 3.9~5.1 倍，为头长的 3.5~4.0 倍，为尾柄长的 6.7~7.0 倍，为尾柄高的 9.5~10.0 倍。头长为吻长的 2.1~2.4 倍，为眼径的 4.0~5.4 倍，为眼间距的 2.9~3.9 倍。

体长，稍侧扁。尾部较细。吻尖长，向前突出，其长大于眼后头长。吻皮稍向下垂，盖于上唇基部。其侧面在前眶骨的前缘各有一裂纹和缺刻。口大,下位,呈马蹄形。唇厚,发达,且稍向上卷,在口角处相连。下唇中央有一圆形中叶,向后几达口角的水平线。须2对。吻须细小,藏于吻部中叶后角裂纹中。颌须较粗,位于口角处。

背鳍末根不分枝鳍条为粗壮的硬刺,后缘具锯齿,其长短于头长。鳞中等大,胸部的变小。下咽齿内列第1枚小,第2枚最大。其余各列齿大小相等。

背部色稍深。体侧为深灰色。腹部为灰白色。肩部有1条斜的黑色条纹。体侧大部分鳞片基部有新月形黑斑。背鳍和尾鳍色暗黑,其他鳍为灰白色。

此鱼为江河中的底层鱼类,属杂食性鱼类,但以动物性食物为主,摄取藻类、轮虫类、水生昆虫、桡足类以及植物碎屑等。其个体较大,肉嫩味美,属经济鱼类,但在江西省的捕获量不大。

此鱼分布于信江、乐安河等河流的中上游及支流中。

7. 鲮鱼属

(1) 鲮鱼

地方名:鲮鱼。

标本1尾,体长328 mm,采自赣州。

背鳍3-12;臀鳍3-5。下咽齿3行,2·4·5~5·4·2。

体长为体高的3.3倍,为头长的4.5倍,为尾柄长的7.0倍,为尾柄高的9.1倍。头长为吻长的3.0倍,为眼径的3.2倍,为眼间距的1.9部。尾柄长为尾柄高的1.0倍。

体长而侧扁。背部呈缓弧形。腹部圆而稍平直。吻短钝,向前突出。吻皮边缘光滑,向下覆盖于上唇基部。上唇两侧外露,边缘具裂纹。下唇边缘具肉质细乳突。唇后沟短而中断。口小,下位,横裂。上、下颌边缘有薄锋。下颌中央的内面有小的骨质突起。须2对。吻须粗壮。颌须短小或退化仅留痕迹。

背鳍无硬刺。鳞中等大,胸部的较小。侧线平直。下咽齿略侧扁,呈哑铃状,咀嚼面中央有棱状突起。

背部为青灰色,腹部色浅。体侧上部每一鳞片后方都具一黑斑。胸鳍上方的侧线上下有12枚左右的鳞片,基部有似菱形的蓝色斑块。各鳍均为灰黑色。

鲮鱼喜栖息于水温较高的水体中,耐低温能力差,是一种底层鱼类,以藻类为主食,也食部分水生昆虫和水底碎屑或腐殖质。此鱼肉嫩味美,是广东省的重要养殖鱼类之一。江西省只有一些野生种。在赣南地区可进行引种或驯化养殖,以增加养殖鱼种类。

在江西境内,此鱼只在靠近广东省境的赣南地区极少量分布。

8. 异华鲮属

(1) 异华鲮

标本 2 尾,体长 82 mm ~ 120 mm,采自修水。

背鳍 3 - 5;臀鳍 3 - 8;胸鳍 1 - 12 ~ 14;腹鳍 1 - 8。侧线鳞 $39\frac{5}{4\sim v}$。下咽齿 3 行,2 · 4 · 5 ~ 5 · 4 · 2。

体长为体高的 4.1 ~ 4.8 倍,为头长的 4.6 ~ 5.2 倍,为尾柄长的 4.7 ~ 5.1 倍,为尾柄高的 8.2 ~ 9.2 倍。头长为吻长的 2.0 ~ 2.1 倍,为眼径的 4.5 ~ 4.6 倍,为眼间距的 2.0 ~ 2.1 倍。尾柄长为尾柄高的 1.6 ~ 2.0 倍。

体长,稍侧扁,近圆筒形。腹圆。背弓。眼小。吻圆,尖突。吻皮厚,向腹面包围,盖住上颌,但与上颌分离,形成口前室,上有小乳突及垂直沟裂,在口角处与下唇相连。下唇在唇后沟前有一新月形区域,外被细小的乳突,中部者比两侧者大。口下位,呈弧形。上、下颌均有薄的锐利角质边缘。吻皮与下唇相连处的内面无系带。唇后沟短,平直,限于口角处。须 2 对。吻须粗壮,长度略小于眼径,位于吻侧沟的起点处,后者与唇后沟相通。颌须细短,位于吻皮与下唇相连处的外面。

背鳍无硬刺,基部短,起点约位于吻端与尾鳍基的中点,或靠近吻端。胸鳍不达腹鳍。腹鳍起点位于背鳍起点之后。臀鳍无硬刺,外缘微凹成斜截。尾鳍呈叉形。肛门位于臀鳍起点之前。鳞中等大,胸部的变小,且埋于皮下。侧线平直。下咽齿细长,顶端侧扁,有斜切面。

体背为青黑色。有时在侧线下有 2 ~ 3 条纵的浅色条纹。腹部为黄色。背鳍微黑,尖端有一小黑点。尾鳍外缘微黑。其他鳍均为灰白色。

此鱼多生活在江河中,个体不大,但肉味鲜美。

在江西境内,此鱼仅在修水采到2尾,在其他地区尚未发现,因此在江西的经济价值不高。

9. 墨头鱼属

(1) 东方墨头鱼

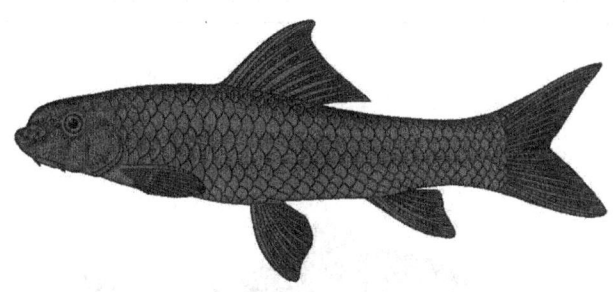

地方名:东坡鱼。

标本5尾,体长91 mm～142 mm,采自赣州、寻乌等地。

背鳍2-8;臀鳍2-5。侧线鳞$31\frac{4}{3\sim v}34$。下咽齿3行,2·4·5-5·4·2。

体长为体高的3.9～4.1倍,为头长的4.1～4.3倍,为尾柄长的8.7～9.5倍,为尾柄高的7.6～7.7倍。头长为吻长的1.8～2.1倍,为眼径的4.9～5.3倍,为眼间距的2.1～2.4倍。

体前部略呈圆筒形。尾部侧扁。腹部扁平。头较宽,背面略平坦。眼位高且较大。吻端尖。鼻孔前有一较深的凹陷处,将吻分隔成上、下两部分。上部形成一明显的吻突。下部顶端略上翘。口下位,横裂。吻皮盖于上颌外,表面有细小的乳突,边缘分裂成树枝状。下唇发展成一圆形的吸盘,中央为光滑的肉垫,周缘游离,且被细小的乳突。须2对,均短小。

背鳍无硬刺,位于腹鳍的前上方。偶鳍与腹部在同一水平面上。胸鳍不达腹鳍。腹鳍后伸至肛门或超过肛门。肛门近臀鳍起点。鳍中等大。侧线平直。下咽齿侧扁,大小几乎相等。齿面光滑。

体背为棕黑色。腹部为灰白色。幼鱼体侧的鳞片上有小黑点,连成与侧线平行的6条黑色纵纹。背鳍、尾鳍色灰黑,其余鳍带橘红色。

此鱼多栖息于水流湍急的水体中,以吸盘附着于水底的岩石上,为杂食性鱼类,主要以藻类和底栖动物为食。

此鱼在江西境内仅在赣南地区有分布,数量较少,经济价值不高。

(八) 鲤亚科

体侧扁。头较小。吻短钝。口端位。唇较厚。须2对、1对或无。背鳍条14根以上。臀鳍通常有5根。背鳍和臀鳍末根不分枝鳍条为硬刺,后缘有锯齿。下咽齿1~3行,侧扁,呈匙形、臼齿形、铲形或圆锥形,咀嚼面上有1~3条沟纹。侧线完全。

该亚科在江西省有2属2种。

属的检索表
1(2)下咽齿3行。齿为臼齿形。须1对或2对 ………………………………………………… 鲤属
2(1)下咽齿1行。齿为铲形。无须 ……………………………………………………………… 鲫属

1. 鲤属

(1)鲤

地方名:鲤鱼、鲤拐子。

标本17尾,体长103 mm~393 mm,采自余江、宜春江口水库、九江赛城湖。

背鳍3-17;臀鳍3-5;胸鳍1-14~16;腹鳍1-8。侧线鳞$34\frac{5\sim6}{5\sim v}38$。下咽齿3行,1·1·3~3·1·1。第一鳃弓外侧鳃耙26。

体长为体高的2.9~3.6倍,为头长的3.5~4.0倍,为尾柄长的4.9~5.7倍,为尾柄高的7.3~8.4倍。头长为尾柄长的1.2~1.7倍,为尾柄高的1.9~2.4倍,为吻长的2.5~2.9倍,为眼径的4.5~6.7倍,为眼间距的2.3~2.6倍。

体侧扁。背部隆起。无腹棱。口角有2对须,后须长约为前须的1.0倍。背鳍和臀鳍都有1根锯齿状的硬刺。胸鳍末端圆,不达腹鳍基部。腹鳍末端不达肛门。尾鳍为深叉形。体被大圆鳞。侧线完全,略弯。鳔2室。腹腔膜为白色。

体色随生活水体的不同而有较大的变化。通常,背部为暗黑色,体侧为暗黄色,腹部为灰白色,尾鳍下叶呈橘红色,胸鳍、腹鳍、臀鳍为米黄色。

鲤鱼是底栖性鱼类,多生活于水的下层。鲤鱼适应性强,为大型杂食性鱼类,以软体动物、水生昆虫和高等水生植物为食。

鲤鱼食性广,生长快,对外界条件适应性强,并能在静水中繁殖。这些优点是其他经济鱼类所没有的。鲤鱼是我省重要的经济鱼类之一,主要分布于长江,江西的鄱阳湖、赣江及其支流、池塘、湖泊。

江西省还有婺源荷包红鲤、玻璃鲤鱼及兴国红鲤等变种。

A. 婺源荷包红鲤

根据提纯定型的品种描述，背鳍 3 - 16 ~ 18；臀鳍 3 - 5。侧线鳞 $36\dfrac{6}{5\sim6\sim v}37$。第一鳃弓外鳃耙 21 ~ 22。

体长为体高的 2.0 ~ 2.3 倍，为头长的 2.6 ~ 3.0 倍，为体宽的 3.2 ~ 3.5 倍，为尾柄长的 9.1 ~ 10.4 倍，为尾柄高的 5.3 ~ 5.8 倍。体高为体宽的 1.5 ~ 1.7 倍。尾柄长为尾柄高的 0.4 ~ 0.7 倍。

头小。尾短。背高。体宽。背部隆起。腹部肥大，形似荷包。体背侧为红色，无斑点。腹部为白色。

婺源荷包红鲤和野鲤一样，是杂食性鱼类。其食性很广，易于饲养。当年鱼及 1 龄鱼在饲养条件下，体重可达 850 克至 1150 克，第二年可养成商品鱼。雌性在 2 龄时达性成熟，体重达 1000 克至 1250 克左右。雄性在 1 龄时即可性成熟。2 ~ 3 龄鱼的平均相对怀卵量为 1234 粒/克。

荷包红鲤生长速度快，肉质肥美，繁殖力强，产卵量多，丰满度较高，含脂率高，病害少，当年即可达商品规格。其起捕率高于野鲤，运输成活率高，便于组织活鱼供应市场。因此，荷包红鲤已被定为一个比较优良的养殖品种，并有作为具有杂交优势的亲本的价值。

B. 玻璃鲤鱼

背鳍 3 - 16 ~ 17；臀鳍 3 - 5；胸鳍 1 - 16；腹鳍 1 - 9。侧线鳞 $34\dfrac{6}{5\sim6\sim v}36$。下咽齿 1·1·3 ~ 3·1·1。外鳃耙 22。

体长为体高的 2.4 ~ 3.4 倍，为头长的 3.2 ~ 3.8 倍，为尾柄长的 7.2 ~ 8.1 倍，为尾柄高的 6.5 ~ 7.6 倍。头长为尾柄长的 1.9 ~ 2.8 倍，为尾柄高的 1.7 ~ 2.2 倍，为吻长的 2.4 ~ 3.1 倍，为眼径的 5.4 ~ 7.0 倍，为眼间距的 2.2 ~ 2.7 倍。

玻璃鲤鱼是 1963 年万安县渔民从长江鱼苗中经过选择而获得的，是红鲤在自然界中因自然突变而形成的一个变种，具有一般红鲤鱼的形态。所不同的是，幼鱼（体长 65 cm 以下）全身透明，可以透视其内部结构。成鱼的鳃盖骨部分以及脑颅背两侧及各鳍的红色较普通红鲤要深。腹部略呈暗白色。

玻璃鲤鱼是一种杂食性鱼类，其食性与红鲤、青鲤基本相似。食谱很广，主要摄食种类有浮游藻类、轮虫、枝角类、桡足类、昆虫、螺蛳、无节幼体、维管束植物以及碎屑和泥沙。玻璃鲤鱼的产卵季节视水温而定，一般水温上升至 18 ℃ 即可产卵，繁殖季节在 3—4 月间。

玻璃鲤鱼体色深红鲜艳，无杂色斑点。其肉质细嫩鲜美，蛋白质含量较青鲤高。脂肪含量不及荷包红鲤，但比青鲤高。生长速度较青鲤、红鲤快。玻璃鲤鱼适应性强，经提纯优选即可成为值得推广的品种。

C. 兴国红鲤

标本30尾,体长202 mm～350 mm,采自兴国。

背鳍3-15～17;臀鳍3-5;胸鳍1-13～16;腹鳍条1-8。侧线鳞$35\frac{15～17}{5～v}37$。下咽齿3行,1·1·3～3·1·1。第一鳃弓外鳃耙19～20。

体长为体高的2.3～2.9倍,为头长的3.1～3.7倍,为尾柄长的4.9～6.6倍,为尾柄高的6.4～7.7倍。头长为尾柄长的1.5～2.1倍,为尾柄高的2.0～2.5倍,为吻长的2.5～3.1倍,为眼径的4.4～6.6倍,为眼间距的2.1～2.8倍。

兴国红鲤具一般鲤鱼的形态特征:体稍高;遍体鲜红色;生长速度快;肉味鲜美;食性杂;但性状不稳定,如能进一步提纯,可望成为更优良的品种。

2. 鲫属

(1) 鲫

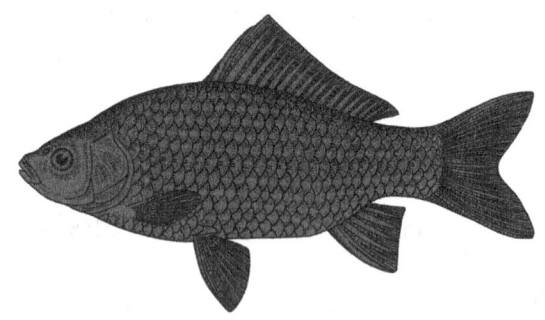

地方名:鲫鱼、鲫拐子、塘鱼。

标本20尾,体长72 mm～193 mm,采自余江、樟树、宜春江口水库、九江赛城湖。

背鳍3-15～18;臀鳍3-5;胸鳍1-13～15;腹鳍1-8。侧线鳞$28\frac{5～6}{5～6～v}31$。下咽齿1行,4～4。第一鳃弓外侧鳃耙42～56。

体长为体高的2.4～2.9倍,为头长的3.3～4.0倍,为尾柄长的4.7～7.0倍,为尾柄高的5.8～7.3倍。头长为尾柄长的1.4～1.9倍,为尾柄高的1.5～2.0倍,为吻长的3.2～4.8倍,为眼径的3.7～5.3倍,为眼间距的2.0～2.4倍。

体厚且高,侧扁。腹部圆。头短小。眼中等大。口端位。无须。吻钝。背鳍和臀鳍最后1根硬刺后缘具锯齿。胸鳍不达腹鳍,腹鳍不达臀鳍。肛门紧靠臀鳍。尾鳍呈叉形。体被大圆鳞。侧线完全,略弯。鳔2室。

体色随栖息环境的不同而变化。一般鱼体背部为灰黑色。体侧和腹部为银白色,略带黄色。鳍为浅灰色。

鲫鱼是一种适应性很强的鱼类,多生活于小草丛生的浅河湾和湖汊中,属杂食性鱼类,主要以硅藻、水草、浮游生物和腐殖质等为食。其繁殖力强,能在多种水域繁殖。鲫鱼卵分批产出,分批成熟。所产卵为黏性卵,附着于水草和其他物体上孵化。

鲫鱼是一种小型鱼类,常见个体体重为250 g左右。鲫鱼具有成熟早、生殖期长、繁殖力强、食性广、抗病力强、鱼群恢复快、肉嫩味鲜、营养丰富等优点,为广大群众所喜爱,是江西省重要的经济鱼类之一。

鲫鱼的适应能力很强,因此,生活在不同环境和水系的鲫鱼,性状有一定的变异和分化。

在江西境内,鲫鱼广泛分布于鄱阳湖及赣江、饶河、信江、修水、袁河等水系。

在江西省,鲫鱼还有肉红鲫、芦花鲫和荷包鲫等变种。

A. 肉红鲫

标本8尾,体长61 mm ~ 73 mm,采自萍乡。

背鳍3 - 15 ~ 16;臀鳍3 - 5;胸鳍1 - 14 ~ 18;腹鳍1 - 8。侧线鳞 $28\frac{5\sim6}{5\sim v}29$。下咽齿1行,4 ~ 4。外鳃耙39 ~ 48。

体长为体高的2.4 ~ 2.7倍,为头长的3.1 ~ 3.6倍,为尾柄长的4.4 ~ 5.2倍,为尾柄高的5.8 ~ 6.6倍。头长为尾柄长的1.3 ~ 1.6倍,为尾柄高的1.7 ~ 2.0倍,为吻长的3.3 ~ 4.0倍,为眼径的3.6 ~ 4.5倍,为眼间距的2.1 ~ 2.5倍。

体略高而侧扁,前部宽,后部狭。头小。眼较大。口端位,斜裂。吻钝。无须。鼻孔距眼比距吻端更近。鳃膜与峡部相连。胸鳍达腹鳍,腹鳍不达臀鳍。肛门不紧靠臀鳍。尾鳍呈叉形。各鳍基部为肉红色,鳍条为红色。尾鳍末端为淡白色,近似透明。侧线上第2行鳞片处有1条与侧线平行的红色色带,于尾部末端分叉,呈丫状。背部为橙色。鳃盖和体下半部因缺少反光色素而呈透明的肉色,故名肉红鲫。体两侧的"V"字形肌纹清晰可见,若是活体还可以看见体内的肠管和鳃盖里的鳃弓。

肉红鲫摄食能力较强,主要以浮游植物为食,其次是高等水生植物和浮游动物。

肉红鲫是萍乡市的一个地方性品种,主要优点是繁殖力、抗病力、适应性强,群体产量高,肉质细嫩,味鲜。缺点是生长速度较普通鲫鱼慢。

B. 芦花鲫

标本4尾,体长215 mm ~ 260 mm,采自彭泽县马当镇北。

背鳍3 - 17 ~ 18;臀鳍3 - 6。侧线鳞 $29\frac{5\sim6}{5\sim v}30$。下咽齿1行,4 ~ 4。外鳃耙42 ~ 45。

体长为体高的2.4 ~ 3.7倍,为头长的3.8 ~ 4.2倍,为尾柄长的8.4 ~ 9.0倍,为尾柄高的6.4 ~ 7.0倍。头长为尾柄长的2.5 ~ 2.6倍,为尾柄高的4.0 ~ 5.7倍,为吻长的2.3 ~ 2.6倍,为眼径的3.6 ~ 4.5倍,为眼间距的2.1 ~ 2.5倍。

芦花鲫的形态与普通鲫鱼无明显差异。

芦花鲫生长速度快,在一般条件下,第 1 龄的体重即可达 200 克左右,而普通鲫鱼只能达到 80 克左右。故彭泽的芦花鲫鱼是一个较好的品种。

（九）鮈亚科

体长形,侧扁或略呈圆筒形。口下位。唇发达,多具乳突。下咽齿多数 1 行或 2 行。颔须 1 对。部分种类的喉胸部和腹部裸露无鳞。背鳍大多无硬刺。臀鳍一般只有 6 根分枝鳍条。

本亚科多为中小型鱼类,种类多,分布广,部分种类具有经济价值。江西全省均有分布,计有 15 属 30 种。

属的检索表	
1(18) 唇薄,无乳突	
2(5) 背鳍末根不分枝鳍条为硬刺	
3(4) 背鳍硬刺的长度小于头长 ……………………………………………………… 鳍属
4(3) 背鳍硬刺的长度大于头长 …………………………………………………… 似刺鳊鮈属
5(2) 背鳍末根不分枝鳍条柔软,分节	
6(7) 下咽齿 3 行,眼眶下缘有 1 排黏液腔 …………………………………………… 似鳍属
7(6) 下咽齿 1~2 行,眼眶下缘无黏液腔	
8(9) 口上位,口角无须 ……………………………………………………………… 麦穗鱼属
9(8) 口端位或下位,口角须 1 对	
10(11) 口小,下位,下颌具发达的角质边缘 …………………………………………… 鳡属
11(10) 下颌无角质边缘	
12(15) 体小,前段侧扁,背鳍起点位于身体后半部	
13(14) 口端位,肛门紧靠臀鳍起点 ……………………………………………………… 颌须鮈属
14(13) 口亚下位,肛门离臀鳍较远 ……………………………………………………… 银鮈属
15(12) 体大,前段呈圆筒形,背鳍起点位于身体前半部	
16(17) 颌须粗长,后伸达或超过鳃盖后缘 ……………………………………………… 铜鱼属
17(16) 颌须细短,后伸仅达眼中部下方 ………………………………………………… 吻鮈属
18(1) 唇厚,其上有许多乳突	
19(28) 鳔前室包于厚的韧质膜囊中	
20(21) 下唇不分叶,联合成 1 块,后缘游离 …………………………………………… 片唇鮈属
21(20) 下唇分 3 叶	
22(23) 下唇两侧叶在前缘与中叶联合,下咽齿 2 行 ………………………………… 似鮈属
23(22) 下唇两侧叶与中叶分离,下咽齿 1 行	
24(25) 上、下唇乳突细小 ………………………………………………………………… 棒花鱼属
25(24) 下、下唇乳突粗大	
26(27) 下、下唇乳突呈心形 ……………………………………………………………… 胡鮈属
27(26) 下、下唇乳突呈椭圆形 …………………………………………………………… 小鳔鮈属
28(19) 鳔前室包于骨质囊中 ……………………………………………………………… 蛇鮈属

1. 鲮属

种的检索表
1(2)下唇发达,两侧叶宽阔。颐部中央仅有一小的突起。鳃耙多于15。成鱼体侧无明显斑点 ……………………………………………………………………………………………… 唇鲮
2(1)下唇不甚发达,两侧叶较窄。颐部中央三角形突起较大。鳃耙少于15。体侧及背、尾鳍具黑斑。背鳍硬刺长度小于或等于头长 ……………………………………………… 花鲮

(1) 唇鲮

地方名:沙勾。

标本21尾,体长97 mm~241 mm,采自丰城、鄱阳湖、寻乌。

背鳍3-7;臀鳍3-6。侧线鳞48$\frac{6.5\sim7.5}{4.5\sim v}$50。下咽齿1·3·5-5·3·1。外鳃耙10~14。

体长为体高的3.7~5.5倍,为头长的3.6~4.0倍,为尾柄长的4.9~5.6倍,为尾柄高的10.0~12.7倍。头长为吻长的2.3~2.6倍,为眼径的3.5~4.9倍,为眼间距的3.0~3.7倍。

体长,略侧扁。腹面平直。头大,略扁。吻钝圆。眼大。围眼后缘及下缘的皮下有许多黏液腔,黏液腔连成1排。口下位,呈马蹄形。唇极薄,肉质。下唇两侧叶宽厚。唇沟中断,间距甚窄。颏须1对。鳞中等大小,但喉胸部的鳞细。侧线完整且平直。

背鳍起点距吻端较距尾鳍基部近。硬刺光滑,长而强大。臀鳍起点位于腹鳍至尾鳍基的中点。尾鳍呈叉状。肛门紧接臀鳍。鳔2室。后室末端尖细,长度为前室的2.5倍左右。

体背部为灰褐色。体侧为灰白色。腹部为白色。每个鳞片的后缘有1个环状的黑斑,形成菱形网状花纹。

唇鲮个体中等,但数量不多,有一定的经济价值。

此鱼分布于鄱阳湖及各水系。

(2) 花鲮

地方名:麻吉勾、麻吉古。

标本124尾,体长91 mm~268 mm,采自鄱阳、星子、南昌、上饶、余江、广丰、吉安、遂川、赣州、抚州。

背鳍 3-7;臀鳍 3~6。侧线鳞 46$\frac{7\sim 8}{4\sim 5}$49。下咽齿 3 行,1·3·5~5·3·1 或 1·3·5~5·2·2。

体长为体高的 4.0~5.5 倍,为头长的 3.5~4.0 倍。头长为吻长的 2.2~3.0 倍,为眼径的 3.0~4.6 倍,为眼间距的 3.1~3.7 倍,为尾柄长的 1.6~2.1 倍,为尾柄高的 2.4~3.4 倍。

体长,前部略呈柱状,后部侧扁。腹部圆。吻稍圆钝。口下位,呈马蹄形。下唇两侧叶较狭窄。颐部中央有 1 个小三角形突起。唇后沟中断,间隔稍宽。口角具须 1 对,较短,其长度约为眼径的 2/3。眼较大,稍隆起。眼间距较宽。鳃耙呈锥状,较粗长。下咽齿骨稍粗壮,主行末端呈钩状。鳞较小。侧线平直。

背鳍末根不分枝鳍条是光滑的硬刺,其长度短于头长。背鳍起点至吻端的距离比至尾鳍基的距离近。臀鳍不达尾鳍基部。肛门紧靠臀鳍起点。尾鳍分叉,上、下叶等长。

体为青灰色。腹部为白色。背部和体侧有许多大小不等的黑褐色斑点。侧线上方有一列 7~11 个的大黑点。背鳍和尾鳍上也有小黑斑。

此鱼个体中等,产量较多,是江西的经济鱼类之一,且分布较广,在鱼产量中占一定的比例。

此鱼分布于鄱阳湖及各大水系。

2. 似刺鳊鮈属

(1)似刺鳊鮈

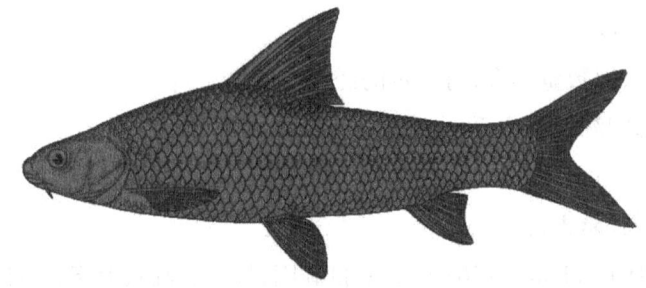

地方名:鳊鱼、泥巴。

标本34尾,体长144 mm～271 mm,采自余江、上饶、鄱阳、南昌、吉安、抚州、赣州等地。

背鳍3-7;腹鳍1-7;臀鳍3-6。侧线鳞$48\frac{8}{4\sim v}50$。下咽齿2行,4·5～5·4。鳃耙6～8。

体长为体高的3.2～3.5倍,为头长的4.2～4.8倍。头长为吻长的2.7～3.5倍,为眼径的4.3～4.9倍,为眼间距的2.4～3.0倍,为尾柄长的1.7倍,为尾柄高的1.3～1.5倍。

体高,侧扁。头后部隆起。腹部圆。头短小。头长远小于体高。吻短而尖。口下位,呈弧形。口角具须1对,其长略小于眼径。下眶骨及前眶骨边缘有1排黏液腔。鳞中等大小,呈圆形。侧线完全。

背鳍长,末根不分枝鳍条为粗壮、光滑的硬刺。臀鳍无硬刺。尾鳍分叉。两叶末端尖。泄殖孔距臀鳍起点较近。

体为银白色,无斑点。背部为灰色。活体的腹鳍、臀鳍和尾鳍为红色,其他鳍为灰白色。

此鱼分布于信江、鄱阳、赣江。

3. 似鳡属

(1)似鳡

标本15尾,体长110 mm～114 mm,采自鄱阳、湖口、瑞洪、赣江、赣州。

背鳍3-7;腹鳍1-8;臀鳍3-6。侧线鳞$43\frac{6}{4.5\sim v}46$。下咽齿3行,1·3·5～5·3·1。鳃耙5～6。

体长为体高的4.2～4.9倍,为头长的3.7～3.9倍,为尾柄长的6.0～6.3倍,为尾柄高9.5～10.5倍,为眼径的3.8～3.9倍,为眼间距的3.5～3.8倍。

体长,侧扁。腹部圆。头后部隆起。头略长,呈锥形,其长大于体高。口较大,亚下位,略呈马蹄形。上颌较下颌长。下唇具两侧叶。颐部中央有三角形的小突起。口角具须1对,其长略小于眼径。眼中等大小。前眶骨和下眶骨边缘具黏液腔。鳃耙短小。鳞中等大。侧线完全,较平直。背鳍略短,无硬刺。尾鳍分叉。泄殖孔紧接臀鳍起点。

体背部为青灰色。腹部为灰白色。侧线上方有6~8个大黑斑。侧线下方一行以上的体侧部的鳞片有褐色斑点。背鳍和尾鳍有很多黑斑。其他鳍为灰白色。

此鱼分布于鄱阳、湖口、赣江、抚州。

4. 麦穗鱼属

种的检索表
1(2)体略短,侧线鳞在40以下 ··· 麦穗鱼
2(1)体长,侧线鳞44~45 ··· 长麦穗鱼

（1）麦穗鱼

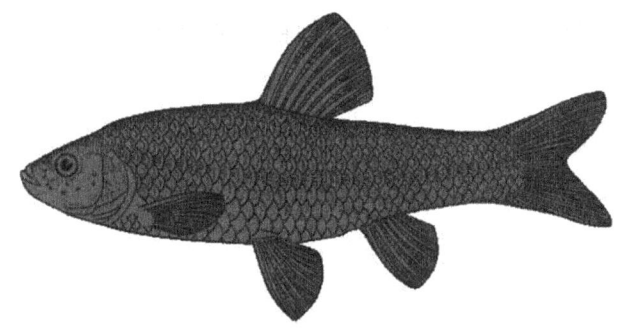

地方名:尖嘴鱼崽、花鱼、麦古龙子。

标本42尾,体长51 mm~114 mm,采自全省各地。

背鳍3-7;腹鳍1-7;臀鳍3-6。侧线鳞$35\frac{5}{4\sim v}38$。下咽齿1行,5~5。鳃耙7~8。

体长为体高的3.6~4.2倍,为头长的4.3~4.9倍,为尾柄长的4.4~5.5倍,为尾柄高的7.5~8.4倍。头长为吻长的2.9~3.4倍,为眼径的3.5~4.4倍,为眼间距的2.0~2.7倍。

体长,侧扁。头上下略平扁。眼大,眼间宽而平。口小,上位。口裂垂直。无须。咽齿纤细。鳃耙近乎退化。鳞较大。侧线平直。

背鳍无硬刺。臀鳍短。背鳍、腹鳍外缘呈弧形。尾鳍宽阔,分叉浅。上、下叶末端圆。泄殖孔紧靠臀鳍起点。

体背部及两侧上半部为微带黑色的银灰色。腹部为乳白色。体侧鳞片的后缘有新月形黑斑。生殖期的雄鱼体色深黑,鳍也呈黑色。吻部、颊部等处有明显的珠星。雌鱼个体较小,产卵管稍外突。

此鱼分布于江西省各地的江河及池塘、湖泊中。

(2) 长麦穗鱼

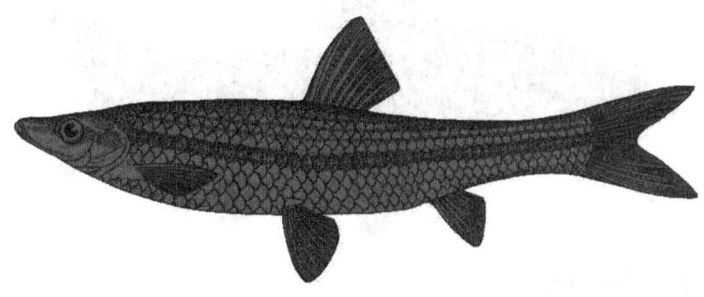

地方名:麦古龙子。

标本6尾,体长88 mm~112 mm,采自鄱阳、丰城、南康。

背鳍3-7;腹鳍1-7;臀鳍3-6。侧线鳞$44\frac{5}{4\sim v}45$。下咽齿1行,5-5。鳃耙8~9。

体长为体高的4.6~5.4倍,为头长的4.7~4.9倍,为尾柄长的4.6~5.0倍,为尾柄高的8.2~9.7倍。头长为吻长的2.6~2.7倍,为眼径的4.5~4.8倍,为眼间距的2.5~2.8倍。

体细长,略呈圆筒形。头尖且长,上下平扁。吻部极平扁。口小,上位。下颌向前突出。口裂几乎垂直。无须。眼大,侧上位。眼间宽且平。咽齿侧扁,末端呈钩状。侧线完全,平直。

背鳍无硬刺,胸鳍、腹鳍、背鳍、臀鳍均短小。尾鳍分叉,上、下叶末端尖。泄殖孔紧靠臀鳍起点。

体为银灰色,略带黑色。

此鱼分布于鄱阳、南康。

5. 鳡属

种的检索表
1(6)口呈马蹄形。下唇仅限于两侧口角处。下颌角质边缘发达。须1对
2(3)背鳍末根不分枝鳍条基部变硬。口宽 ············· 华鳡
3(2)背鳍末根不分枝鳍条柔软
4(5)侧线鳞40以下。体侧有1条黑色的纵行条纹 ············· 小鳡
5(4)侧线鳞40以上。体侧有许多大小不等的黑色斑块 ············· 江西鳡
6(1)下唇两侧叶长,几乎达下颌前端。下颌角质边缘较薄。无须 ············· 黑鳍鳡

(1) 华鳡

地方名:花王古、墨汁鱼。

标本25尾,体长97 mm～189 mm,采自湖口、上饶、丰城、泰和、抚州、南康。

背鳍3-7;腹鳍1-7;臀鳍3-6。侧线鳞$38\frac{6}{4.5\sim v}41$。下咽齿1行,5～5。鳃耙7～8。

体长为体高的3.4～3.8倍,为头长的4.4～4.5倍,为尾柄长的5.2～6.5倍。头长为吻长的2.7～2.9倍,为眼径的5.4～4.3倍,为眼间距的2.0～2.2倍。

体长而侧扁。头后背隆起。腹部圆。头短小。吻圆钝。口小,下位,呈马蹄形。唇稍厚,下唇仅限于两侧口角处。下颌前缘有发达的角质。须1对,极短小,位于口角。鳃耙短小,排列较稀疏。咽齿稍侧扁,第1、第2枚末端呈钩状。鳞中等大。侧线平直。

背鳍外缘平截。末根不分枝鳍条基部较硬,末端柔软、分节。腹鳍末端伸至泄殖孔。尾鳍宽阔,分叉较浅。上、下叶末端圆钝。泄殖孔靠近臀鳍。

体侧为灰色。背部为灰黑色。腹部为灰白色。体侧有4条斜的宽黑斑,是此鱼外形的最大特点。各鳍为灰黑色。生殖时期体色浓黑。雄鱼吻部有白色珠星。雌鱼产卵管延长。

此鱼在江西省极为常见,但各地数量不多,多栖息于湖泊、小河、江中浅水的中下层,以泥沙中的无脊椎动物、幼虫、底栖动物为食。

此鱼分布于江西全省。

(2)小鳈

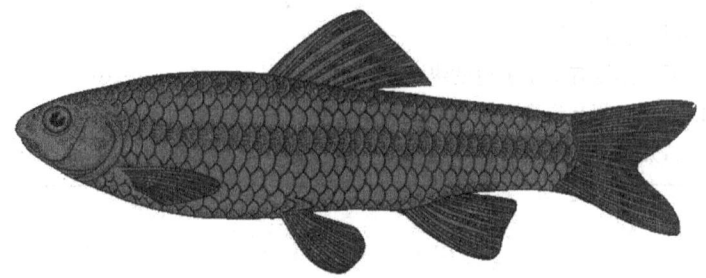

地方名:花古鲁。

标本 11 尾,体长 64 mm~73 mm,采自广丰、宁都、婺源。

背鳍 3-7;腹鳍 1-7;臀鳍 3-6。侧线鳞 $35\frac{5}{3.5~v}36$。下咽齿 1 行,5~5。鳃耙 6。

体长为体高的 3.7~4.2 倍,为头长的 4.7~5.2 倍,为尾柄长的 5.1~5.8 倍,为尾柄高的 7.0~7.8 倍。头长为吻长的 2.8~3.1 倍,为眼径的 3.4~3.8 倍,为眼间距的 2.3~2.8 倍,为尾柄长的 1.0~1.2 倍,为尾柄高的 1.5~1.7 倍。

体稍长,略侧扁。腹部圆。头短小。吻短钝。口下位,呈马蹄形。口的长度与宽度相等。下颌前缘有发达的角质边缘。唇稍厚,下唇仅限于口角处。眼小,位于头的侧上方。口角具须 1 对,极微小。鳃耙粗短,不发达。下咽齿侧扁,其中 2 枚末端弯曲,呈钩状。鳞较大。侧线完全,平直。

背鳍条较长,最长的鳍条几乎与头长相等。末根不分枝鳍条为分节的软刺。背鳍外缘平截或微凸。胸鳍较长,等于或大于头长。臀鳍外缘平截。尾鳍分叉浅,上、下叶末端稍圆。泄殖孔略近腹鳍。

背部略呈灰黑色。体侧自吻部至尾鳍基部有 1 条黑色的条纹。体后部色较深。颊部为橘红色(这是此鱼的特点)。背鳍为灰色,其他鳍为淡橘黄色。背鳍、胸鳍、尾鳍上有微细的小黑点。

小鳔是本属鱼中个体最小的一种,常栖息在水质清澈的山溪和小河中。我们所采标本均是从山区县(广丰、宁都等)的小贩手中购得的。

处于生殖期的雄鱼吻部有珠星,雌鱼产卵管延长。

此鱼分布于广丰、玉山、宁都、婺源。

(3)江西鳔

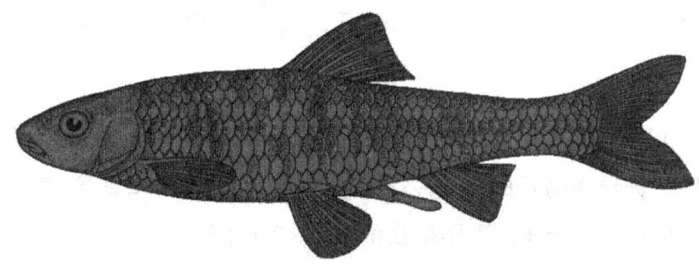

标本 7 尾,体长 90 mm~141 mm,采自广丰、宁都、瑞金。

背鳍 3-7;腹鳍 1-7;臀鳍 3-6。侧线鳞 $42\frac{4.5}{3.5~v}44$。下咽齿 1 行,5~5。鳃耙 5~7。

体长为体高的 4.7~5.7 倍,为头长的 4.1~4.6 倍,为尾柄长的 4.6~5.7 倍,为尾柄高的 8.0~9.0 倍。头长为吻长的 2.3~3.0 倍,为眼径的 4.5~5.2 倍,为尾柄长的 1.0~1.2 倍,为尾柄高的 1.8~2.0 倍。

体较长,侧扁。腹部圆。头中等大小。吻较长且突出。口小,下位,略呈马蹄形。唇较厚,下唇在口角处稍向前伸。下颌前缘角质较发达。眼较小,位置略高。口角具须1对,极短小。鳃耙不发达。下咽齿细长,主行最大的2枚略侧扁,末端呈钩状。鳞中等大。胸部、腹部的鳞片变小。侧线完全。

背鳍无硬刺,外缘平截或内凹。胸鳍末端圆,不达腹鳍。尾鳍分叉较浅。上、下叶等长,末端略圆。泄殖孔位于腹鳍基部与臀鳍起点的中点。

体背为灰黑色。腹部为白色。体侧具不规则黑斑。鳃盖后缘及峡部为橘黄色。鳃孔后方有1条垂直的黑斑。多数个体体侧沿侧线有1条黑色的条纹。背鳍和尾鳍为灰黑色,其他鳍为灰白色。

此鱼分布于广丰、信丰、瑞金、泰和。

(4)黑鳍鳈

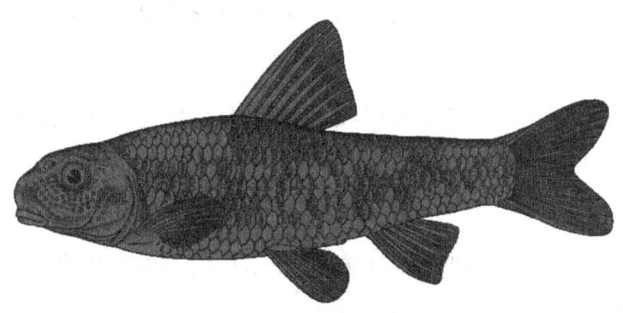

地方名:黄头巾、花古印。

标本49尾,体长69 mm～131 mm,采自鄱阳、湖口、上饶、抚州、吉安、赣州、南康、宁都。

背鳍3-7;腹鳍1-7;臀鳍3-6。侧线鳞 $38\frac{4.5}{3.5 \sim v}40$。下咽齿2行,1·5～5·1。鳃耙5～7。

体长为体高的3.9～4.4倍,为头长的4.1～4.6倍,为尾柄长的5.2～5.8倍,为尾柄高的7.6～8.2倍。头长为吻长的2.8～3.4倍,为眼径的3.7～4.2倍,为眼间距的2.6～3.5倍,为尾柄长的1.2～1.5倍,为尾柄高的1.7～2.0倍。

体长,略侧扁。腹部圆。头较小,呈圆锥形。口小,下位或近下位,呈弧形。唇较薄。下唇狭长,前伸几达下颌前缘。下颌前缘角质层较薄。眼小,位于头的侧上方。须退化或仅存痕迹。鳃耙短小。主行最大的2枚咽齿侧扁,顶端尖,稍弯曲。鳞中等大。侧线较平直。

背鳍短,无硬刺。胸鳍较短。腹鳍末端可达泄殖孔。臀鳍短。尾鳍分叉较浅,上、下叶末端稍圆钝。泄殖孔位于腹鳍基与臀鳍起点的中间。

体背及体侧暗黑,杂有棕黄色。腹部为白色。体侧中轴有黑色的条纹,有很多不规则的黑斑。鳃盖后缘及峡部呈橘黄色。鳃孔后缘有 1 条浓黑的垂直条纹。背鳍和尾鳍灰黑色较深,其他鳍为黑色。生殖期间,雄鱼体侧的黑斑更明显,为深黑色。颌部、胸部及胸鳍基部的橙红色更艳丽。尾鳍带黄色。吻部有珠星。雌鱼产卵管延长。

此鱼分布于江西各水系,但数量少。

6. 颌须鮈属

种的检索表
1(2)侧线鳞 39～40 ……………………………………………………………………… 短须颌须鮈
2(1)侧线鳞 36～37
3(4)下咽齿 3·5～5·3 ……………………………………………………………………… 隐须颌须鮈
4(3)下咽齿 2·5～5·2 ……………………………………………………………………… 济南颌须鮈

(1)短须颌须鮈

标本 7 尾,体长 57 mm～84 mm,采自鄱阳、瑞洪。

背鳍 3-7;腹鳍 1-7;臀鳍 3-6。侧线鳞 $39\frac{5.5}{3.5\sim v}40$。下咽齿 2 行,3·5～5·3。鳃耙 8。

体长为体高的 3.9～4.6 倍,为头长的 3.9～4.3 倍,为尾柄长的 4.9～5.8 倍,为尾柄高的 8.0～8.8 倍。头长为吻长的 2.9～3.4 倍,为眼径的 4.1～5.1 倍,为眼间距的 2.9～3.3 倍,为尾柄长的 1.3～1.5 倍,为尾柄高的 2.0～2.3 倍。

体长,侧扁。腹部圆。头小。吻短钝。口端位。口裂略倾斜。唇简单,不发达。眼小,侧上位。口角具须 1 对,很短,约为眼径的 1/3。鳃耙短小,排列稀疏。下咽齿 3 行,侧扁,末端呈钩状。外行咽齿短而细。鳞片小。侧线完全,前段微下弯,后端平直。

背鳍无硬刺。胸鳍短,末端圆钝。腹鳍末端接近泄殖孔。尾鳍分叉,上、下叶末端稍圆。泄殖孔位于臀鳍起点的前方。

体背侧为灰黑色。腹部为灰白色。体侧具有数行黑色的细条纹。体中轴有 1 条较宽的黑色纵纹。

此鱼分布于鄱阳、瑞洪、丰城。

(2)隐须颌须鮈

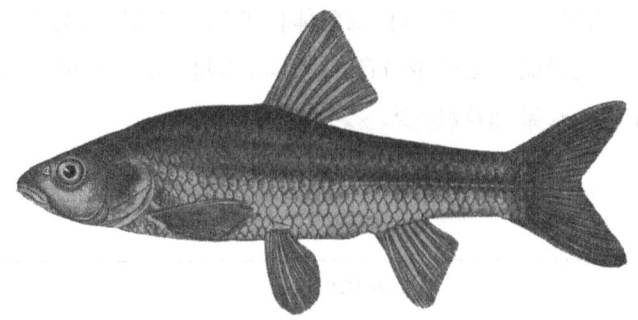

标本4尾,体长58 mm~71 mm,采自瑞洪。

背鳍3-7;腹鳍1-8;臀鳍2-6。侧线鳞 $36\frac{5}{3\sim5}37$。下咽齿2行,3·5~5·3。鳃耙10。

体长为体高的3.6~3.8倍,为头长的3.7~3.9倍,为尾柄长的5.4~6.3倍,为尾柄高的7.5~8.4倍。头长为吻长的3.6~3.8倍,为眼径的4.0~4.5倍,为眼间距的2.8~3.2倍,为尾柄长的1.5~1.7倍,为尾柄高的2.0~2.4倍。

体长,侧扁。腹部圆。头顶较平。头后背稍隆起。吻较钝。口大,斜裂。上、下颌等长。眼中等大,侧上位。口角具须1对,极为细小,常隐于口角处。主行下咽齿侧扁,顶端略呈钩状。外行的齿短小、纤细。鳃耙短,排列稀疏。鳞中等大。胸、腹部具鳞。侧线完全,平直。

背鳍无硬刺。胸鳍稍圆,末端下达腹鳍。腹鳍末端伸达泄殖孔。尾鳍分叉浅。上、下叶等长,末端稍圆钝。泄殖孔近臀鳍。

沿体侧中轴自鳃孔后方至尾鳍有1条黑色的条纹。各鳍为灰白色。

此鱼分布于瑞洪。

(3)济南颌须鮈

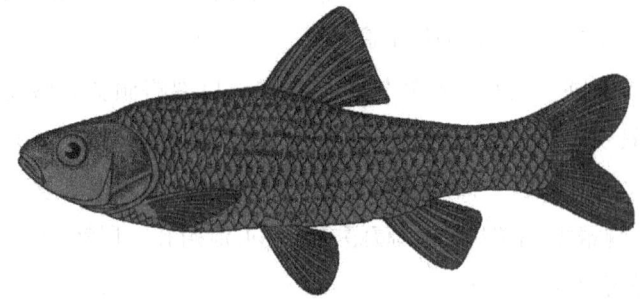

标本12尾,体长54 mm~104 mm,采自上饶。

背鳍3-7;腹鳍1-7;臀鳍3-6。侧线鳞 $36\frac{5}{3.5\sim v}37$。下咽齿2行,3·5~5·2。

鳃耙8~9。

体长为体高的3.6~4.6倍,为头长的3.4~4.1倍,为尾柄长的5.2~6.1倍,为尾柄高的4.6~5.4倍。头长为吻长的3.2~4.0倍,为眼径的4.5~5.2倍,为眼间距的2.7~4.5倍,为尾柄长的1.4~1.7倍,为尾柄高的2.0~2.6倍。

体长,侧扁。腹部圆。头较长,等于或大于体高。吻短,圆钝。口端位,斜裂。唇薄。口角具须1对,短小,其长度小于眼径的1/2。眼较小,侧上位。鳃耙不发达。主行下咽齿侧扁,顶端稍呈钩状。外侧齿短小且纤细。鳞中等大。侧线完全,平直。

背鳍无硬刺。胸鳍略圆钝,末端不达腹鳍。腹鳍末端伸达泄殖孔。尾鳍分叉浅。上、下叶等长,末端稍圆。泄殖孔靠近臀鳍起点。

体背侧为灰黑色。腹部为灰白色。体侧中央有1条黑色的纵纹。侧线上下方有数条较细的条纹。

此鱼分布于鄱阳、广丰、上饶。

7. 银鮈属

种的检索表
1(2)侧线鳞较多,39以上 ································· 银鮈
2(1)侧线鳞较少,36以下 ································· 点纹银鮈

(1)银鮈

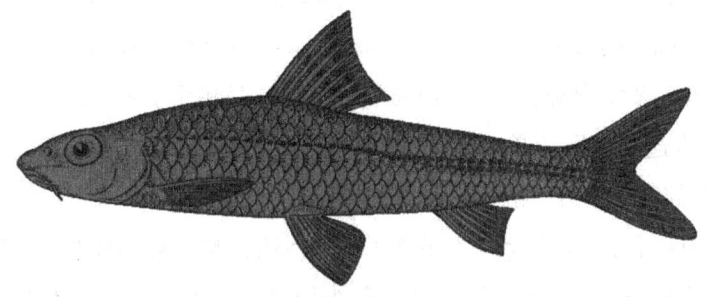

地方名:光眼镜、亡鱼管、大眼古。

标本42尾,体长71 mm~114 mm,采自鄱阳湖、赣江、信江、抚州、赣州。

背鳍3-7;腹鳍1-7;臀鳍3-6。侧线鳞$39\frac{4.5}{3\sim v}41$。下咽齿2行,3·5-5·3。鳃耙7~10。

体长为体高的4.4~5.4倍,为头长的4.1~4.5倍,为尾柄长的5.5~6.8倍,为尾柄高的10.7~12.7倍,为眼间距的3.3~4.5倍,为尾柄长的1.2~1.6倍,为尾柄高的2.5~3.1倍。

体长,前段几呈圆筒状。腹部圆。头长通常大于体高。眼大。吻稍尖。口亚下位,略呈马蹄形。上颌略长于下颌。唇薄。口角具须1对,较长,约与眼径等长。鳃耙不发达。主行咽齿侧扁,末端呈钩状。鳞小。侧线完全。

背鳍无硬刺。胸鳍不达腹鳍。腹鳍末端靠近或到达泄殖孔。臀鳍短。尾鳍分叉,上、下叶等长。

新鲜标本的背部为银灰色。体侧及腹面为银白色。体侧中轴自鳃孔上角至尾鳍基部有1条银色的纵带。背鳍、尾鳍为灰色,其他鳍为白色。

此鱼分布于江西各水系,信丰、九连山都可采到。

(2)点纹银鮈

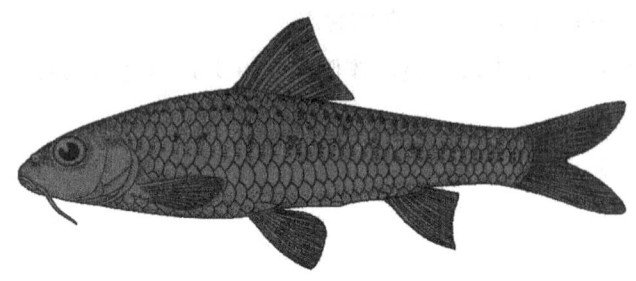

标本41尾,体长81 mm ~ 110 mm,采自瑞金、鄱阳、丰城、泰和。

背鳍3－7;腹鳍3－6;臀鳍3－6。侧线鳞$34\frac{4.5}{3-v}35$。下咽齿2行,3·5~5·3。鳃耙5~7。

体长为体高的3.8~4.4倍,为头长的3.9~4.2倍,为尾柄长的2.8~3.1倍,为眼径的2.8~3.5倍,为眼间距的3.3~3.9倍,为尾柄长的1.4~1.7倍,为尾柄高的2.5~2.9。

体长,稍侧扁。背基部略隆起。腹部圆。头较长,呈锥形。眼大。吻短。口亚下位。上、下颌均无角质边缘。唇简单。上唇完整。下唇薄。须1对,其长等于或大于眼径。鳃耙短小,排列稀疏。下咽齿侧扁,末端呈钩状。

背鳍短小,外缘稍内凹,无硬刺。腹鳍后延,不达臀鳍。臀鳍较短,后缘平截。尾鳍分叉较深。上、下叶等长,末端较尖。泄殖孔距臀鳍起点较近。鳞片较大。胸、腹部有鳞。腹鳍基部有1个三角形的腋鳞。侧线完全,平直。

体背部为灰黑色带绿色。腹部为银白色。体侧中部偏上方有1条暗色的条纹,其上有不规则的暗斑。沿侧线也有黑色的条纹。各鳍呈浅灰色。

此鱼个体小,经济价值不大。

此鱼分布于瑞金、鄱阳、丰城、泰和、上饶。

8.铜鱼属

(1)铜鱼

标本3尾,体长241 mm~310 mm,采自九江、彭泽。

背鳍3-7;腹鳍1-7;臀鳍3-6。侧线鳞 $52\frac{6.5~7.5}{6~7-v}57$。下咽齿1行,5~5。鳃耙11~13。

体长为体高的4.2~4.9倍,为头长的5.2~6.0倍,为尾柄长的3.9~5.7倍,为尾柄高的7.9~9.5倍。头长为吻长的2.5~3.0倍,眼径的7.0~11.8倍,为眼间距的2.1~3.0倍。

体长。前段粗壮,呈圆筒形。后段稍侧扁。头小,略呈锥形。吻尖长,向前突出。口小,下位,呈马蹄形。口裂狭窄。唇厚。上唇较发达。下唇薄而光滑。口角具须1对,较粗短,末端后伸达前鳃盖骨的后缘。眼小,位于头的侧上方。鼻孔大。鳃耙短小,排列稀疏。第1、第2枚下咽齿稍侧扁,尖端略呈钩状。其余咽齿均较粗壮,顶端光滑。

背鳍稍长,外缘内凹,无硬刺。尾鳍呈叉形,上叶稍长于下叶,末端尖。尾柄长且高。泄殖孔距臀鳍起点较近。鳞片略小,胸、腹部及腹鳍基部有许多小鳞片。侧线完全,较平直。生殖期间,雄鱼的胸鳍背面有黄色珠星。鳔大,2室,呈圆筒状。前室短,包在膜质囊内。后室粗短。

鲜活的标本,其体色为古铜色,带金色光泽。背部颜色较深。腹部为淡黄白色。各鳍为浅灰色,边缘为浅黄色。

铜鱼在九江、彭泽、湖口一带为经济鱼类,但因捕捞过度,现已数量稀少。

此鱼分布于九江、彭泽、湖口、瑞昌。

9.吻鮈属

种的检索表
1(2)头长为眼径的6倍以下,鳔前室包于膜质囊内 ·········· 吻鮈
2(1)头长为眼径的6倍以上,鳔前室包于前2/3的骨质,后1/3膜质囊内 ·········· 圆筒吻鮈

(1)吻鮈

地方名:梧桐鱼、猪老鱼。

标本47尾,体长104 mm~424 mm,采自鄱阳、湖口、余江、抚州、赣州、信丰、吴城、九江。

背鳍 3-7;腹鳍 1-7;臀鳍 3-6。侧线鳞 $49\frac{6}{4.5 \sim v}50$。下咽齿 2 行,2·5~5·2。鳃耙 10~14。

体长为体高的 6.2~7.4 倍,为头长的 4.4~5.8 倍,为尾柄长的 4.2~4.9 倍,为尾柄高的 13.6~15.5 倍。头长为吻长的 1.7~2.1 倍,为眼径的 4.2~5.5 倍,为眼间距的 3.0~3.9 倍,为尾柄长的 0.9~1.2 倍,为尾柄高的 2.7~3.3 倍。

体细长,前部呈圆筒形,后部细长而侧扁。腹部稍平。头长,呈锥形。头长远大于体高。口下位,呈深弧形。唇较厚,无乳突。鼻孔大。眼大,位于头的侧上方。眼间宽而平。口角具须 1 对,粗短,其长等于或稍大于眼径。主行下咽齿侧扁,末端呈钩状。侧线平直。鳞较小。胸部的鳞片变得特别小,且通常埋于皮下。

背鳍无硬刺。胸鳍末端不达腹鳍基。腹鳍平截。臀鳍短。尾鳍分叉,上、下叶末端尖。泄殖孔距腹鳍较近。鳔小,2 室。前室短小,呈长圆形,外被膜囊。后室长,露于囊外。

背部为蓝黑色。腹部为灰白色。背鳍和尾鳍为灰黑色,其他鳍为白色。

此鱼分布于鄱阳、湖口、余江、上饶、抚州、赣州、信丰、吴城、九江。

(2)圆筒吻鮈

标本 21 尾,体长 168 mm~287 mm,采自九江、湖口、鄱阳、都昌、瑞洪。

背鳍 3-7;腹鳍 1-7;臀鳍 3-6。侧线鳞 $49\frac{6 \sim 7}{4.5 \sim v}51$。下咽齿 2 行,2·5~5·2。鳃耙 8~9。

体长为体高的 4.6~6.2 倍,为头长的 4.0~4.7 倍,为尾柄长的 4.2~4.7 倍,为尾柄高的 10.8~11.7 倍。头长为吻长的 1.9~2.1 倍,为眼径的 6.6~8.0 倍,为眼间距的 3.1~3.5 倍,为尾柄长的 1.0~1.3 倍,为尾柄高的 2.4~2.9 倍。

体细长,近似圆筒形。腹部稍平。尾柄长,稍侧扁。头呈锥形。头长远比体高大。眼小。口下位,呈深弧形。唇厚,无乳突。口角具须1对,较粗壮,其长度大于眼径。鳞较小,呈长圆形。胸部的鳞很小,常隐于皮下。侧线平直。

背鳍无硬刺。胸鳍外缘微凹,末端不达腹鳍。腹鳍末端不达臀鳍起点。尾鳍分叉深。泄殖孔位于腹鳍基与臀鳍起点之间。

体为棕黑色。背部色深。腹部为灰白色。背鳍和尾鳍为灰黑色,其他鳍为灰白色。120 mm以下的个体,体侧有5个较大的黑斑。

此鱼分布于九江、湖口、都昌、瑞洪。

10. 片唇鮈属

种的检索表
1(2)须短,其长度小于眼径,腹面裸露区延伸到胸鳍基部稍后方 ························· 片唇鮈
2(1)须长,其长度超过眼径,腹面裸露区向后延伸,几达腹鳍起点 ················· 长须片唇鮈

(1)片唇鮈

标本34尾,体长79 mm~101 mm,采自宁都、瑞洪、余干、宜丰。

背鳍3-7;腹鳍1-7;臀鳍3-6。侧线鳞$35\frac{3.5-4}{2.5-3-v}37$。下咽齿1行,5~5。鳃耙11~12。

体长为体高的4.2~4.8倍,为头长的4.1~4.8倍,为头长的4.1~4.6倍,为尾柄长的5.4~6.1倍,为尾柄高的10.3~11.0倍。头长为吻长的2.2~2.7倍,为眼径的3.8~4.5倍,为眼间距的4.3~4.8倍,为尾柄长的1.2~1.6倍,为尾柄高的2.4~2.8倍。

体长,前部近圆筒形,后部侧扁。腹部圆。头呈锥形,头宽约等于头高。吻较钝,在鼻孔前方凹陷。眼小,侧上位。口下位,呈深弧形。上、下颌均有发达的角质边缘。唇厚,具发达的乳突。上唇中部1排乳突较大,两侧的细小。下唇两侧向后扩展成一片,其后缘游离,分裂成流苏状。中央有一缺刻。下唇两侧在口角处与上唇相连。下唇的乳突细小,常排列成4列纵行。口角有1对须,其长度比眼径小。鳃耙不发达,呈瘤状。下咽齿纤细,末端呈钩状。鳞为圆形。胸部裸露,向后延伸到胸鳍基部后方。侧线完全。

背鳍无硬刺。胸鳍末端尖,后伸至腹鳍起点。臀鳍短。尾鳍短小。上、下叶末端尖。

下叶比上叶长。泄殖孔近腹鳍。

鳔小,2室。前室包于韧质膜囊内。后室细小,为长形,露于囊外,其长度小于眼径。

体为暗灰色。腹部为灰白色。有5个黑斑横跨背部。体侧具5~7个斑块。背鳍和尾鳍均有许多黑色的小斑点,其余鳍均为暗灰色。

此鱼分布于靖安、宁都、瑞洪、宜丰。

(2)长须片唇鮈

标本2尾,体长79 mm~84 mm,采自铜鼓。

背鳍3-7;腹鳍1-7;臀鳍3-6。侧线鳞$37\frac{4.5}{2.5 \sim v}39$。下咽齿1行,5~5。鳃耙14。

体长为体高的5.1~6.0倍,为头长的4.0~4.5倍,为尾柄长的6.2~7.0倍,为尾柄高的11.0~12.0倍。头长为吻长的2.3~2.7倍,为眼径的3.9~4.3倍,为眼间距的4.2~4.9倍,为尾柄长的1.4~1.6倍,为尾柄高的2.7~3.0倍。

体细长,前部呈圆筒形,后部稍侧扁。尾柄细。腹部圆。头中等大,略平扁。头宽大于头高。吻较尖,在鼻孔前方微凹。眼略小,侧上位。眼间平坦或微凹。口小,下位,呈深弧形。上、下颌具发达的角质边缘。唇厚。上唇具褶皱,边缘有细缺刻。下唇连成一片,具许多乳突。后缘游离,分裂成流苏状。中央有一深缺刻。上、下唇在口角处相连。口角有1对须,较粗长,其长度大于眼径。鳃耙不发达。下咽骨细长,末端略弯曲。鳞中等大,胸腹部裸区较大,一般延伸到胸鳍末端。侧线完全。

背鳍无硬刺。胸鳍末端尖,后伸不达腹鳍起点。臀鳍短。尾鳍分叉深,上、下叶等长。泄殖孔近腹鳍。

鳔小,2室。鳔长约等于眼径。前室横宽,呈椭圆形,包于韧质膜皮内。后室细小,露于皮外。

体为灰黄色,背部略深。腹部为灰白色。有5个黑斑横跨背部。体侧沿侧线有1条灰色的条纹,其上有一些不明显的黑斑。背鳍和尾鳍均有黑色的小斑点,其余鳍为灰白色。

此鱼分布于铜鼓、宜丰。

11. 似鮈属

(1) 似鮈

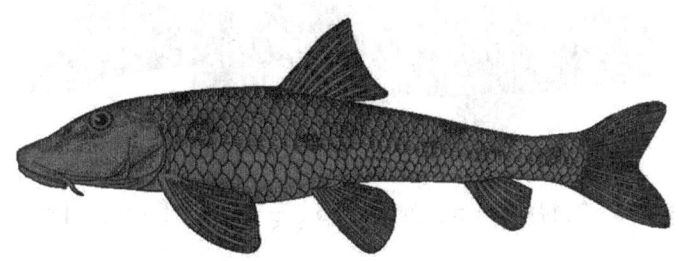

地方名:肉鱼仔、石沙条、提子鱼。

标本64尾,体长107 mm~190 mm,采自湖口、武宁、修水、余江、抚州、赣州。

背鳍3-7;腹鳍1-7;臀鳍3-6。侧线鳞$40\frac{5\sim6}{3\sim v}42$。下咽齿2行,2·5~5·2。

体长为体高的5.1~6.0倍,为头长的3.4~4.6倍,为尾柄长的7.8~10.6倍,为尾柄高的12.0~16.9倍。头长为吻长的1.7~2.0倍,为眼径的4.0~6.2倍,为眼间距的3.4~4.0倍。

体稍长,前段较圆胖,后段细而侧扁。头较大,其长度比体高大。吻长而平扁,似鸭嘴。眼中等大,呈椭圆形,侧上位。口下位,呈深弧形。唇发达,具许多乳突。下唇分为3叶。中叶为椭圆形,后缘游离。两侧叶在中叶前端相连。口角有1对须,较粗,长约等于眼径。鳃耙为页状,不发达。主行下咽齿侧扁,末端呈钩状。外行下咽齿纤细。鳞中等大。腹面在胸鳍基部之前裸露无鳞。腹部的鳞片比体侧的鳞片小。侧线平直。

背鳍无硬刺。胸鳍大,接近腹面,平展。腹鳍起于背鳍第2至第3根分枝鳍条相对位置之下。臀鳍短。泄殖孔靠近腹鳍基。

鳔2室。前室为扁圆形,包于韧质膜囊内。后室小,为长形,长约等于眼径,露于囊外。

体背部和侧部为褐色。腹部为灰白色。体背部有4个大横斑。体侧有5~6个不规则的黑斑。背鳍及尾鳍上有许多小黑点,偶鳍为灰黑色,臀鳍为灰白色。

此鱼外形与蛇鮈相近,二者在武宁合称棍子鱼。此鱼个体虽小,但价格较高。现已人工繁殖成功,每年能生产数十万尾鱼苗(鱼),并放流到柘林水库中。

此鱼分布于寻乌、信丰、宁都、瑞金、上饶、抚州、吉安。

12. 棒花鱼属

(1) 棒花鱼

地方名:扑沙洲、花肉鱼仔、土轮子。

标本62尾,体长82 mm~107 mm,采自鄱阳湖、信江、修水、吴城、抚州、赣州、信丰。

背鳍3-7;腹鳍1-7;臀鳍3-5。侧线鳞 $35\frac{5.5}{3.5\sim v}39$。下咽齿1行,5-5。鳃耙4-5。

体长为体高的3.7~4.7倍,为头长的3.6~4.0倍,为尾柄长的9.3~11.6倍,为尾柄高的8.8~10.5倍。头长为吻长的1.8~2.1倍,为眼径的4.5~5.5倍,为眼间距的3.6~4.4倍。

体粗壮,后部稍侧扁。腹部平直。头长。眼小,位于头侧中轴上方。眼间宽而平。吻较长,前端圆钝,在鼻孔前方下陷而向前突出。口下位,呈马蹄形。唇厚而发达,无显著的乳突。上唇有不显著的褶皱。下唇中央有1个较大的肉质突起,呈椭圆形,形成中叶,其后缘有缺刻。两侧叶较宽,在口角与上唇相连。上、下颌无角质边缘。口角有1对须,其长度约为眼径的1/2。鳃耙不发达,呈瘤状突起。下咽齿稍侧扁,末端呈钩状。鳞为圆形。胸部裸露无鳞。侧线完全,平直。

背鳍无硬刺。胸鳍后缘为圆形。腹鳍后缘稍圆。臀鳍短。尾鳍分叉。上叶稍长于下叶。两叶末端稍圆。泄殖孔接近腹鳍。

背侧为灰黄色。腹部为灰白色。头背部为黑色。喉部为紫红色。体侧每个鳞片的边缘有黑色斑点(雌鱼较显著)。各鳍为浅黄色。背鳍和尾鳍上有多条由黑斑构成的条纹。

生殖时期,雄鱼胸鳍的不分枝鳍条变硬,其外缘及头部均有白色珠星。各鳍均长,末端呈圆形。雌鱼则无以上形态,各鳍外缘平截。

此鱼分布于江西省各水系。

13. 胡鮈属

(1)嵊县胡鮈

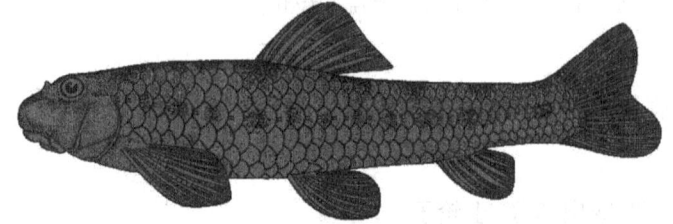

标本4尾,体长60 mm ~ 64 mm,采自靖安。

背鳍 3-7;腹鳍 1-7;臀鳍 2-5。侧线鳞 $35\frac{3.5\sim4}{2.5\sim3\sim v}37$。下咽齿 1 行,5-5。鳃耙 8~9。

体长为体高的 3.8~4.2 倍,为头长的 4.1~5.2 倍,为尾柄长的 5.8~7.0 倍,为尾柄高的 10.0~11.4 倍。头长为吻长的 2.2~3.0 倍,为眼径的 3.3~3.7 倍,为眼间距的 4.2~4.8 倍,为尾柄长的 1.1~1.5 倍,为尾柄高的 2.2~2.5 倍。

体粗壮,前部为圆柱形,后部侧扁。头短。头长小于体高。吻钝,在鼻孔前方凹陷。眼中等大,侧上位。口下位,横裂,在口角处微弯。唇发达。上唇边缘有许多乳突,中部的大,两侧的细小。下唇分为 3 叶。两侧叶极为发达,向外扩展成翼状,后缘游离并有许多小乳突。两侧叶在口角处与上唇相连。中叶极小,为一心形肉质突起。上、下颌有发达的角质边缘。须 1 对,很小,隐于口角。鳃耙细小。下咽齿侧扁,末端呈钩状。鳞中等大。腹面自胸部向后至腹鳍基前,均裸露无鳞。侧线平直。

背鳍无硬刺。胸鳍长,末端几达腹鳍。臀鳍短,末端不达尾鳍基。尾鳍分叉浅。两叶末端稍圆。泄殖孔近腹鳍基。

鳔小,2 室,其长度小于头长的 1/3。前室包于扁圆形的韧质膜囊内。后室极小,长度小于眼径。

体背部为棕黑色。腹部为灰白色。背部有 4~5 块不太明显的黑斑。沿体侧有 7~8 个黑色的大斑点。背鳍和尾鳍上有许多黑色的小斑点。其他鳍为灰白色。

此鱼分布于靖安、铜鼓、宜丰。

14. 小鳔鮈属

种的检索表
1(4)臀鳍具 5 根分枝鳍条
2(3)侧线鳞 34~36。体长为体高的 6 倍以下 ················ 福建小鳔鮈
3(2)侧线鳞 38~39。体长为体高的 6 倍以上 ················ 洞庭小鳔鮈
4(1)臀鳍分枝鳍条为 6 ································· 乐山小鳔鮈

(1)福建小鳔鮈

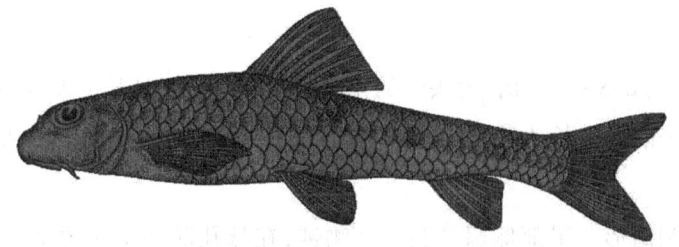

标本 27 尾,体长 60 mm~78 mm,采自余江、鄱阳、都昌、信丰、瑞金。

背鳍 3-7;腹鳍 1-7;臀鳍 3-5。下咽齿 1 行,5~5。鳃耙 4~5。

体长为体高的 4.2~5.0 倍,为头长的 4.0~4.8 倍,为尾柄长的 5.9~6.8 倍,为尾柄高的 10.0~11.1 倍。头长为吻长的 1.9~2.5 倍,为眼径的 3.0~3.6 倍,为眼间距的 4.3~4.7 倍。

体前部较肥壮,后部渐侧扁。头略呈方形,背面较平。头长大于体高。吻钝,在鼻孔前方下陷。眼较大,侧上位。口下位,呈马蹄形。唇发达,有小乳突。上唇乳突在中部排成 1 行。口角处的细小乳突呈多行排列。下唇中央有 1 对较大的乳突,为中叶。两侧叶发达,在口角与上唇相连。上、下颌边缘具角质。口角有 1 对须,其长度约等于眼径。鳃耙不发达,呈瘤状突起。下咽齿侧扁,末端呈钩状。鳞为圆形。胸部裸露。侧线完全,平直。

背鳍无硬刺。胸鳍长,末端几达背鳍起点。臀鳍近泄殖孔。尾鳍分叉较深。

体背部为棕灰色。腹部为灰白色。体侧中轴有 1 条不规则的灰色纵纹,上有 7 个较大的黑斑。有 5~6 个黑斑横跨背部。背鳍、尾鳍和胸鳍上有许多由小黑点组成的条纹。腹鳍和臀鳍均为灰白色。

鳔小,2 室,长度约为头长的 1/3。前室为扁圆形,包于韧质膜囊内。后室很小,露于囊外,长度小于眼径。

此鱼分布于鄱阳、余江、信丰、瑞金。

(2)洞庭小鳔鮈

标本 6 尾,体长 47 mm~57 mm,采自都昌、瑞洪。

背鳍 3-7;腹鳍 1-7;臀鳍 3-5。侧线鳞 $38\frac{4.5}{2.5\sim v}39$。下咽齿 1 行,5~5。鳃耙 4~5。

体长为体高的 6.8~7.1 倍,为头长的 4.4~4.5 倍,为尾柄长的 6.0~6.4 倍,为尾柄高的 12.0~13.5 倍。头长为吻长的 2.8~3.0 倍,为眼径的 3.0~3.3 倍,为眼间距的 4.6~5.2 倍。

体较长,近圆筒形。尾部侧扁。头短。吻钝,在鼻孔前凹陷不显著。眼较大。口下位,呈马蹄形。唇发达,有明显的乳突。上唇中部的乳突大,排成 1 行。两侧的小,排成多行。下唇正中有1对较大的突起,代表中叶。两侧叶发达。上、下颌具角质边缘。口角具1对短须,其长度小于眼径。鳃耙不发达,呈瘤状突起。下咽齿纤细,侧扁,末端呈钩状。鳞为圆形。胸部裸露。侧线完全。

背鳍无硬刺。胸鳍长,但末端不达腹鳍。腹鳍末端圆。臀鳍短。泄殖孔距腹鳍近。

鳔小,2室。前室较大,为扁圆形,包于韧质膜囊内。后室很小,为长形,露于囊外,其长度小于眼径。

背侧为灰绿色。腹部为灰白色。体侧中轴有7~8个黑色斑块。有5个较大的黑斑横跨背部。背鳍及尾鳍上有许多由黑色小斑点组成的条纹。

此鱼分布于瑞金、吴城、鄱阳、瑞洪。

(3)乐山小鳔鮈

标本21尾,体长68 mm~110 mm,采自寻乌、靖安、都昌。

背鳍3-7;腹鳍1-7;臀鳍3-6。侧线鳞$36\frac{4}{2.5\sim v}37$。下咽齿1行,5~5。鳃耙4~5。

体长为体高的4.7~5.4倍,为头长的4.0~5.1倍,为尾柄长的5.0~6.0倍,尾柄高的10.0~12.5倍。头长为吻长的2.3~3.0倍,为眼径的3.4~4.5倍,为眼间距的3.1~4.5倍,为尾柄长的1.1~1.6倍,为尾柄高的2.1~2.9倍。

体长,稍侧扁。腹部稍圆。吻略尖且短,在鼻孔前方下陷。眼较小。口小,下位,呈马蹄形。唇发达,具许多乳突。上唇中央的乳突大,排成1行。两侧的小,排成多行。下唇中央有1对较大的突起,为中叶。两侧叶发达,在口角处与上唇相连。上、下颌具角质边缘。口角具1对须,其长度比眼径小。下咽齿较纤细,末端呈钩状。胸部裸露无鳞。侧线完全。

背鳍无硬刺。胸鳍较短,末端不达腹鳍。泄殖孔距腹鳍较近。

鳔小,2室。前室为扁圆形,包于韧质膜囊内。后室细小,为长形,其长度比眼径小。

体为灰黑色。腹部为灰白色。背部正中有5~6个大黑斑。体侧中轴有8~9个黑斑。背鳍及尾鳍上有许多小黑点。胸鳍、腹鳍上也有。臀鳍为灰白色。

此鱼分布于寻乌、靖安、都昌、瑞洪。

15. 蛇鮈属

种的检索表
1(6)唇发达,具显著的乳突
2(5)尾柄较粗短。头长为尾柄高的 4.0 倍以下
3(4)侧线鳞 57~61。体侧及背部有暗黑色的小斑点 ··· 长蛇鮈
4(3)侧线鳞 47~50。体侧中轴上的暗色纵纹上有 10~12 个黑斑 ························· 蛇鮈
5(2)尾柄细长。头长为尾柄高的 4.4 倍以上 ·· 细尾蛇鮈
6(1)唇薄。上唇无显著的乳突 ··· 光唇蛇鮈

(1)长蛇鮈

地方名:沙条。

标本 76 尾,体长 102 mm~218 mm,采自湖口、永修、都昌、丰城、赣州、南城。

背鳍 3-7;腹鳍 1-7;臀鳍 3-6。侧线鳞 $57\frac{7}{4\sim v}61$。下咽齿 1 行,5~5。外侧鳃耙 4~5。内侧鳃耙 15~19。

体长为体高的 7.2~9.1 倍,为头长的 5.1~6.0 倍,为尾柄长的 5.1~6.2 倍,为尾柄高的 14.1~18.2 倍。头长为吻长 2.4~3.1 倍,为尾柄长的 0.9~1.1 倍,为尾柄高的 2.7~3.2 倍。

体甚长,为圆柱形。头部腹面及腹部平坦。尾柄细长,略侧扁。头稍平扁。头长大于体高。吻尖,在鼻孔前方略下陷。眼较小。口下位,呈马蹄形。唇厚。上、下唇均有显著的乳突。须 1 对,粗短,位于口角,其长度小于眼径。鳃耙不发达,呈瘤状突起。下咽骨发达,呈三角形。第 1、第 2 枚咽齿粗壮,其余侧扁,末端斜切。鳞小。胸部有鳞。侧线完全,平直。

背鳍无硬刺。胸鳍短,末端不达腹鳍。臀鳍短。泄殖孔距腹鳍较近。

鳔 2 室。前室包于圆形骨囊内。后室很小,为长圆形,露于囊外。

体背部及两侧上部呈橄榄色。腹部为银白色。背部及体侧上半部的每个鳞片基部有 1 个圆形或不规则的黑斑。偶鳍呈粉红色,其他鳍为灰黑色。

此鱼个体不是很大,但有一定的经济价值。

此鱼分布于鄱阳湖、信江、赣江。

(2) 蛇鮈

地方名:棺材钉、大头沙条。

标本 180 尾,体长 92 mm ~ 191 mm,采自各水系。

背鳍 3 - 8;腹鳍 1 - 7;臀鳍 3 - 6。侧线鳞 $47\frac{5}{34\sim v}49$。下咽齿 1 行,5 ~ 5、5 ~ 4 或 4 ~ 5。鳃耙 8 ~ 12。

体长为体高的 4.6 ~ 6.5 倍,为头长的 4.0 ~ 5.1 倍,为尾柄长的 5.7 ~ 7.1 倍,为尾柄高的 11.0 ~ 15.7 倍。头长为吻长的 2.0 ~ 3.1 倍,为尾柄长的 1.2 ~ 1.7 倍,为尾柄高的 2.9 ~ 4.0 倍。

体长形。腹部平坦。尾柄稍侧扁。头较长。吻圆钝,在鼻孔前呈直角形下凹,突出显著。口下位,呈马蹄形。唇发达,有显著的小乳突。下唇后缘游离。须 1 对,位于口角,其长度小于眼径。下咽齿侧扁,末端呈钩状。鳃耙近乎退化。鳞为圆形。胸鳍基部之前无鳞。侧线完全,平直。

背鳍无硬刺。胸鳍长,等于或小于头长,末端不达腹鳍。腹鳍起点位于背鳍起点之后。臀鳍短。尾鳍分叉,上、下叶末端尖。泄殖孔距腹鳍基近。

鳔 2 室,很小。前室包于圆形的骨质囊内。后室细小,露于囊外。

体背部及体侧上半部为黄绿色。腹部为灰白色。吻部背面及两侧各有 1 条黑色的条纹。鳞片边缘为黑色。体侧有 1 条浅色的纵纹,其上有 10 ~ 12 个黑色的长方形斑块。背部正中有 4 ~ 5 个不显著的黑斑。鲜活时偶鳍及鳃盖边缘呈黄色,其他鳍为灰白色。

此鱼个体虽小,但数量多,因此有一定的经济价值。目前已完成人工繁育苗种,在武宁大量生产,销售到福建、浙江等地,作为著名食材之一。

此鱼分布于江西各水系。

(3) 细尾蛇鮈

标本 6 尾,体长 84 mm ~ 110 mm,采自信丰、南城。

背鳍 3 - 8;腹鳍 1 - 7;臀鳍 3 - 6。侧线鳞 $44\frac{6}{3\sim v}46$。下咽齿 1 行,5 ~ 5。鳃耙 10 ~ 12。

体长为体高的 14.0 ~ 15.8 倍。头长为吻长的 2.2 ~ 2.4 倍,为眼径的 5.0 ~ 6.4 倍,为眼间距的 4.2 ~ 4.6 倍,为尾柄长的 1.7 ~ 1.9 倍,为尾柄高的 4.4 ~ 5.0 倍。

体细长,呈圆柱状。背部稍隆起。腹面平坦。头长,略平扁。头长远大于体高。吻长而突出,平扁,在鼻孔前方凹陷。眼小,侧上位。口下位,呈深弧形。唇发达。上、下唇均具小乳突。下唇正中有 1 个大而光滑的突起。口角有 1 对须,其长约与眼径相等。鳃耙短,呈片状。下咽齿稍侧扁,末端呈钩状。鳞为圆形。胸部以及胸鳍基部后方的腹部中线裸露无鳞。侧线完全。

背鳍无硬刺。胸鳍大,靠近腹面,平展,末端接近腹鳍基。腹鳍位于背鳍起点之后。臀鳍短。尾鳍分叉,上、下叶末端尖。尾柄细长。泄殖孔略近腹鳍基。

鳔小,2 室。前室包于骨囊内。后室细小,露于囊外。

体背部为棕黑色。腹部为灰白色。体侧正中有 1 条不明显的纵纹。胸鳍上有许多黑斑。背鳍和尾鳍为灰黑色。臀鳍、腹鳍为灰白色。

此鱼分布于信丰、南城。

(4)光唇蛇鉤

标本 4 尾,体长 102 mm ~ 144 mm,采自彭泽、鄱阳。

背鳍 3 - 6;腹鳍 1 - 7;臀鳍 3 - 6。侧线鳞 $44\frac{6}{3\sim v}44\sim46$。下咽齿 1 行,5 ~ 5。鳃耙 10 ~ 12。

体长为体高的 5.4 ~ 6.8 倍,为头长的 3.7 ~ 4.2 倍,为尾柄长的 6.4 ~ 7.6 倍,为尾柄高的 16.1 ~ 19.8 倍。头长为吻长的 2.2 ~ 2.4 倍,为眼径的 5.2 ~ 6.4 倍,为眼间距的 4.2 ~ 4.8 倍,为尾柄长的 1.7 ~ 1.9 倍,为尾柄高的 4.4 ~ 5.0 倍。

体细长,呈圆柱状。背部稍隆起。腹面平坦。头长,略平扁。头长远大于体高。吻长而突出,平扁。吻圆钝,在鼻孔前方凹陷。眼小,侧上位。口下位,呈深弧形。唇发达。上、下唇均有小乳突。下唇正中有 1 个大而光滑的突起。口角有 1 对须,其长度约与眼径相等。鳃耙短,不发达,呈片状。下咽齿稍侧扁,末端呈钩状。鳞为圆形。胸部及胸鳍基部后方的腹部中线裸露无鳞。侧线完全。

背鳍无硬刺。胸鳍大,靠近腹面,平展,末端与腹鳍基近。腹鳍位于背鳍起点之后。臀鳍短。尾鳍分叉。上、下叶末端尖。尾柄细长。泄殖孔靠近腹鳍基。

鳔小,2室。前室包于骨体内。后室细小,露于囊外。

体背部为棕黑色。腹部为灰白色。体侧正中有1条不明显的纵纹。胸鳍上有许多黑斑。背鳍和尾鳍为灰黑色。臀鳍、腹鳍为灰白色。

此鱼分布于彭泽、鄱阳。

(十) 鳅鮀亚科

鳅鮀亚科为小型鱼类,具须4对,口角1对,颐部3对。胸鳍位低而平展。胸腹平坦且鳞片退化。通常栖息于江河流水处底层的沙石面上,主要以底栖无脊椎动物为食。

本亚科在江西省有1属4种。

1. 鳅鮀属

种和亚种的检索表
1(2)胸腹部裸露区局限于胸鳍基部与腹鳍基部间的中点之前。瞳孔呈垂直的椭圆形 …… 裸胸鳅鮀
2(1)胸腹部裸露区达到腹鳍基部。瞳孔一般为圆形
3(4)须较长。口角须末端到达或超过眼球后缘下方。第3对颐须末端到达或超过胸鳍基 …………………………………………………………………………… 南方长须鳅鮀
4(3)须较短
5(6)口角须末端一般达眼球中部。第3对颐须末端一般不超过鳃盖骨中部下方 …… 宜昌鳅鮀
6(5)口角须末端达眼前缘下方。第3对颐须达鳃盖骨前缘的下方 …………… 江西鳅鮀

(1) 裸胸鳅鮀

标本1尾,体长95 mm,采自九连山。

背鳍3-7;臀鳍1-13;腹鳍1-7。侧线鳞 $41\frac{5.5}{3-v}$。下咽齿2行,3·5～5·3。

体长为体高的5.6倍,为头长的4.0倍,为尾柄长的5.3倍,为尾柄高的13.5倍。头长为吻长的2.4倍,眼径的4.8倍,为眼间距的4.8倍,为尾柄长的1.3倍,为尾柄高的

3.4倍。

体长,前部稍圆。腹面平坦。尾柄侧扁。头背面在鼻孔后方稍隆起。头宽大于头高。吻圆钝。吻长于眼后头长。吻及头背部、颊部无显著的皮质颗粒和条纹。眼较大,侧上位,瞳孔呈垂直的椭圆形。口下位,呈弧形。上唇边缘多褶皱。下唇密布小乳突。须4对。口角须末端仅达眼前缘下方。第3对颐须最长,向后延伸到鳃盖骨中部下方。颐须间有许多小乳突。鳞为圆形,无棱脊。胸腹部裸露区仅限于胸鳍基部与腹鳍基部间的中点之前的部分。

下咽齿为匙形,末端呈钩状。鳃耙细小。第1鳃弓外侧有鳃耙。鳔小。前室横宽,中部狭窄,分为左、右侧泡,包于骨质囊内。后室小,隐于骨囊峡部的突起之中。无鳔管。

体背为棕色。腹面为灰白色。有5个黑色的鞍状斑横跨背部及两侧。背鳍和尾鳍较黑,其他鳍为灰色。

此鱼分布于九连山。

(2)南方长须鳅鮀

标本10尾,体长64 mm～111 mm,采自信丰、赣州、瑞金。

背鳍3-7;臀鳍1-12;腹鳍1-7;臀鳍2-6。侧线鳞 $37\frac{55}{3\sim v}40$;围尾柄鳞12。下咽齿2行,3·5～5·3。第一鳃弓外侧无鳃耙,内侧鳃耙10～11。

体长为体高的4.8～6.4倍,为头长的3.5～4.0倍。头长为吻长的2.0～2.6倍,为眼径的3.8～4.4倍,为眼间距的4.4～5.0倍,为尾柄长的1.3～2.0倍,为尾柄高的3.3～3.8倍。

体长,前部稍圆。头胸部腹面平坦。尾柄侧扁。头大,较扁。头宽大于头高。头背面有发达的皮质颗粒和条纹。吻圆钝。吻长大于眼后头长。眼大。眼径稍大于眼间距。口下位,呈弧形。上唇边缘具褶皱。下唇光滑。须4对,较长。口角须末端达眼后缘下方。第1对颐须起点与口角须起点在同一水平面,向后延伸,接近第3对颐须的起点。第2对颐须末端接近鳃盖后缘下方。第3对颐须末端往往超过胸鳍起点。颐须基部之间有许多小乳突。鳞为圆形。背鳍基部前的侧线上的鳞具有不显著的棱脊。腹鳍基部前的胸腹部裸露无鳞。

下咽齿末端呈钩状。鳔小。前室横宽,中部极狭窄,分为左、右侧泡,包在坚硬的骨质囊内。后室细小,连接于前室峡部之后。无鳔管。

背鳍较短,起点稍前于腹鳍起点,距吻端的距离比距尾鳍基部的距离近。胸鳍末端一般可达腹鳍起点。腹鳍起点距胸鳍起点的距离比距臀鳍起点的距离近。臀鳍起点位于腹鳍起点与尾鳍基部的中点。尾鳍呈叉形。下叶稍长。肛门位于腹鳍起点与臀鳍起点间的前1/3处。

体背为黄褐色,腹面为灰白色。头背为黑色。后鳃盖骨处有1个大黑斑。体侧和背部各有6个大黑斑,连成6条横跨背部的横纹。鳍为灰白色。

此鱼分布于赣江上游、抚河、信江,以及赣州、信丰、瑞金。

(3) 宜昌鳅鮀

地方名:沙胡子。

标本4尾,体长25.5 mm ~ 109.5 mm,采自鄱阳湖。

背鳍3-7;臀鳍1-12;腹鳍1-7;臀鳍2-6。侧线鳞 $40\frac{5.5}{3\sim v}43$;背鳍前鳞12~14;围尾柄鳞12~13。下咽齿2行,3·5~5·3。第一鳃弓外侧无鳃耙,内侧鳃耙7~8。

体长为体高的4.4~6.3倍,为头长的3.7~4.4倍,为尾柄长的4.7~6.7倍,为尾柄高的11.5~14.7倍。头长为吻长的2.5~3.2倍,为眼径的4.9~6.3倍,为眼间距的2.6~3.9倍,为尾柄长的1.1~1.5倍,为尾柄高的2.9~3.9倍。

体长,稍侧扁。头胸部腹面平坦。头较长,侧扁。头宽小于或约等于头高。头背面和颊部具微细的条纹。吻稍尖。吻长小于眼后头。眼较小,侧上位。瞳孔为圆形。眼径小于眼间距。眼间距较宽,中部下凹成一浅沟。口下位,窄而弯曲,呈马蹄形。口宽约等于口长,小于吻长。上唇边缘具褶皱。下唇光滑。须4对,较短。口角须末端到达眼中部或接近眼后缘下方。第1对颐须起点位置在口角须起点之前,末端稍过第2对颐须起点。第2对颐须末端到达前鳃盖骨后缘下方。第3对颐须末端延伸,不超过鳃盖骨中部下方。颐部各须间有许多小乳突。鳞为圆形。侧线平直,侧线以上的鳞片均具有棱脊。腹鳍基部之前的胸腹部裸露无鳞。

背鳍较短,起点位置稍前于腹鳍起点,或两者相对,距吻端的距离较距尾鳍基部的距离更近。胸鳍第2根鳍条的后一分枝延长,呈丝状,到达并超过腹鳍起点。腹鳍起点约位于胸鳍起点与臀鳍起点间的中点。第2根鳍条稍长,突出鳍膜。臀鳍起点约位于腹鳍起点与尾鳍基部间的中点。尾柄细长而侧扁。尾鳍呈叉形。下叶稍长。肛门位于腹鳍起点与尾鳍基部间的前 1/3 处。

下咽齿呈匙形,末端呈钩状。鳃耙退化。鳔小。前室横宽,中部极狭窄,分为左、右侧泡,包在坚硬的骨质囊内。后室极小,为白色泡状,连接于前室峡部之后。无鳔管。

体背为棕色,具有不规则的黑色斑点。腹面为灰白色。头背面为黑色。鳃盖处有1个黑色斑块。体侧正中有 10～12 个黑色斑块。背鳍和尾鳍微黑,具有 2～4 条由黑色斑点所组成的条纹。其他鳍为灰白色。

此鱼分布于鄱阳湖、抚河、德兴、南康及长江水系。

(4)江西鳅鮀

标本 4 尾,体长 37 mm～54 mm,采自上饶、广丰的信江水系。

背鳍 III - 7;臀鳍 III - 6;胸鳍 I - 10～12;腹鳍 I - 6。侧线鳞 $38\frac{5～6}{3～v}39$。下咽齿 2 行,3·5～5·3。

体长为体高的 4.0～5.4 倍,为头长的 3.6～3.9 倍,为尾柄长的 5.6～7.7 倍,为尾柄高的 9.8～12.3 倍。头长为吻长的 2.2～2.5 倍,为眼径的 4.7～5.5 倍,为眼间距的 4.7～5.5 倍,为尾柄长的 1.6～1.8 倍,为尾柄高的 2.8～3.3 倍。尾柄长为尾柄高的 1.5～2.0 倍。

体长,前部略圆,后部侧扁。头背面两眼间稍隆起。头胸部腹面平坦。头略平扁。头宽大于头高。吻钝而扁。吻长大于或等于眼后头长。眼小,侧上位。眼径约等于眼间距。口下位,呈弧形。口宽小于吻长。上唇边缘有不显著的褶皱。下唇光滑。须 4 对(口角须 1 对,颌须 3 对),短小。口角须末端可达眼前缘下方。第 1 对颌须的起点与口角须的起点处于同一水平。其末端向后延伸,不达第 2 对颌须的起点。第 2 对颌须末端超过第 3 对颌须起点,但仅达眼中部下方,须长小于眼径。第 3 对颌须可延伸到鳃盖骨前缘下方,须长约等于眼径。胸腹部至肛门前裸露无鳞。

背鳍起点与腹鳍起点相对,距吻端的距离同距尾鳍基的距离相等。胸鳍末端不达腹鳍起点。腹鳍起点至胸鳍起点的距离大于腹鳍起点至臀鳍起点的距离。臀鳍起点至腹鳍起点的距离约等于臀鳍起点至尾鳍基的距离。肛门位于腹鳍起点与臀鳍起点的中点。尾鳍呈叉形。下叶略比上叶长。

下咽齿为匙形,末端呈钩状。第 1 鳃弓外侧无鳃耙,内侧鳃耙短小。鳔小。前室横宽,中部狭窄,分为左、右侧泡,包于骨质囊中。骨囊除在侧泡前部边缘为硬骨质外,其余部分为一层较薄的膜质。后室细小。腹膜为灰白色。

浸泡后标本体背侧为黄色或灰黄色,腹部为淡黄色。口角须基部至眼前缘之间有 1 条暗黑色的条纹。体侧和背部有 5~6 块暗色的横斑。

此鱼分布于江西上饶地区的信江水系。

三、鳅科

体长而侧扁或呈柱状。头部大多侧扁,少数矮而扁。口下位。须 3 对或 5 对,2 对位于口前吻部。眼小。眼下无刺,或有一尖端向后的叉状小刺或单一的小刺,通常埋于皮内。鳞细小,有的陷入皮内。尾鳍平截,或为圆形、叉形。鳔局部或全部包于骨囊内。

本科鱼类多为小型底栖鱼类,分布较广,在江西有 3 亚科 7 属 12 种。

亚科的检索表
1(4) 有眼下刺
2(3) 头骨无前腭骨 ··· 花鳅亚科
3(2) 有一对前腭骨 ··· 沙鳅亚科
4(1) 无眼下刺 ··· 条鳅亚科

(一) 花鳅亚科

体和头部被细鳞或裸露。无前腭骨。眼下刺分叉或不分叉。颐叶发达,中间由一纵沟分隔成左、右两片,外缘呈须状或锯齿状。须 3 对或 5 对。尾鳍为圆形或平截。侧线完全或不完全。

本亚科在江西有 3 属 5 种。

属的检索表
1(2) 有眼下刺 ··· 花鳅属
2(1) 无眼下刺
3(4) 尾柄皮褶较发达。鳞细 ··· 泥鳅属
4(3) 尾柄皮褶特别发达。鳞较大 ··· 副泥鳅属

1. 花鳅属

种的检索表
1(2)尾柄长为尾柄高的1.7~1.8倍。沿体侧中线有10~15个大斑 ·················· 中华花鳅
2(1)尾柄长为尾柄高的2.1~2.3倍。沿体侧中线有5~9个大斑 ·················· 大斑花鳅

(1)中华花鳅

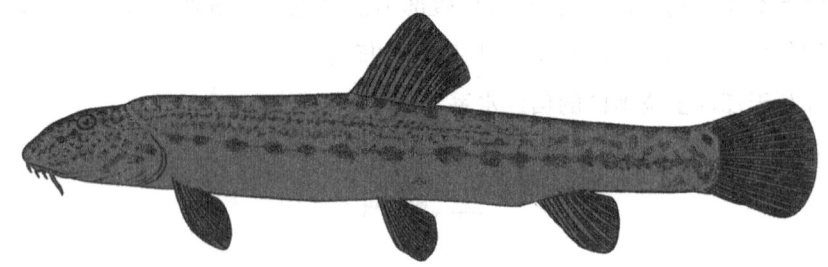

地方名:花泥鳅。

标本37尾,体长73 mm~116 mm,采自余江、贵溪、赣州、修水、铜鼓、九江、彭泽、湖口、德兴、上饶。

背鳍4-6~7;臀鳍3-5。

体长为体高的6.6~8.1倍,为头长的5.2~5.4倍,为尾柄长的7.4~7.7倍,为尾柄高的10.3~12.4倍。头长为吻长的2.6~3.0倍,为眼径的7.0~8.0倍,为眼间距的7.0~8.0倍,为尾柄高的1.6~1.8倍。

体细长,侧扁。头小,极侧扁,其长度稍大于体高。吻尖突。口下位。唇厚。须4对。眼极小,侧上位。眼前缘下方有一基部分叉的眼下刺。眼间距狭窄。前鼻孔呈管状。

背鳍无硬刺,其起点在腹鳍起点之前。胸鳍小,末端远离腹鳍。臀鳍短小。尾鳍平截或稍呈圆形。尾部有尾柄脊。肛门近臀鳍的起点处。鳞片细小。侧线不完全,仅在鳃盖后缘至胸鳍末端之间。

体色灰黄。头部有许多蠕虫形的褐色斑纹。从吻端到眼有1条黑色条纹。背部有13个方形的褐色斑。体侧中线上有10~13个黄褐色斑点。中线上方至背部散布许多不规则的花纹。尾鳍基部上方有1个明显的黑色斑点。背鳍、尾鳍上有几条不连续的黑色条纹。其余鳍为灰黄色。

此鱼是一种生活在水质较肥的江湖浅水处,以藻类和植物碎屑为食的小型底栖鱼类。其个体小,数量少,无经济价值。

此鱼分布于信江中下游、修水、彭泽。

(2)大斑花鳅

地方名:花泥鳅。

标本5尾,体长104 mm~135 mm,采自余江、贵溪、铅山、广丰、修水、彭泽、湖口等地。

体长为体高的7.4~8.0倍,为头长的5.8~6.0倍,为尾柄长的5.6~6.3倍,为尾柄高的11.5~12.3倍。头长为吻长的2.2~2.3倍,为眼径的7.3~7.7倍,为眼间距的7.3~7.7倍。尾柄长为尾柄高的2.0~2.2倍。

体长,侧扁。尾柄侧扁。头小。眼小,侧上位。眼间距小于眼径。眼下刺分叉,埋于皮下。吻较尖。口下位。口裂小。须4对,短小。

背鳍无硬刺,鳍条长大于头长,起点靠近吻端。臀鳍起点到腹鳍基的距离小于臀鳍起点到尾鳍基的距离。尾鳍后缘为截形。鳞片细小。侧线不完全。

体灰黄。头部有不规则的黑斑。从吻端至眼有1条黑色斜行条纹。体侧中线有5~9个大褐斑。尾鳍上侧有1个黑斑。腹部色白。背鳍上有3列浅色斑纹。尾鳍上有3列斜行斑纹。其余鳍为白色。

此鱼与花鳅极为相似,是一种分布不广、个体较小、数量不多的底栖鱼类,经济价值低。

此鱼分布于彭泽、余江、铅山。

2. 泥鳅属

种的检索表
1(2)背鳍起点约在前鳃盖骨后缘至尾鳍基的中点。口须仅达眼后缘 ·················· 泥鳅
2(1)背鳍起点在眼前缘及尾鳍基的中点。最长的口须达前鳃盖骨后缘 ·············· 长身泥鳅

(1)泥鳅

地方名:黄鳅。

标本10尾,体长95 mm~128 mm,采自赣州、余江、宜春、九江、修水、上饶、广丰、南城、宁都。

背鳍 4-6~8;臀鳍 3-5。

体长为体高的 5.3~7.7 倍,为头长的 4.8~7.4 倍,为尾柄长的 5.9~6.9 倍,为尾柄高的 1.0~1.6 倍。头长为吻长的 1.7~2.7 倍,为眼径的 4.5~7.3 倍,为眼间距的 4.0~5.0 倍。尾柄长为尾柄高的 1.1~1.4 倍。

体长,前部呈圆筒形,向后渐侧扁。头较小。口下位,呈马蹄形。须 5 对,口角须末端后伸达或超过眼后缘。眼小,有皮膜覆盖。眼间距狭窄。无眼下刺。

背鳍无硬刺,位置与腹鳍相对。胸鳍不达腹鳍。腹鳍不达臀鳍。尾柄皮褶棱较发达,与尾鳍相连。尾鳍为圆形。鳞细小,深隐皮内。侧线完全。

泥鳅体色变化较大,与生活环境有密切关系。一般体背及体侧色深,腹部色浅。体侧散布许多不规则的黑色斑点或没有斑点。尾鳍基部上侧有 1 个明显的黑斑。背鳍和尾鳍上具有不规则的斑点。其余鳍灰白无斑。

此鱼多栖息于缓流或静水水体的底层,常钻入泥中,适应性很强。它除用鳃呼吸外,还可用肠管呼吸,因此能在缺氧环境中生活。

泥鳅个体虽小,但分布极为广泛,数量也很多。泥鳅肉嫩,刺少,营养价值较高,是群众喜爱的食用鱼类之一。泥鳅还可以出口,因此有一定的经济价值。

其广泛分布于江西省各地的稻田、池塘、小溪及湖泊等处。

(2)长身泥鳅

无标本,但有记录。

背鳍 II-6~7;臀鳍 II-5~6。侧线鳞 136~151。

体长为体高的 6.6~6.9 倍,为头长的 6.0~6.2 倍,为尾柄长的 5.9~6.1 倍,为尾柄高的 7.7~8.1 倍。头长为吻长的 2.3~2.4 倍,为眼径的 6.0~7.4 倍,为眼间距的 4.6~6.6 倍。

体侧扁,前半部略呈圆筒形。口亚下位,呈马蹄形。须 5 对,最长的口须末端接近或到达前鳃盖骨后缘。鳞小,埋于皮下。背鳍无硬刺,起点约在眼前缘至尾鳍基的中点。尾鳍为圆形。肛门近臀鳍起点,约在腹鳍基及臀鳍起点间的 3/4 处。

体背及体侧上半部为灰黑色。体侧下半部及腹部为灰白色。背鳍及尾鳍具黑色小点。其他鳍为灰白色。

主要特点是须较长,约达前鳃骨后缘。背鳍起点约在眼前缘至尾鳍基的中点。

分布于长江中下游。

以上特征摘录于湖北水生生物研究所鱼类研究室编、1976 年出版的《长江鱼类》。

3.副泥鳅属

(1)大鳞副泥鳅

地方名:泥鳅、黄鳅。

标本3尾,体长110 mm～123 mm,采自于都、赣州、瑞金、景德镇等地。

背鳍4-6;臀鳍3-5。

体长为体高的6.4～7.5倍,为头长的4.3～5.3倍,为尾柄长的5.8～6.7倍,为尾柄高的8.0～9.5倍。头长为吻长的2.7～3.5倍,为眼径的6.6～7.3倍,为眼间距的4.4～5.0倍。尾柄长为尾柄高的1.1～1.4倍。

体较短,侧扁。头短。眼小,侧上位,并有皮膜覆盖。无眼下刺。口下位,呈马蹄形。下唇中央有一小缺口。须5对,较长。口角须末端几达或超过鳃盖后缘。

背鳍无硬刺,其起点距吻端比距尾鳍基远。胸鳍不达腹鳍。尾鳍圆。尾柄皮褶棱特别发达。各鳍均小。鳞较大。头部无鳞。侧线完全。

体色灰褐。腹部色淡。头部和体侧散布许多不规则的、大小不同的斑点。各鳍为灰白色,但背鳍和尾鳍上有黑色斑点。

此鱼分布不如泥鳅广。其个体小,肉质与泥鳅一样,经常与泥鳅混淆。此鱼不为人注意,数量不多,故经济价值低。

此鱼分布于景德镇、于都、瑞金、赣州。

(二)沙鳅亚科

体长,侧扁。头侧扁。吻尖。口下位。须3对。其中吻须2对,聚生于吻端。口角须1对。眼下刺分叉或不分叉。体被细鳞。颊部有鳞或无鳞。侧线完全。

本亚科在江西省有2属5种。

属的检索表
1(2)眼下刺分叉 ··· 副沙鳅属
2(1)眼下刺不分叉 ··· 薄鳅属

1.副沙鳅属

种的检索表
1(8)下唇中央有小缺刻
2(5)头背面和侧面各有1对自吻端至眼间的纵行条纹。尾鳍上、下叶等长

3(4)腹鳍末端后伸远不达肛门 ·· 花斑副沙鳅
4(3)腹鳍末端后伸达到或超过肛门 ·· 武昌副沙鳅
5(2)头背面和侧面散布不规则斑点、尾鳍上叶短于下叶 ························· 点面副沙鳅
6(1)下唇中央无缺刻,而是连成片状 ·· 江西副沙鳅

（1）花斑副沙鳅

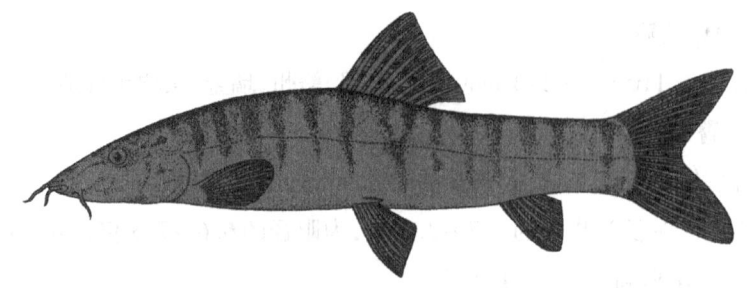

地方名：花泥鳅。

标本8尾,体长103 mm～160 mm,采自余江、赣州、贵溪等地。

背鳍4-9～10；臀鳍3-5。

体长为体高的4.9～5.7倍,为头长的4.0～4.5倍,为尾柄长的8.7～10.0倍,为尾柄高的9.7～10.0倍。头长为吻长的2.0～2.3倍,为眼径的7.0～9.0倍,为眼间距的4.7～5.8倍。尾柄长为尾柄高的0.1～1.2倍。

体稍侧扁。头长而尖。吻尖突。口下位,呈马蹄形。唇薄,与上、下颌分离。上唇中央微显缝隙。下唇中央有一小缺刻。须3对。眼小,侧上位。眼间隔突出。眼下刺分叉。

背鳍无硬刺,起点在吻端至尾鳍基的正中。胸鳍呈圆扇形,后伸不达腹鳍。腹鳍末端超过肛门。臀鳍短小。肛门位于腹鳍基至臀鳍起点的中点。尾鳍呈叉形。鳞小,埋于皮下。侧线完全,平直。

体背为灰色。腹面色浅或白。头部背面有不规则的虫蚀状斑点。自吻端至眼前缘有4条纵行黑纹。体侧有11～13条垂直的黑条纹。尾鳍基部中央有1个明显的黑斑。奇鳍上均有数列横斑。偶鳍为灰白色。

此鱼个体小,数量也不多,但肥壮多肉,为食用鱼类,有一定的经济价值。

江西省大部分地区的水体中均有分布。

（2）武昌副沙鳅

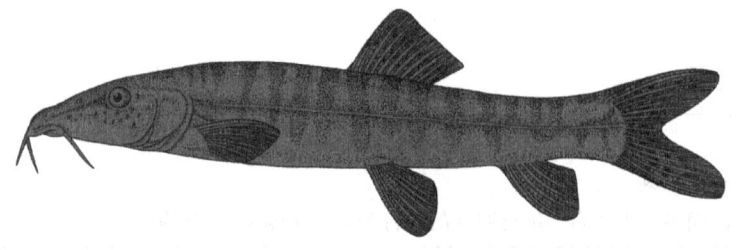

地方名：花泥鳅。

标本 8 尾,体长 122 mm ~ 166 mm,采自上饶、于都、赣州等地。

背鳍 4-9;臀鳍 3-5。

体长为体高的 5.7 ~ 6.7 倍,为头长的 3.7 ~ 3.9 倍,为尾柄长的 8.1 ~ 8.7 倍,为尾柄高的 9.0 ~ 10.2 倍。头长为吻长的 2.0 ~ 2.2 倍,为眼径的 6.5 ~ 7.0 倍,为眼间距的 5.4 ~ 6.0 倍。尾柄长为尾柄高的 1.0 ~ 1.3 倍。

体长,侧扁。吻圆钝。口下位,呈马蹄形。须 3 对。颌须较长,末端可达眼前缘。眼小,侧上位。眼下刺分叉。

背鳍无硬刺,位于吻端至尾鳍基的中点。尾鳍呈叉形。肛门接近臀鳍。

体上部为灰褐色,下部为浅黄色。头侧有 3 条黑色横条,体侧有 10 条。背鳍、胸鳍、臀鳍和尾鳍上均有黑色斑纹。尾鳍基部正中有 1 个黑色斑点。

此鱼数量不多,经济价值不高。

此鱼分布于赣江、信江中上游及其附属水体中。

(3)点面副沙鳅

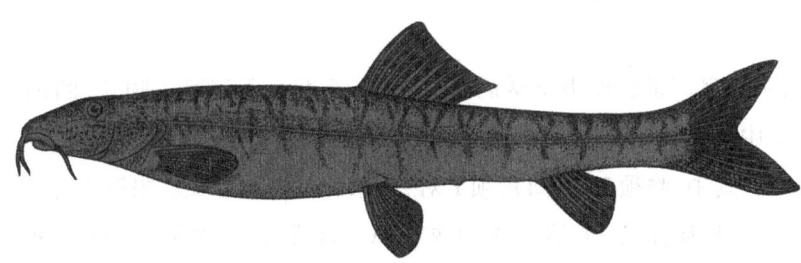

地方名：花泥鳅。

标本 15 尾,体长 112 mm ~ 156 mm,采自赣江、瑞昌等地。

背鳍 4-9;臀鳍 3-5。

体长为体高的 7.3 ~ 7.5 倍,为头长的 3.9 ~ 4.3 倍,为尾柄长的 6.1 ~ 7.5 倍,为尾柄高的 11.0 ~ 13.0 倍。头长为吻长的 2.0 ~ 2.1 倍,为眼径的 6.5 ~ 7.1 倍,为眼间距的 8.1 ~ 9.0 倍。尾柄长为尾柄高的 2.0 ~ 2.1 倍。

体细长,前部较圆。头长且尖,呈三角形。吻尖细。口下位,呈马蹄形。上、下唇与上、下颌分离。须 3 对。吻须 2 对。外侧吻须稍短于内侧吻须。颌须 1 对,末端可达眼中央。眼小,侧上位。眼下刺分叉。

背鳍无硬刺,起点与腹鳍起点相对,距吻端的距离等于或稍大于距尾鳍基的距离。腹鳍末端接近肛门。肛门位于腹鳍基至臀鳍起点的正中。尾鳍呈叉形,上叶短于下叶。鳞细小。胸腹部无鳞。侧线完全。

体背部为黄褐色。腹部为黄白色。头部散布黑色小圆点。背侧有 10 余条黑色的垂直条纹。背鳍和尾鳍上各有数条黑色的不连续条纹。尾鳍基中央有 1 个明显的黑色斑点。此鱼个体稍大,在当地有一定的经济价值。

此鱼分布于赣江、九江、瑞昌。

(4)江西副沙鳅(新种)

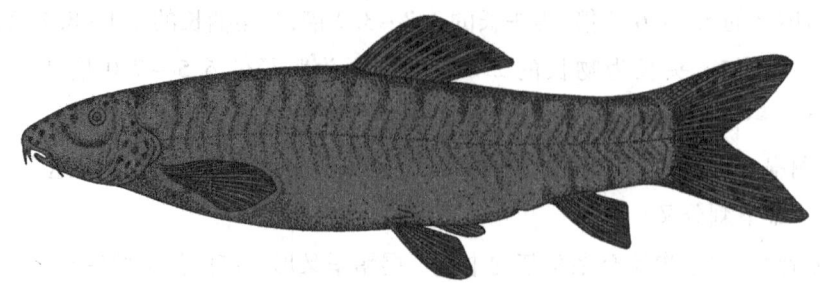

地方名:花泥鳅。

标本4尾,体长101 mm~130 mm,采自余江。

背鳍4-9;臀鳍3-5。

体长为体高的4.2~4.5倍,为头长的4.7~4.8倍,为尾柄长的8.7~10.6倍,为尾柄高的6.5~6.9倍。头长为吻长的2.2~2.3倍,为眼径的5.4~5.5倍,为眼间距的3.0~3.1倍。

体较长,稍侧扁。尾柄长小于尾柄高。头短,长度小于体高。吻长,圆钝。口下位,呈弧形。下唇中央无缺刻,连成一"M"形皮瓣,下端游离。下颌薄,具角质边缘。颌部无突起。须3对。其中:吻须2对;口角须1对,与第1对吻须等长。眼较小,侧上位。眼间距大于眼径。眼下刺分叉,末端达眼中央。鼻孔距眼前缘比距吻端近。鳃孔超过胸鳍基。

背鳍无硬刺,外缘斜截。其起点距吻端的距离比距尾鳍基的距离稍远。腹鳍起点位于背鳍起点之后,与背鳍第3根分枝鳍条相对,末端达到肛门。臀鳍起点近背鳍基。腹鳍基具腋鳞。尾呈叉形。肛门近臀鳍。鳞小。侧线完全,平直。鳔2室。

身体背部为黄褐色。腹部色淡。头顶及两侧有较大的圆形斑点。体侧有大的圆斑,有时不显著。体背有16条横斑:背鳍前有8条,背鳍基下有2条,背鳍后有6条。尾鳍基上下各有1个大黑斑。背鳍上有3~4行不连续的斑点,臀鳍上有2行。尾鳍上有3行黑色的斜条纹。胸鳍中央为灰黑色,边缘为橘黄色。其余鳍为橘黄色。

此鱼仅在余江发现4条,个体小,数量少,无经济价值。

2. 薄鳅属

(1)紫薄鳅

标本10尾,体长92 mm~115 mm,采自赣州、于都、鄱阳、寻乌、彭泽、湖口。

背鳍4-8;臀鳍3-5。

体长为体高的 4.6~4.8 倍,为头长的 4.2~4.3 倍,为尾柄长的 6.1~6.4 倍,为尾柄高的 8.3~8.5 倍。头长为吻长的 2.4~2.5 倍,为眼径的 8.8~9.0 倍,为眼间距的 6.3~6.8 倍。尾柄长为尾柄高的 1.3~1.4 倍。

体侧扁。头尖细且侧扁。吻较短。口下位,呈马蹄形。须 3 对。眼小。眼下刺不分叉。

背鳍起点近尾鳍基。肛门位于腹鳍与臀鳍间的正中。尾鳍分叉深。鳞小。侧线完全。

体呈淡紫色。腹部色淡。头部和体上部有许多蠕虫形的紫褐色条纹。偶鳍为橘黄色,其余色淡。鳍上有浅褐色条纹。此鱼较小,经济价值不大。

此鱼分布于鄱阳、彭泽、湖口、赣州、于都。

(三)条鳅亚科

体较短。头宽大于头高。无眼下刺。须 3 对。鳞小或不明显。尾鳍圆或微凹。侧线完全。

此亚科在江西有 2 属 2 种。

属的检索表
1(2)口横裂。鳃孔甚小。背鳍起点位于身体中部 ·············· 南鳅属
2(1)口呈马蹄形或深弧形。鳃孔大。背鳍起点位于腹鳍起点下方 ·············· 条鳅属

1. 南鳅属

(1)横纹南鳅

标本1尾,体长85 mm,采自安远。

背鳍Ⅳ-8,胸鳍1-10;腹鳍条1,7;臀鳍条Ⅳ-5。

体长为体高的6.0倍,为头长的4.2倍,为尾柄长的6.2倍,为尾柄高的8.7倍。头长为吻长的2.3倍,为眼径的5.6倍,为眼间距的2.8倍。尾柄长为尾柄高的1.3倍。

体长,前段略呈圆筒形,后段侧扁。背腹缘较平直。尾柄上下无发达的皮质棱。头短小,扁平。吻圆钝,宽阔。口下位,横裂。上颌中央有一齿状突。下颌由2个月牙状的骨片组成,中央连接处有一深缺刻。唇发达。下唇游离,中央分开。眼小,呈椭圆形,位于头的侧上方。眼间距较宽。鼻孔小,有2对,位于眼的前上方。口部有3对须。吻须2对,后伸达鼻孔后方。口角须1对,较长,后伸可达或超过眼后缘。

背鳍短,无硬刺,起点位于体中部靠后段。胸鳍短,后伸达胸鳍基到腹鳍起点的中部。腹鳍小。臀鳍小,后伸不达尾鳍基。尾鳍宽大,后缘下凹。

全身被细小的圆鳞,体前段的较少或不显,后段的较显,尾柄上的较明显;头及腹部无鳞。侧线完全,平直,位于体侧中部,直达尾柄中央。

体背及两侧为浅褐色。腹部为浅棕色。头背部及头后背部具不规则的褐色斑块。体后背部有8~9个横斑。体侧有10~15个褐色带状横斑,尾鳍基有1个横斑。尾鳍为浅棕色,其余鳍为浅褐色,上有2列不明显的斑纹。

此鱼为小型鱼类,生活在山涧溪流等流水中,以水生昆虫及其幼虫为食,生长慢,无经济价值。

此鱼多分布于广东省。江西仅在安远采到1尾,由渔民在定南水中偶然捕得,可能是定南水与东江水相通之故。

2. 条鳅属

(1)花纹条鳅

标本3尾,体长38 mm~51 mm,采自寻乌、九连山。

背鳍1-8;臀鳍1-5;胸鳍;腹鳍1-8。

体长为体高的5.5~6.0倍,为头长的4.2~4.6倍,为尾柄长的5.6~6.2倍,为尾柄高的6.4~6.6倍。头长为吻长的1.7~2.3倍,为眼径的6.0~9.5倍,为眼间距的2.9~

3.5倍。尾柄长为尾柄高的1.0~1.4倍。

体细长。腹鳍前呈圆筒状。尾柄侧扁。头较小。吻长小于眼后头长。眼小,侧上位。口小,呈马蹄形。下颌中央有一缺刻。须3对。吻须2对,排成1行。颌须1对,位于口角。鳞小。侧线完全。背鳍起点位于体中点。尾内凹。

体色土黄,有16~19条黑横带。尾鳍为淡红色,其余鳍略呈绿黄色。

此鱼分布于九连山、寻乌。

四、平鳍鳅科

平鳍鳅科鱼类是分布于亚洲东南部,生活在山溪石滩和江河急流中的小型底栖鱼类。头与体前部均扁平或不侧扁。腹面平坦。胸鳍与腹鳍均向左右平展。偶鳍最前面1根或数根为不分枝鳍条。眼下或眼前均无刺。背鳍与臀鳍均短,二者常相对。口下位或亚下位。多数种类的口前具有由吻皮下包而成的吻褶。吻褶与上唇间形成吻沟。至少具有2对吻须。口角须1~3对。鳞为圆形,甚小。头背部和胸腹部一般裸露。鳃孔小,通常从胸鳍基部之前稍延伸到头部腹面或仅限于胸鳍基的上方。咽喉齿1行,常有8枚以上。鳔分为左、右室,被包在骨质囊中。平鳍鳅科分为2个亚科。

亚科的检索表
1(2)偶鳍前部具2根以上不分枝鳍条,具前腭骨。基枕骨无咽突 …………………… 平鳍鳅亚科
2(1)偶鳍前部仅有1根不分枝鳍条,无前腭骨。基枕骨具咽突 …………………… 腹吸鳅亚科

(一)平鳍鳅亚科

体呈圆筒形或扁平。背部隆起。腹面平坦。头及体前部扁薄。口亚下位或下位。吻须2对。口角须1~3对。多数种类的口前具有由吻皮下包而成的吻褶。吻褶与上唇形成吻沟。眼侧上位。腹面不可见。偶鳍较宽,呈扇形,位置与体腹面相平。鳍条较多。前部具有2根以上的不分枝鳍条。有些种类的腹鳍后缘左右相连,呈吸盘状。背鳍短,无硬刺,起点约与腹鳍相对。臀鳍短,一般无硬刺,起点约与腹鳍相对。尾鳍呈凹形或深叉形。体被细小的圆鳞,仅头部和胸腹部裸露。鳃孔较窄,通常从胸鳍基部之前稍延伸到头腹面。个别种类的鳃孔很小,下方止于胸鳍基部上方,不延伸到头部腹面。

江西仅有1属1种。

1. 犁头鳅属

(1)犁头鳅

标本8尾,体长84 mm~98 mm,采自南康。

背鳍3-8;臀鳍2-5。胸鳍7-8;腹鳍3-8。侧线鳞 $85\frac{9\sim10}{8\sim v}96$。

体长为体高的8.8~12.0倍,为体宽的7.0~9.8倍,为头长的5.8~6.8倍,为尾柄长的2.4~3.9倍,为尾柄高的51.3~67.5倍。头长为头宽的2.1~2.7倍,为吻长的1.7~1.9倍,为眼径的6.3~8.3倍,为眼间距的2.5~3.1倍。

体延长,且扁平。背部稍圆。尾柄特别细长。头扁而圆。眼小,上位。吻部稍尖。口小,下位,横裂,略呈弧形。上唇与吻皮分离,间以浅沟。上、下唇与吻的腹面有许多须状肉质突起,形成吸附器。颌须2对。鳃孔小,经胸鳍前方伸到腹面。胸腹鳍向左右平展。腹鳍不呈吸盘状,起点与背鳍相对。尾鳍呈叉形。下叶大于上叶。肛门在腹鳍基与臀鳍起点之间。鳞小而圆。侧线完全。

体为灰褐色,背部自头到尾鳍基部有7个大的黑褐色斑块。胸鳍、腹鳍背面,以及背鳍、尾鳍亦有黑色斑点。腹部为白色。

此鱼生活在急流石滩上,为小型底栖鱼类。

此鱼分布于江西南康、余江以及长江中上游的干流及支流。

(二)腹吸鳅亚科

体呈圆筒形或扁平。背部隆起。腹面平坦。头及体前部较扁薄。口下位。口前一般具有由吻皮下包而成的吻褶。吻褶与上唇之间有吻沟。吻须2对,有些种类的吻褶边缘特化出次级吻须,共具吻须7~13条。口角须1~2对。眼侧上位。偶鳍宽大,呈扇形,位置约与腹面相平,具1根不分枝鳍条。有些种类的腹鳍后缘左右相连,呈吸盘状。背鳍无硬刺。背鳍3-7~8,起点与腹鳍起点相对。臀鳍2-5,一般无硬刺。尾鳍呈凹形或斜截。体被细小的圆鳞。鳞片部分为皮膜所覆盖。头背及胸腹部一般裸露无鳞。侧线完全。鳃孔较窄,从胸鳍基部之前稍延伸到头部腹面,或仅限于胸鳍基部的上方。鳔小。前室分左、右侧泡,包在骨质鳔囊中。鳔囊后中部连接着很小的鳔后室。

江西省有4属10种(亚种)。

亚科属的检索表

1(4)鳃孔较长,下角延伸到头部腹面
2(3)吻褶分3叶。无次级吻须,或仅在叶端分化出须状乳突,因此共有吻须4~7对。下唇侧后分叶乳突不呈疣突状 ··· 原缨口鳅属
3(2)吻褶特化出次级吻须,共有吻须13对。下唇的后乳突特化成疣突 ············ 缨口鳅属
4(1)鳃孔很短,下角止于或不达胸鳍基部的前缘
5(6)胸鳍末端盖过腹鳍起点。腹鳍基部无发达的肉质鳍瓣 ······················· 原吸鳅属
6(5)胸鳍末端盖过腹鳍起点。腹鳍基部有发达的肉质鳍瓣 ····················· 拟腹吸鳅属

1. 原缨口鳅属

种的检索表

1(4)腹部裸露区不超过胸鳍和腹鳍起点间的中点。肛门位于腹鳍腋部到臀鳍起点间的后1/3处
2(3)背鳍后方的体背具1对亮斑。腹鳍起点约与背鳍的第3根或第4根分枝鳍条相对 ············
 ··· 平舟原缨口鳅
3(2)背鳍后方的体背无亮斑。腹鳍起点约与背鳍的第2根鳍条相对 ········· 海南原缨口鳅
4(1)腹部裸露区接近腹鳍起点。肛门位于腹鳍腋部到臀鳍起点之间的中点 ········ 裸腹原缨口鳅

(1)平舟原缨口鳅

标本21尾,体长50 mm~94 mm,采自寻乌。

背鳍3-7~8;臀鳍2-5;胸鳍1-13~17;腹鳍1-8。侧线鳞$88\frac{27\sim30}{16\sim20v}105$。

体长为体高的5.0~7.1倍,为体宽的6.7~8.1倍,为头长的4.7~5.4倍,为尾柄长的7.4~9.2倍,为尾柄高的10.6~12.0倍。头长为头高的1.6~2.0倍,为头宽的1.1~1.4倍,为吻长的1.5~1.7倍,为眼径的5.5~7.0倍,为眼间距的2.4~2.8倍。尾柄长为尾柄高的1.2~1.5倍。头宽为口裂宽的3.0~4.0倍。

体侧具不规则的云斑。背鳍后方的体背具1对亮斑。

此鱼分布于寻乌。

(2)海南原缨口鳅

标本8尾,体长54 mm~92 mm,采自九连山。

背鳍3-8;臀鳍2-5;胸鳍1-15;腹鳍1-8。侧线鳞$91\frac{28\sim30}{18\sim19\sim v}104$。

体长为体高的5.0~6.6倍,为体宽的6.1~7.3倍,为头长的4.6~4.8倍。头长为头高的1.8~2.0倍,为头宽的1.2~1.4倍,为吻长的1.5~1.8倍,为眼径的5.8~7.0倍,为眼间距的2.5~2.8倍,为尾柄长的1.7~2.0倍,为尾柄高的2.2~2.5倍。头宽为口裂宽的3.6~4.0倍。

体被虫蚀状斑纹。背鳍基部后方无明显的亮斑。各鳍都具有由黑色斑点组成的条纹。

此鱼分布于九连山、寻乌、瑞金、宁都、石城。

(3)裸腹原缨口鳅

标本1尾,体长68 mm,采自九连山。

背鳍3-8;臀鳍2-5;胸鳍1-15;腹鳍1-8。侧线鳞$92\frac{27}{15\sim v}$。

体长为体高的6.8倍,为体宽的6.6倍,为头长的4.6倍,为尾柄长的8.6倍,为尾柄高的12.7倍。头长为头高的2.1倍,为头宽的1.2倍,为吻长的1.8倍,为眼径的6.3倍,为眼间距的2.8倍。尾柄长为尾柄高的1.5倍。头宽为口裂宽的3.7倍。

腹部裸露区较大,后缘接近腹鳍起点。肛门接近腹鳍腋部到臀鳍起点间的中点。体侧具不规则的云斑。

此鱼分布于寻乌、石城。

2. 缨口鳅属

（1）缨口鳅

标本5尾,体长约72 mm,采自信江。

背鳍3-8;臀鳍2-5;胸鳍1-14;腹鳍1-8。侧线鳞 $97\frac{18\sim19}{11\sim v}105$。

体长为体高的6.4~6.6倍,为体宽的7.5~9.1倍,为头长的4.0~4.3倍,为尾柄长的8.1~8.4倍,为尾柄高的7.9~8.6倍。头长为头高的1.9~2.2倍,为头宽的1.3倍,为吻长的2.0倍,为眼径的7.1~7.8倍,为眼间距的3.0~3.1倍。尾柄长约等于尾柄高。头宽为口裂宽的2.5~2.8倍。

此鱼分布于信江。

3. 原吸鳅属

（1）中华原吸鳅

标本4尾,体长31 mm~55.5 mm,采自信江。

背鳍3-8;展鳍2-5;胸鳍1-17~19;腹鳍1-7~8。侧线鳞 $72\frac{22\sim23}{14\sim16v}56$。

体长为体高的4.8~6.8倍,为体宽的6.8~8.1倍,为头长的4.3~5.3倍,为尾柄长的8.0~9.6倍,为头宽的1.1~1.3倍,为吻长的1.8~2.1倍,为眼径的4.8~6.2倍,为眼间距的1.9~2.3倍。头宽为口裂宽的2.5~3.3倍。

浸泡的标本体背为棕色。腹面微黄。头背暗黑,具虫蚀状斑纹。沿侧线有1道纵行暗带。体侧有整齐的横行斑纹。背鳍和尾鳍具有由黑色斑点组成的条纹。

此鱼分布于信江。

4. 拟腹吸鳅属

种的检索表
1(6)背鳍3-8~9,腹鳍1-8。下唇皮质吸附器呈"品"字形,最后缘皮脊为念球状
2(5)体侧具13~20条排列整齐的横纹。尾柄长。体长为尾柄长的7.6~8.9倍
3(4)口呈马蹄形,口裂较窄。头宽为口裂宽的4.0~4.8倍 ………………… 长汀拟腹吸鳅
4(3)口呈弧形,口裂宽。头宽为口裂宽的3.2~4.1倍 ………………… 东坡长汀拟腹吸鳅
5(2)背鳍前体侧具细小的圆斑。背鳍后体侧具不规则的横行细纹。尾柄短。体长为尾柄长的8.6~10.8倍 ………………… 珠江拟腹吸鳅
6(1)背鳍3-6~7,腹鳍1-9。下唇皮质吸附器不呈"品"字形,最后缘皮脊为线状
7(8)背鳍起点离吻端的距离大于或等于到尾鳍基部的距离。体侧不具横纹 ………… 花斑拟腹吸鳅
8(7)背鳍起点离吻端的距离小于到尾鳍基部的距离。体侧具排列整齐的横斑…拟腹吸鳅

(1)长汀拟腹吸鳅

标本1尾,体长44 mm,采自寻乌。

背鳍3-8;臀鳍2-5;胸鳍1-19;腹鳍1-8。侧线鳞$75\frac{21}{11-v}$。

体长为体高的5.4倍,为体宽的5.4倍,为头长的4.7倍,为尾柄长的8.0倍,为尾柄高的9.8倍。头长为头高的1.6倍,为头宽的1.1倍,为吻长的1.7倍,为眼径的6.4倍,为眼间距的1.7倍。头宽为口裂宽的4.3倍。

鳃孔小,下角不达胸鳍基部前缘。下唇皮质特化成"品"字形吸附器。体侧有13~20条排列整齐的横纹。

此鱼分布于寻乌。

(2)东坡长汀拟腹吸鳅

标本 2 尾,体长 44 mm~52 mm,采自九连山和寻乌。

本种与前文所述的长汀拟腹吸鳅近似,但口呈弧形而不是马蹄形。口裂较宽。头宽为口裂宽的 3.2~4.1 倍,而不是 4.0~4.8 倍。

此鱼分布于九连山、寻乌。

(3) 珠江拟腹吸鳅

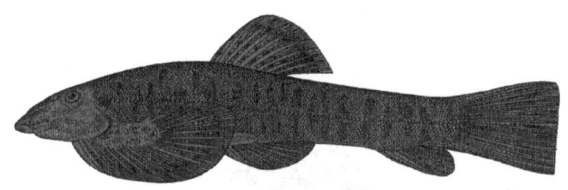

标本 5 尾,体长 43 mm~46 mm,采自寻乌。

背鳍 3-8;臀鳍 2-5;胸鳍 1-17~19;腹鳍 1-8;侧线鳞 $78\frac{23~24}{11~v}89$。

体长为体高的 5.4~6.6 倍,为体宽的 5.3~6.1 倍,为头长的 4.8~5.4 倍,为尾柄长的 8.7~10.8 倍,为尾柄高的 9.2~11.0 倍。头长为头高的 1.4~1.8 倍,为头宽的 1.0~1.1 倍,为吻长的 1.5~1.7 倍,为眼径的 5.6~7.0 倍,为眼间距的 1.6~2.0 倍。头宽为口裂宽的 3.7~4.2 倍。

此鱼分布于寻乌。

(4) 花斑拟腹吸鳅

标本12尾,体长40 mm~47 mm,采自寻乌。

背鳍3-6~7;臀鳍2-5;胸鳍1-17~18;腹鳍1-9。侧线鳞$65\frac{21\sim22}{9\sim11\sim v}74$。

体长为体高的5.3~6.3倍,为体宽的4.5~5.3倍,为头长的4.2~4.8倍。头长为头高的1.6~1.8倍,为头宽的0.9~1.1倍,为吻长的1.7~1.8倍,为眼径的5.0~5.5倍,为眼间距的1.8~2.2倍,为尾柄高的2.5~2.7倍。头宽为口裂宽的2.3~2.6倍。

下唇的皮褶吸附器不呈"品"字形,最后缘皮脊为线状。胸鳍起点到腹鳍起点的距离约等于腹鳍起点到肛门的距离。腹部裸露区稍过腹鳍腋部,但不及肛门。

体为棕色。腹面为灰黄色。头部暗黑,带有细小的虫蚀状斑纹。有9~10个黑色斑块横跨体背中线。体侧满布细密的不规则暗斑。背鳍具有不明显的黑边,各鳍均有由黑色斑点组成的条纹。

此鱼分布于寻乌。

(5)拟腹吸鳅

标本8尾,体长38.0 mm~85.5 mm,采自信江。

背鳍3-7;臀鳍2-5;胸鳍1-17~19。侧线鳞$74\frac{20\sim21}{10\sim12\sim v}83$。

体长为体高的4.7~6.1倍,为体宽的4.7~4.8倍,为头长的4.4~4.5倍,为尾柄长的9.0~10.8倍,为尾柄高的9.4~11.9倍。头长为头高的1.4~1.8倍,为头宽的0.9~1.1倍,为吻长的1.6~1.8倍,为眼径的5.0~6.6倍,为眼间距的1.6~2.0倍。头宽为口裂宽的3.0~3.6倍。

此鱼分布于信江。

鲶 形 目

体长形,裸露或被骨板。口不能收缩。上、下颌常具齿,多为绒毛状。吻部常具1~4对须。无假鳃。背鳍、胸鳍通常有硬刺。通常有脂鳍。侧线完全或不完全。

本目在江西省有5科。

科的检索表
1(4)背鳍1个。无脂鳍。臀鳍长
2(3)背鳍长。须4对 ··· 胡子鲶科
3(2)背鳍短,或退化或无。须1~3对 ··· 鲶科
4(1)背鳍2个。有脂鳍。臀鳍短或中等
5(6)鳃盖膜与峡部相连。胸部通常有吸着器 ··· 鮡科
6(5)鳃盖膜不与峡部相连。胸部无吸着器
7(8)前、后鼻孔相邻。脂鳍与尾鳍接近或相连 ··· 钝头鮠科
8(7)前、后鼻孔远离。脂鳍与尾鳍明显不相连 ··· 鲿科

一、胡子鲶科

体延长,前部扁平,后部侧扁。头宽圆。吻圆钝,须4对。眼小,上侧位。前、后鼻孔分离。口中大,横裂。上、下颌有绒毛状齿。鳃腔内有树枝状鳃上辅呼吸器。鳃盖不与峡部相连。胸鳍具1硬刺,腹鳍具6分枝鳍条。

1. 胡子鲶属

(1) 胡子鲶

地方名:八须年鱼、八角须、灰炭。

标本4尾,体长60 mm~220 mm,采自鄱阳湖区。

背鳍55~62;臀鳍38~46;胸鳍I,6~9;腹鳍6。

体长为体高的5.2~6.2倍,为头长的4.0~4.7倍。头长为吻长的2.5~3.6倍,为眼径的7.1~11.2倍,为眼间距的1.2~2.1倍。

体延长,前部扁平,后部侧扁。头宽且扁平。吻宽、短,且突出。眼小,上侧位,具游离眼缘膜。眼间距较宽。口大,呈弧形,略下位。下颌略短于上颌。上、下颌均有绒毛状牙带。唇较厚。鼻孔每侧2个,前、后鼻孔相隔较远。前鼻孔近吻端,呈短管状。后鼻孔大,呈裂缝状,位于眼前缘。上颌须1对,扁而长,向后可伸达或超过胸鳍基。颌须2对,较短,外侧的长于内侧的,不达胸鳍。鳃孔大,侧腹位。鳃盖膜不与峡部相连。鳃腔内有树枝状辅呼吸器。肛门位于臀鳍起点的前方。裸露无鳞。侧线平直,侧中位。

背鳍1个,无硬刺。基部长,约占体长的2/3。背鳍起点位于胸鳍末端上方。背鳍后方鳍条伸达尾鳍基,但不与尾鳍相连。臀鳍较背鳍短,无硬刺,后方鳍条不与尾鳍相连。胸鳍小,下侧位,有一硬刺。其内缘粗糙,呈钝锯齿状。外缘光滑。腹鳍小,腹位,无硬刺。尾鳍为圆形。

体呈暗灰色或灰黄色。腹部为灰白色。各鳍为灰黑色。

胡子鲶为底层鱼类,喜栖息于河川、池塘、稻田、沟渠等水草丛生处或沼泽的黑暗处或洞穴中,喜群栖。因鳃腔内有辅呼吸器,胡子鲶可直接利用空气中的氧进行氧体交换,并能在水少或干燥时穴居生活数月而不死。此鱼性情凶猛,行动活泼,夜间捕食。成鱼以小鱼、小虾、水生昆虫、小型软体动物等为食。5—7月为产卵期。一次产卵70～200粒。产卵前,雄鱼挖一圆巢以备雌鱼产卵。产卵后,雌鱼护卵,直至鱼苗能独立生活为止。

胡子鲶肉嫩味美,可供食用及药用,据报道可用来为饮食不振的病人补身体。做完手术的病人也可服用,能促进伤口愈合。但胸鳍刺有毒腺,人被刺伤后会感到剧痛,故捕捉时要小心。

胡子鲶分布较广,在江西省各地均有分布。

二、鲶科

体长,前部圆,后部侧扁。头大、矮、扁。口大。眼小。须2对。背鳍小。无脂鳍。胸鳍具硬刺。臀鳍极长,与尾鳍相连。尾鳍小。体表光滑无鳞。侧线完全。

本科在江西省有2属4种。

属的检索表
1(2)须2对:颌须1对,颐须1对 ······ 鲶属
2(1)须3对:颌须1对,颐须2对 ······ 六须鲶属

1. 鲶属

种的检索表
1(4)胸鳍刺前缘有锯齿。上颌末端达眼中部的上方
2(3)下颌短于上颌。臀鳍短 ······ 越南鲶
3(2)下颌长于上颌。臀鳍长 ······ 鲶
4(1)胸鳍刺光滑。上颌末端达眼后缘的下方 ······ 河鲶

(1) 越南鲇

标本2尾,体长59 mm,采自九连山。

背鳍3;臀鳍58;胸鳍Ⅰ-10;腹鳍8。

体长为体高的5.9倍,为头长的5.0倍。头长为吻长的2.8倍,为眼径的10.1倍,为眼间距的2.0倍。

体前部圆胖,后部侧扁。头宽而扁平。吻宽且短。眼小,上侧位。眼间距宽。鼻孔每侧2个,前、后鼻孔相隔较远,无鼻须。口大,亚前位。上颌较下颌长。上、下颌均有绒毛状细齿带。须2对。上颌须较长。鳃孔宽大。鳃耙细小。

背鳍短小,无刺,位于腹鳍的前上方,起点在胸鳍起点与腹鳍中间的上方。无脂鳍。臀鳍长,与尾鳍相连。胸鳍下侧位,具一硬刺,刺外缘光滑。腹鳍小。尾鳍呈斜截形。体表光滑无鳞。侧线完全,平直。

体背侧为灰黑色。腹部为灰白色。各鳍为灰色。

此鱼为小型底栖鱼类,栖息于水流缓慢、水质较好的山涧溪流中,以水生昆虫及其幼虫、水生寡毛类等为食。其个体较小,数量也少,没什么经济价值。其胸鳍刺的基部有毒腺,捕捉时应注意。

此鱼分布于九连山、赣南。

(2) 鲇

地方名:年鱼。

标本15尾,体长132 mm～380 mm,采自江西省各个地区的江河、湖泊中。

背鳍4～6;臀鳍66～83;胸鳍1-12～13;腹鳍11～12。

体长为体高的4.1～6.7倍,为头长的3.8～4.9倍。头长为吻长的3.8～4.7倍,为眼径的7.3～9.3倍,为眼间距的1.8～2.2倍。

体在腹鳍前胖圆,后部侧扁。头中等大,扁平。口大,上位。口裂伸达眼中部的下方。下颌突出于上颌。上、下颌及犁骨上均有新月形的绒毛状齿带。须 2 对。上颌须 1 对,较长,向后可伸达胸鳍基后。下颌须 1 对,较短。吻宽短,圆钝。唇薄。上、下唇沟明显。眼小,上侧位,为皮膜所盖。眼间距宽而平坦。鼻孔每侧 2 个,前后分离。前鼻孔近吻端,为短管状。后鼻孔位于眼前缘的上方,为圆形。鳃孔宽阔。鳃耙粗短。

背鳍短小,无刺,位于胸鳍的后上方。无脂鳍。胸鳍略呈圆扇形,具一硬刺,刺前缘有明显的细锯齿。腹鳍小,末端伸过臀鳍起点。尾鳍小,略呈截形。体表光滑无鳞。侧线平直,其上具一排黏液孔。

体为暗灰色或黄灰色。腹部为灰白色。各鳍为浅灰色。

鲶为底栖鱼类,多栖息于江河、溪流、水库和沟渠的水体中,亦适应流动缓慢的水域。鲶鱼性凶猛,昼伏夜出,以小型鱼类、软体动物、甲壳类和水生昆虫等为食。产卵期为 5—6 月。产卵时要求有水。卵具黏性,黏附在水生植物或石头上发育。

鲶鱼个体较小,但数量较多。其肉质细嫩,味美,骨刺少,是一种经济价值较高的食用鱼类之一,有利尿、催乳的功效,可作药用。

江西省各地均有分布。

(3) 河鲶

地方名:大身鲶。

标本 3 尾,体长 350 mm ~ 540 mm,采自鄱阳湖。

背鳍 5 - 6;臀鳍 73 - 81;胸鳍 I - 14 ~ 15;腹鳍 11 - 12。

体长为体高的 4.8 ~ 5.4 倍,为头长的 4.2 ~ 5.3 倍。头长为吻长的 3.0 ~ 3.5 倍,为眼径的 10.1 ~ 16.5 倍,为眼间距的 1.5 ~ 1.8 倍。

体延长,侧扁,但前部较圆。头略扁平。口大,上位。下颌较上颌长。上颌末端达眼的后下方。上、下颌及犁骨上均有绒毛状齿带。须 2 对。上颌须长于下颌须。眼大,位于头的前部,侧上位。眼间距宽。鼻孔 2 对,前后分离,位于眼内侧稍前处。

背鳍短小,无硬刺,位于腹鳍的前上方。无脂鳍。胸鳍圆,有一硬刺,其前缘有不太明显的锯齿。腹鳍小。臀鳍极长,与尾鳍相连。尾鳍短小,略呈截形。上叶略长于下叶。体无鳞。侧线平直,其上有 1 行黏液孔。

体多为灰褐色。腹部为灰白色。各鳍为灰黑色。体色随环境的不同而有差异。

此鱼为凶猛的中下层鱼类鱼类,栖息于缓流的水域或湖泊中,昼伏夜出。其摄食时在水上层活动,主要以小鱼、小虾及水生昆虫为食,生长快,为经济鱼类之一。4—6月为繁殖期。此鱼往往在雨后产卵,产卵环境要求是有一定水流的、平坦的砂质水域。其卵为沉性卵,入水后即有强黏性,黏附在细砂底质或石缝中发育。

此鱼分布于鄱阳湖水域,但数量不多。

2. 六须鲶属

(1) 大口鲶

标本1尾,体长280 mm,采自鄱阳湖。

背鳍5;臀鳍75;胸鳍Ⅰ-14;腹鳍11。

体长为体高的5.9倍,为头长的4.5倍。头长为吻长的2.9倍,为眼径的9.0倍,为眼间距的2.0倍。

体长,前圆,后侧扁。头宽扁。口大,上位,口裂伸达眼后缘的下方。下颌较上颌长,突出于上颌。上、下颌及犁骨上均有绒毛状细齿带,犁骨上的齿带为2团。唇薄,口唇褶发达,唇沟明显。吻宽,圆钝。眼小,上侧位,为皮膜所覆盖。眼间距宽。鼻孔每侧2个,前后相隔较远,无鼻须。须2对,上颌须较长,下颌须较短。鳃孔宽。鳃耙粗短。

背鳍短小,无刺,位于胸鳍的后上方。无脂鳍。胸鳍为圆扇形,具一刺,刺前缘有颗粒状突起,较粗糙,内缘自中部至末端具锯齿。腹鳍小。臀鳍基长,与尾鳍相连。尾鳍小,近斜截形。体无鳞。侧线平直。黏液孔明显,排列在侧线上。

体背侧为灰褐色。腹部为灰白色。各鳍为灰黑色。产卵期在8—9月。此鱼喜在有激流的浅水滩产卵。卵具黏性,颇大,为金黄色,黏附于石上发育。此鱼肉质细嫩,味道鲜美,是一种经济鱼类,但数量极少。个体最大者可达50千克。

此鱼分布在鄱阳湖。

三、鮠科

体长形,前部扁平,后部侧扁。腹面平坦。胸部皮肤上有褶皱或无。头宽而圆,扁平。眼小,上侧位,为皮膜所盖。吻圆钝。口下位,横裂,呈弧形。上颌突出,长于下颌。上、下颌具绒毛状细齿。齿排列成带状。腭骨无齿。鼻孔2对,前、后鼻孔相距较近,之间有一细长的鼻须相隔。须4对。上颌须侧扁,与上唇相连,基部变宽。颏须2对。下颌须1对。

背鳍2个。第一背鳍短小,位于身体前段,近头后部。第二背鳍多为脂鳍。胸鳍较宽阔,平展。第1根鳍条有的特化成硬刺,或宽扁。腹面具羽状褶皱。臀鳍与脂鳍相对,较短。腹鳍腹位,平展。尾鳍分叉,内凹或呈截形。

泄殖孔离臀鳍起点近或甚远。全身裸露无鳞。侧线完全,平直。鳃膜与峡部相连或不相连。鳃孔宽阔或狭窄。鳔分左、右两侧室,包于骨质囊内。

本科鱼类为小型底栖鱼类,生活于砾石多的急流河滩处,以平坦的胸腹部与特化的胸部和偶鳍协作,吸附在石砾上,以水生昆虫、植物碎片、有机腐屑为食。其一系列生态适应特点非常明显。

本科在江西省有1属2种。

1. 纹胸鮡属

种的检索表
1(2)体大。尾柄较高。体长为尾柄高的10倍以下 ……………………………… 福建纹胸鮡
2(1)体小。尾柄较低。体长为尾柄高的10倍以上 ……………………………… 中华纹胸鮡

(1) 福建纹胸鮡

地方名:石姑黄。

标本14尾,体长51 mm～62 mm,采自余江、寻乌、赣州、瑞金、九连山、洪门水库。

背鳍Ⅱ-6;臀鳍Ⅰ-7;胸鳍1-5;腹鳍2-8～9;鳃耙7-8。

体长为体高的4.0～4.3倍,为头长的3.3～4.0倍,为尾柄长的8.1倍,为尾柄高的9.2～10.0倍。头长为吻长的2.1～2.5倍,为眼径的8.0～9.5倍,为眼间距的3.2～3.4倍。

个体比中华纹胸鮡胖大。头部宽阔而扁平。头宽大于体宽。眼小,位于背侧位,为皮膜所盖,无游离眼缘。眼间隔宽平。每侧有鼻孔2个。前、后鼻孔接近。前鼻孔大,为圆形,接近上唇。后鼻孔小,呈裂缝状,位于眼前方。口小,横裂。上颌突出,长于下颌。上、下颌均有绒毛状齿带。腭无齿。唇颇厚。上唇和下唇具颗粒状突起。口角具两皮膜,且皮膜与上颌须相连。头部有4对须。鼻须1对,短而扁平,位于前、后鼻孔之间。

上颌须1对,扁平。其基部颇宽,具上、下两皮膜,且皮膜与吻部和口角相连。颌须末端伸达胸鳍基部之后。颏须2对,扁平,外侧须较长。鳃孔大而宽阔。左、右鳃孔在腹面几乎相连。峡部宽。鳃盖膜与峡部在正中相连。

胸部有一皱形吸着器。泄殖孔位于臀鳍前方。体无鳞,皮肤粗糙。侧线平直,沿体侧中部延伸至尾鳍基部。

背鳍位于胸鳍后上方,有一尖锐的鳍刺,外缘锯齿不明显,内缘锯齿细小。背鳍起点距脂鳍起点的距离比距吻端的距离近。脂鳍小,起点与臀鳍相对。末端尖突,游离。胸鳍侧腹位,展开,呈水平状,具一宽扁而尖锐的刺。外缘光滑,边缘有锯齿。腹鳍平展,后伸达臀鳍起点。尾鳍分叉,上、下叶等长。鳔小,分为左、右两侧室。其背面包于半圆形的骨质窝内。腹面则为厚的膜质囊。

体为灰黄色或暗褐色。背鳍与胸鳍之间、脂鳍与臀鳍之间、尾柄处各具1个灰黑色横斑,上有细小的黑点。背鳍边缘为白色,基部下方有一暗色斑块。其余鳍上也有横斑。

此鱼个体小,数量少,经济价值不大。

此鱼分布于余江、寻乌、九连山、洪门水库、瑞金、赣州。

(2)中华纹胸鮡

地方名:石鲶。

标本4尾,体长57 mm～62 mm,采自余江、资溪、寻乌。

背鳍Ⅱ-6;臀鳍2-8～9;胸鳍Ⅰ-8;腹鳍1-5;鳃耙6～7。

体长为体高的4.5～5.0倍,为头长的3.7～3.9倍,为尾柄长的6.9～7.9倍,为尾柄高的12.0～14.0倍。头长为吻长的2.0倍,为眼径的11.0～13.0倍,为眼间距的3.5～3.9倍,为尾柄长的1.8～2.1倍,为尾柄高的3.2～4.0倍。

体长形,较小。背鳍前部的身体扁平,后部稍侧扁。尾柄细而短。头宽阔,扁平。眼小,位于头背面。吻短而阔,前端为圆形。口下位,横裂。唇稍厚,其上有小乳突。上、下颌有齿带。上颌齿带较宽,下颌齿带较窄,中央不连续。须4对。鼻须1对,基部稍宽。上颌须发达,基部宽扁,末端可达胸鳍中部。下颌须2对,外侧须较长,后伸达胸鳍基部。鼻孔2对,前、后鼻孔被鼻须分开。胸部有明显的皱形吸着器。鳃耙粗,排列稀疏。

背鳍短,具硬刺,外缘平截。胸鳍较长,末端尖,有硬刺,后缘有锯齿。腹鳍短小,末端钝,后伸达臀鳍起点。臀鳍小,外缘斜切。脂鳍短小,末端稍游离。尾鳍分叉深。上、下叶等长,末端尖。泄殖孔位于臀鳍起点前方。鳔小,分为左、右两侧室。其背面包于半圆形的骨质凹窝内,腹面为厚的膜质囊。胃较大,呈囊状。

体裸露无鳞。侧线平直,完全。

体为棕黄色。腹部为白色。背鳍和脂鳍部位各有1条宽的棕黑色横带。各鳍上有黑灰色斑纹。尾鳍上有黑色斑点。脂鳍为黄褐色,边缘为白色。

此鱼为小型鱼类,无经济价值。

此鱼分布于资溪、余江、寻乌。

四、钝头鮠科

体长,前部略扁,后部侧扁。头宽而扁平,两侧稍膨大。吻宽钝。口呈弧形。上、下颌均具齿。眼小,被皮膜。须4对。背鳍短小。脂鳍长而低。尾鳍圆。

1. 鮡属

种的检索表
1(1)下颌稍长于上颌。脂鳍基长,较高。有明显的缺刻与尾鳍分离 …………………… 白缘鮡
2(1)上、下颌等长或上颌微突。脂鳍基稍短,较低。无明显的缺刻与尾鳍分离
3(4)上、下颌等长。脂鳍与尾鳍间稍下凹。皮肤上有少许疣状突起 …………………… 黑尾鮡
4(3)上颌微突。脂鳍与尾鳍相连处无缺刻或稍下凹。皮肤光滑
5(6)上颌微突。脂鳍与尾鳍相连处无缺刻。皮肤光滑。无侧线 …………………… 鳗尾鮡
6(5)上颌稍突。脂鳍与尾鳍间稍下凹。皮肤光滑。侧线完全 …………………… 司氏鮡

(1)白缘鮡

标本2尾,体长95 mm,采自抚河。

背鳍1-5;胸鳍1-6;腹鳍5;臀鳍13。

体长为体高的6.1倍,为头长的4.2倍,为尾柄长的6.4倍,为尾柄高的7.0倍。头长为吻长的3.7倍,为眼径的11.0倍,为眼间距的2.3倍。尾柄长为尾柄高的1.1倍。

体长形。头宽扁。背部两侧隆起较高,中央具一深槽。尾柄显著侧扁。眼小,位于头的侧上方。眼间距宽而平坦。吻短。口裂大,端位。唇较厚,上有许多细小的乳突。下颌稍长于上颌,均有齿带。鼻孔2对。须4对。鼻须1对,末端几达鳃孔上角。上颌须1对,后伸超过胸鳍基后端。下颌须2对。外侧须比头长。内侧须后伸几达鳃膜后缘。

背鳍短小,外缘圆钝,起点位于吻端与脂鳍间的中点,有一光滑的短刺。胸鳍后缘为圆形,具一稍长的硬刺,末端锐利,其中部有2~5个小锐齿。腹鳍短小。臀鳍长。脂鳍基长,较高。末端圆钝,有时游离。有一缺刻明显与尾鳍分离。尾鳍宽,后缘圆。尾柄侧扁,较高。上下有较低的鳍褶。

体裸露无鳞,有许多细小的疣状颗粒。

头背部和体背为灰黑色或带褐色。体侧下部为浅灰黑色。腹部为灰色或灰白色或带褐色。各鳍为深灰色或黑灰色,外缘均镶有较宽的白色边或黄白色边,尾鳍最明显。

此鱼为营底栖生活的小型鱼类,多群集于山溪、河流中,喜流水,昼伏夜出,主要以水生昆虫及其幼虫、小型软体动物、寡毛类以及小鱼、虾为食,生长慢,数量少,无经济价值。

此鱼分布于长江流域,在江西境内主要分布于抚河、鄱阳湖。

(2)黑尾䱀

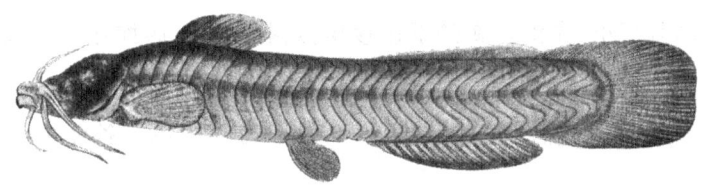

标本3尾,体长75 mm~81 mm,采自抚河。

背鳍1-6;胸鳍1-7;腹鳍6;臀鳍14。

体长为体高的6.0倍,为头长的5.2倍,为尾柄长的6.5倍,为尾柄高的6.4倍。头长为吻长的3.8倍,为眼径的10.9倍,为眼间距的2.9倍。尾柄长为尾柄高的1.1倍。

体粗,较短。头扁平。背部两侧隆起,中央具一深槽。眼小,稍凸,侧上位。眼间距宽。口大,横裂,端位。吻短钝。上、下颌稍宽,均具细齿。唇较厚。鼻孔2对。头部具4对须。鼻须1对,末端后伸几达胸鳍基部的垂直线。上颌须1对,较长,末端后伸达到或超过胸鳍基后端。颏须2对,外侧的长,内侧的短,约为外侧须的一半。

背鳍短小,外缘为圆形,位于胸鳍中部上方,有一埋于皮膜下的光滑硬刺。胸鳍圆钝,具一稍粗的鳍刺,上有2~3个齿,有的仅留有齿痕。腹鳍小,为圆形。臀鳍较长。脂鳍低而长,后与尾鳍相连。体裸露无鳞。皮肤上疣突较少。

体呈浅棕黄色或灰黑色带棕黄色。腹部色浅。胸鳍、腹鳍为黄白色。背鳍、脂鳍、臀鳍为灰黑色,边缘为黄白色。尾鳍为灰黑色,边缘(包括上、下皮褶)为黄白色。

此鱼为生活在流水中的小型鱼类,以水生昆虫及其幼虫、底栖无脊椎动物为主食,也食小鱼、小虾。其个体小,数量少,无经济价值。

此鱼分布于抚河、赣江。

(3) 司氏鮠

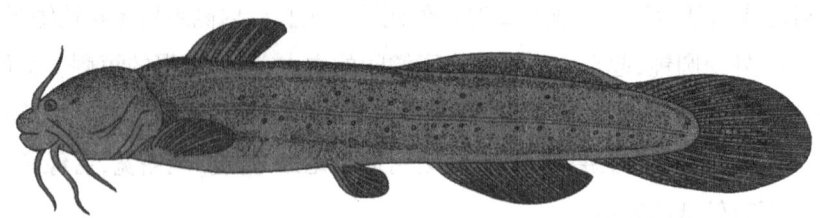

标本2尾,体长56 mm,采自余江。

背鳍Ⅰ-6;臀鳍16;胸鳍Ⅰ-7;腹鳍6。

体长为体高的5.8倍,为头长的4.5倍,为尾柄长的5.5倍,为尾柄高的7.9倍。头长为吻长的3.5倍,为眼径的13.0倍,为眼间距的2.5倍。尾柄长为尾柄高的1.5倍。

体长,前部略呈圆柱形,后部侧扁。头宽而扁平,颊部稍膨大。眼小,侧上位,被皮膜。口阔,端位。上颌稍突出。上、下颌均具齿。须4对。上颌须最长,与上唇相连。鼻须较短。前鼻孔近吻端。后鼻孔前部被鼻须基部包围。鳃孔大而宽。

背鳍短小,鳍刺短小、光滑。胸鳍不达腹鳍,鳍刺光滑。腹鳍小。脂鳍低而长,末端与尾鳍相连,连接处稍下凹。尾鳍为圆形。

体背侧及头背为灰褐色,有小的淡色点。腹部为灰白色。各鳍为浅黄色,边缘为白色。

此鱼生活于水流急、砾石底的山涧中的石下或石缝中,为肉食性鱼类,无经济价值。

此鱼分布于余江、赣东北地区。

(4) 鳗尾鮠

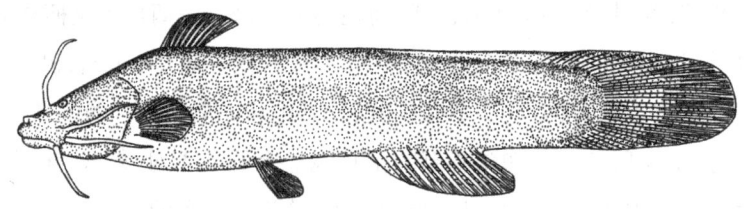

标本2尾,体长75 mm,采自抚河。

背鳍Ⅰ-7;臀鳍15;胸鳍Ⅰ-5;腹鳍6。

体长为体高的5.0倍,为头长的4.4倍,为尾柄长的5.6倍,为尾柄高的6.9倍。头长为吻长的2.8倍,为眼径的8.5倍,为眼间距的2.8倍。尾柄长为尾柄高的1.5倍。

体长,前扁平,后侧扁。头顶光滑,被皮膜。眼小,上侧位,为皮膜所盖。眼间距宽而平坦。吻短钝。口大。上颌稍突。上、下颌均具细齿。须4对。鼻须1对,基部与后鼻孔前缘相连。上颌须1对,基部宽扁,末端达鳃盖后缘。颏须2对,位于口角处,基部宽而扁。前鼻孔位于吻端,后鼻孔位于眼前上方。鳃孔宽阔。鳃耙细小。

背鳍短小,位于胸鳍后上方,具一短小的鳍刺,前、后缘均光滑无齿。脂鳍低而长,后端与尾鳍基相连。胸鳍下侧位,位于背鳍前下方,具一光滑的尖刺。腹鳍短小。尾鳍为圆形。

体色灰褐。背侧色较深。腹部色浅。各鳍均为黄褐色。尾鳍边缘为淡黄色。

此鱼为小型底栖鱼类,生活于山涧溪流中,多在水流缓慢的水中活动,以小型动物为食。产卵期为4—5月。此鱼数量少,分布不广,故经济价值甚小。

此鱼分布于抚河、赣江。

五、鲿科

体前部略扁平,尾部侧扁。头常被皮膜。口呈弧形。上、下颌及犁骨上均有齿。须4对。背鳍短,有硬刺。脂鳍长或短。胸鳍有硬刺,下侧位。腹鳍短小,腹位。臀鳍短或中长,无硬刺。尾鳍呈圆形、截形或分叉。

江西有3属15种。

属的检索表
1(4)脂鳍短或中等长,与背鳍基及尾鳍基有一定的距离
2(3)臀鳍条在20以上。脂鳍长常短于臀鳍基。具游离眼缘 ………………… 黄颡鱼属
3(2)臀鳍条在20以下。脂鳍与臀鳍基约相等。无游离眼缘 ………………… 鮠属
4(1)脂鳍低,比臀鳍基长,起点紧接背鳍后,后伸几达尾鳍基 ………………… 鳠属

1. 黄颡鱼属

种的检索表
1(8)臀鳍条多于20
2(5)胸鳍鳍刺前、后缘均具锯齿
3(4)体长为背鳍起点至吻端距离的3倍以下 ………………… 黄颡鱼
4(3)体长为背鳍起点至吻端距离的3倍以上 ………………… 叉尾黄颡鱼
5(2)胸鳍鳍刺仅后缘具锯齿
6(7)吻钝圆,头顶被皮膜 ………………… 江黄颡鱼
7(6)吻尖,头顶后部裸露 ………………… 光泽黄颡鱼
8(1)背鳍鳍条少于20 ………………… 巨目黄颡鱼

(1) 黄颡鱼

地方名:黄芽角、草眼里。

标本20尾,体长80.7 mm~188.0 mm,采自鄱阳湖。

背鳍Ⅱ-6~7;臀鳍19~22;胸鳍Ⅰ-8;腹鳍6。

体长为体高的 3.5~4.1 倍,为头长的 3.6~3.9 倍,为尾柄长的 6.0~7.1 倍,为尾柄高的 9.3~12.0 倍。头长为吻长的 2.9~3.5 倍,为眼径的 4.5~5.6 倍,为眼间距的 2.1~3.0 倍。尾柄长为尾柄高的 1.2~1.6 倍。

体前部扁平,后部侧扁。头大,扁平。头背粗糙,为皮膜所覆盖。口裂大,下位。上颌突出,稍长于下颌。上、下颌均具绒毛状细齿。吻圆钝。唇厚。口角具唇褶。唇沟明显。须 4 对。上颌须最长,伸达胸鳍基。鼻须可达眼后缘。眼小,侧上位,具游离眼缘。鼻孔 2 对,前、后鼻孔相距较远。鳃孔宽大。侧线完全。

背鳍短小,硬刺后缘具锯齿。脂鳍短,后端游离。胸鳍略呈扇形,有一尖锐的硬刺。刺前、后缘均有齿,前缘齿较后缘齿小。腹鳍达臀鳍。尾鳍分叉。上、下叶为圆形,约等长。体无鳞。

体为棕黄色,有 3 块断续的黑色斑块。腹部为淡黄色。各鳍为灰黑色。

此鱼为小型底层肉食性鱼类,适应性强,昼伏夜出,常栖息于江河、湖泊、水库中,喜群居,多生活在水流缓慢、水生植物多的水域,以水生昆虫及其幼体、软体动物及小鱼为食。繁殖季节在 5—7 月。雄鱼有筑巢习性。卵大,为沉性卵,呈淡黄色。

黄颡鱼为常见的食用鱼之一,肉嫩,刺少,味美,多脂,还有解酒、祛风、治水肿、利尿之效。

此鱼分布于九江、鄱阳、余江、信丰、宁都、赣州。

(2) 叉尾黄颡鱼

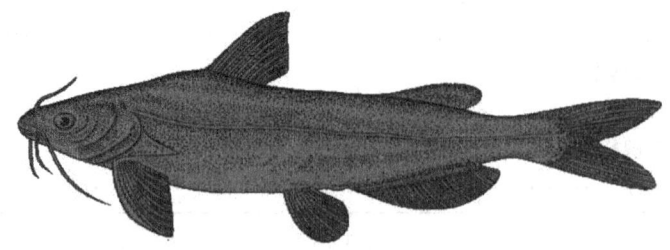

地方名:黄芽头。

标本 8 尾,体长 75 mm~201 mm,采自鄱阳湖。

背鳍 Ⅱ-6;臀鳍 21-23;胸鳍 Ⅰ-8;腹鳍 7。

体长为体高的4.6~6.0倍,为头长的3.8~5.2倍,为尾柄长的5.5~6.7倍,为尾柄高的10.8~11.2倍。头长为吻长的4.0~4.5倍,为眼径的3.6~4.5倍,为眼间距的2.0~2.3倍。尾柄长为尾柄高的2.0~2.1倍。

体延长,后侧扁。头顶部裸露。口下位。上、下颌均具细齿。吻钝圆。眼中等大。眼间隔宽。唇发达。须4对。鼻须色黑,其长超过眼后缘。上颌须长。侧线平直。

背鳍刺后缘有细的锯齿。脂鳍小,末端游离。胸鳍刺的前、后缘均有锯齿,后缘齿发达。腹鳍末超过臀鳍起点。尾鳍呈深叉形。体表裸露无鳞。

体为黄褐色。体侧宽而长的黑色纵纹,可延至尾柄且分叉。鳍为灰黑色。

此鱼为小型底栖鱼类,以昆虫、小鱼、小虾及螺蛳等为食。其他习性与黄颡鱼相似。叉尾黄颡鱼产量比黄颡鱼少,故经济价值不高。

此鱼分布于峡江、鄱阳、九江、修水、萍乡、资溪。

(3)江黄颡鱼

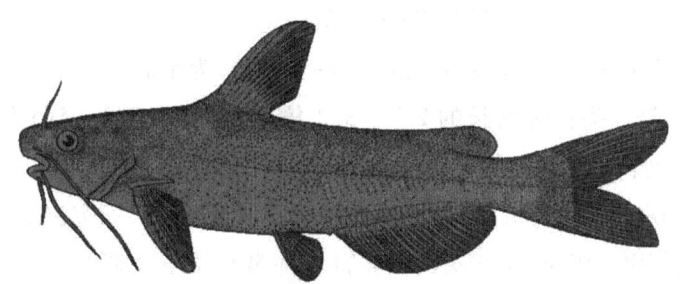

地方名:团眼里。

标本20尾,体长91 mm~230 mm,采自鄱阳湖。

背鳍Ⅱ-6~7;臀鳍21-25;胸鳍Ⅰ-7~9;腹鳍6。

体长为体高的4.2~5.0倍,为头长的4.0~5.1倍,为尾柄长的5.2~6.3倍,为尾柄高的10.5~13.5倍。头长为吻长的2.6~3.5倍,为眼径的4.0~5.1倍,为眼间距的1.7~2.0倍。尾柄长为尾柄高的1.7~2.4倍。

体长,后侧扁。尾柄较细。头扁平。头顶被皮膜。口下位。上、下颌均有细齿。吻钝圆。唇稍厚。下唇中间不连续。眼中大,侧上位。眼缘游离。眼间隔稍隆起。前鼻孔近吻端,后鼻孔位于眼前上方。须4对,为青黑色。鼻须可达眼后。上颌须超过胸鳍基。鳃孔大。

背鳍较小,基部短,有硬刺。刺前缘光滑,后缘具细锯齿。脂鳍短。胸鳍下侧位,其刺前缘光滑,后缘齿发达。腹鳍短小。尾鳍呈深叉形。上叶稍长于下叶。体裸露。侧线较平直。

体背为灰黄色。腹部为淡黄色。各鳍为灰黑色。

此鱼为底栖性鱼类,栖息于江河缓流区域、湖泊静水处、多岩石或泥沙的底质中,常与黄颡鱼群居,昼伏夜出。其以小型动物为食,也摄食少量植物碎屑。产卵期为 4—5 月。卵具黏性,为淡黄色,黏在水草或石上孵化。其体型较大,味道鲜美,有一定的经济价值。

此鱼分布于鄱阳湖、信丰、赣州、余江、抚河、昌江、修水、九江。

(4)光泽黄颡鱼

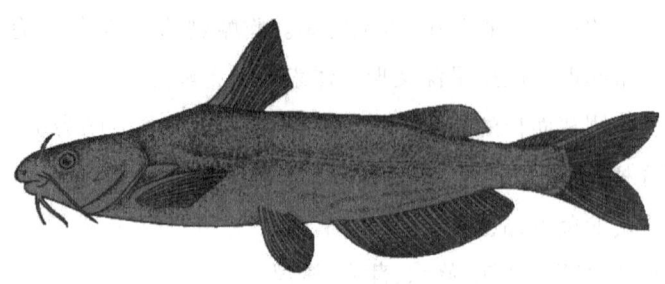

标本 8 尾,体长 106 mm～149 mm,采自鄱阳湖。

背鳍 II-7;臀鳍 22-25;胸鳍 I-7;腹鳍 6。

体长为体高的 4.9～5.5 倍,为头长的 4.0～4.4 倍,为尾柄长的 5.4～6.2 倍,为尾柄高的 12.1～15.0 倍。头长为吻长的 2.7～3.2 倍,为眼径的 4.3～5.5 倍,为眼间距的 2.1～3.0 倍。尾柄长为尾柄高的 2.0～2.1 倍。

体长,尾部侧扁。头中等大,稍扁平。头顶后部裸露。吻尖而突出。口下位。上、下颌均具细齿。唇颊厚。眼小,位于头的前半部。前鼻孔位于吻端下缘,后鼻孔位于吻侧中部。须 4 对,均细小。鼻须只达眼中点。上颌须在胸鳍基前。鳃孔大,鳃耙细小。

背鳍较小,位于胸鳍的后上方。鳍刺尖长、锐利,前缘光滑,后缘具细齿。脂鳍肥厚,后端游离。胸鳍下侧位,其刺前缘光滑,后缘齿发达。尾鳍分叉,上、下叶等长。体表光滑无鳞。侧线平直。

体色灰黄。背部色较深,腹部色淡。体侧有黑色斑块。各鳍为灰黑色。

此鱼为小型底栖性鱼类,多生活于江河的支流处。生殖期为 5—6 月。其数量少,经济价值不大。

此鱼分布于鄱阳湖、九江、彭泽、抚河、峡江。

(5)巨目黄颡鱼

标本2尾,体长99 mm～120 mm,采自抚河。

背鳍Ⅰ-7;臀鳍17;胸鳍Ⅰ-7;腹鳍5。

体长为体高的3.8倍,为头长的3.7倍,为尾柄长的5.0倍,为尾柄高的12.3倍。头长为吻长的3.0倍,为眼径的4.3倍,为眼间距的3.1倍。尾柄长为尾柄高的2.1倍。

体长,侧扁。吻圆钝。口下位。唇厚。眼侧上位,有能动的眼睑。眼间隔平。鼻须达眼中部。上颌须超过眼后缘。背鳍刺后缘有齿。脂鳍低,较长。胸鳍刺后缘亦有齿。尾鳍呈叉形。体表光滑。侧线平直。

体色棕黄,腹部色淡。各鳍灰黑。

生活习性与黄颡鱼等相似。

此鱼产量少,经济价值小,分布于抚河。

2. 鮈属

本属种类较多,分布较广,在江西有9种。

种的检索表	
1(8)尾鳍呈叉形	
2(5)背鳍刺后缘具锯齿	
3(4)背鳍刺后缘锯齿较发达。吻尖突	长吻鮈
4(3)背鳍刺后缘锯齿细小。吻圆钝	粗唇鮈
5(2)背鳍刺后缘无锯齿或仅有痕迹	
6(7)背鳍刺长于胸鳍刺。上颌须几达鳃膜	钝吻鮈
7(6)背鳍刺短于胸鳍刺。上颌须只达眼后缘	细体鮈
8(1)尾鳍内凹或呈圆形	
9(2)尾鳍内凹	
10(11)背鳍刺后缘具弱齿	乌苏里鮈
11(10)背鳍刺较细且光滑	凹尾鮈
12(9)尾鳍呈圆形	
13(16)体长为体高的5倍以上	
14(15)体上无斑块。尾鳍后缘为白色	白边鮈
15(14)体上有斑块。尾鳍后缘非白色	切尾鮈
16(13)体长为体高的5倍以上。背鳍刺较粗,后缘光滑	长尾鮈

(1)长吻鮈

标本12尾,体长181 mm~282 mm,采自信丰。

背鳍Ⅱ-6~7;臀鳍14-18;胸鳍Ⅰ-7~9;腹鳍6。

体长为体高的4.8~5.7倍,为头长的3.5~4.4倍,为尾柄长的4.5~5.5倍,为尾柄高的13.0~17.1倍。头长为吻长的2.0~2.6倍,为眼径的12.0~15.6倍,为眼间距的2.4~2.9倍。尾柄长为尾柄高的3.0~3.5倍。

体长。腹部圆。尾部侧扁。头较平直。吻呈锥形,向前突出。眼小,侧上位。口下位,呈新月形。唇厚。上、下颌均具细齿。须4对,均较短。鼻须紧靠后鼻孔前缘,伸达眼前缘。鳃孔宽阔,鳃盖膜在腹面正中相连。鳃耙细小。

背鳍基短。鳍刺尖长,外缘光滑,内缘具齿。脂鳍厚,后缘游离。胸鳍下侧位。鳍刺粗扁,外缘光滑,内缘具齿。腹鳍小。尾呈叉形。上、下叶等长,末端尖钝。体表无鳞。侧线平直。

体色暗灰。腹部为灰白色。体侧有时具斑块。各鳍为灰黄色。

此鱼为底栖鱼类,常生活在河面宽阔、水深、水流缓慢的水域中,以小型软体动物为食。产卵期为4月下旬到6月。卵为淡黄色,常黏附在石上孵化。冬季在江河干流的深水处或卵石下越冬。

长吻鮠在长江干流中有一定的经济价值。因为个体较大,肉嫩味美,无细刺,长吻鮠被誉为淡水食用鱼中的上品。鳔可制作成鱼肚。

此鱼分布于信丰、赣州、鄱阳、峡江、景德镇。

(2)粗唇鮠

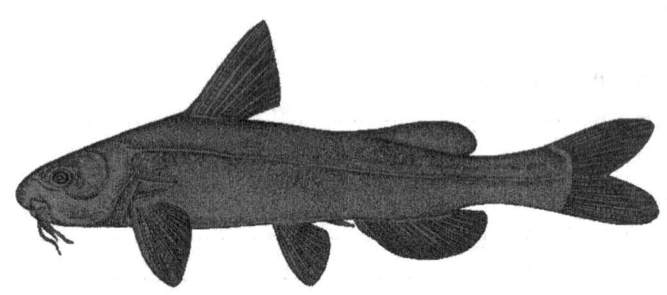

标本6尾,体长115 mm~230 mm,采自余江。

背鳍Ⅱ-7;臀鳍16-18;胸鳍Ⅰ-7~8;腹鳍6。

体长为体高的3.9~5.2倍,为头长的4.0~5.1倍,为尾柄长的4.3~5.4倍,为尾柄高的11.0~15.5倍。头长为吻长的2.6~3.1倍,为眼径的5.1~7.5倍,为眼间距的2.1~2.5倍。尾柄长为尾柄高的2.1~2.5倍。

体延长,后侧扁。头在眼前稍扁平,头顶覆以厚的皮膜。口下位。吻圆钝而柔软。唇较厚。上、下颌具细齿。眼中等大。须4对。鼻须细小,伸达眼中部。上颌须细长,下颌须细短。鳃孔宽阔。

背鳍小,基部短,鳍刺后缘有弱齿。脂鳍略长于臀鳍。胸鳍下侧位,鳍刺后缘有强锯齿。腹鳍末端近臀鳍。尾鳍分叉深。体表裸露。侧线平直。

体色灰,腹部较淡。各鳍为深灰色。

此鱼为肉食性底栖鱼类,生活于江河边的草丛中、岩洞中及水流缓慢的河岸边。秋季产卵,卵黏在水草上孵化。

此鱼分布于长江支流、干流及附属湖泊中,在江西境内主要分布于鄱阳湖、彭泽、余江、赣州、瑞金等地。

(3)钝吻鮠

标本7尾,体长120 mm~207 mm,采自鄱阳。

背鳍Ⅱ-7;臀鳍17-19;胸鳍Ⅰ-8;腹鳍6条。

体长为体高的4.5~5.2倍,为头长的4.5~4.7倍,为尾柄长的5.0~5.2倍,为尾柄高的13.0~14.7倍。头长为吻长的2.7~3.0倍,为眼径的5.9~8.1倍,为眼间距的2.1~2.5倍。尾柄长为尾柄高的1.0~1.2倍。

体长。头在眼前扁平,头顶后部被皮膜,稍扁平。口下位。吻圆钝。唇肥大。上、下颌具细齿。眼小,侧上位。须4对。鼻须达眼中部。上颌须几达鳃膜。

背鳍刺后缘光滑或仅有齿痕。脂鳍基长于臀鳍基,末端游离。胸鳍刺后缘有发达的锯齿。腹鳍末端近臀鳍。尾鳍呈深叉形。体表裸露。侧线平直。

体呈黄色。腹部为淡黄色。各鳍为灰黑色。

生活习性与粗唇鮠相似。此鱼是食用鱼之一,肉嫩味美,无小刺,为群众所喜爱。

此鱼分布在鄱阳、九江、萍乡、余江、景德镇、抚州。

(4)细体鮠

标本4尾,体长178 mm~205 mm,采自赣州。

背鳍Ⅱ-6~7;臀鳍18-20;胸鳍Ⅰ-6;腹鳍6-7。

体长为体高的6.4~8.6倍,为头长的4.7~5.0倍,为尾柄长的4.2~5.4倍,为尾柄高的14.0~18.9倍。头长为吻长的2.5~3.2倍,为眼径的6.1~8.0倍,为眼间距的2.5~3.0倍。尾柄长为尾柄高的3.9~5.0倍。

体极细长。头部扁平,头顶被皮膜。尾部侧扁。眼小,侧上位。口下位。吻宽而圆钝。上、下颌具细齿。须4对,均短小。鼻须约达眼中部。上颌须稍超眼后缘。鳃孔宽阔。

背鳍前有2束隆起的肌肉。背鳍刺短而光滑。胸鳍刺亦短,后缘有发达的锯齿。脂鳍基稍长于臀鳍基。尾鳍分叉或内凹。体表无鳞。侧线完全。

体背侧为灰褐色,腹部色淡。背鳍、尾鳍末端为黑色。

此鱼的生活习性与其他鮠类相似。

此鱼分布于九江、赣州、抚河。

(5)乌苏里鮠

标本6尾,体长120 mm~210 mm,采自鄱阳湖。

背鳍Ⅰ-6;臀鳍18;胸鳍Ⅰ-7;腹鳍6。

体长为体高的4.6~5.6倍,为头长的4.3~5.0倍,为尾柄长的4.8~5.2倍,为尾柄高的15.0~15.5倍。头长为吻长的2.5~3.0倍,为眼径的3.5~9.1倍,为眼间距的2.3~2.6倍。尾柄长为尾柄高的2.8~3.0倍。

体长,后部侧扁。头扁平,头背被粗厚的皮膜。口下位。唇厚,具唇褶。须4对,均较短。鼻须不达眼中部。眼小,眼间隔较宽。鳃孔宽大。

背鳍刺后缘具弱齿。脂鳍较长。胸鳍刺后缘锯齿发达。尾柄细长。尾鳍呈凹形,上、下叶圆钝。全身无鳞。侧线平直。

体背侧为浅黄色。腹部为白色。背鳍、尾鳍末端呈黑色。

此鱼分布于南丰、资溪、瑞金。

(6)凹尾鮠

标本4尾,体长80 mm~115 mm,采自余江。

背鳍Ⅱ-7;臀鳍16-18;胸鳍Ⅰ-7;腹鳍6。

体长为体高的4.6~6.0倍,为头长的3.6~4.3倍,为尾柄长的6.0~6.9倍,为尾柄高的10.9~13.0倍。头长为吻长的2.7~3.0倍,为眼径的6.5~7.6倍,为眼间距的2.8~3.2倍。尾柄长为尾柄高的1.7~2.1倍。

体长,后侧扁。头扁平,被薄皮。眼小,侧上位。眼间隔稍隆起。吻扁圆。口下位,口裂宽,呈弧形。上、下颌具细齿。上唇厚。须4对。鼻须达眼中点。上颌须可达鳃膜。鳃孔宽阔。

背鳍刺较细且光滑。胸鳍刺前缘光滑,后缘齿发达。臀鳍较脂鳍短。尾鳍内凹。生殖突不明显。体表无鳞。侧线平直。

体侧上半部为灰黑色,下半部色较浅。腹鳍为浅灰色,其余鳍为灰黑色。

此鱼生活于江河、溪流底层,为肉食性鱼类。

此鱼分布于峡江、赣州。

(7)白边鮠

地方名:友眼里。

标本10尾,体长140 mm~220 mm,采自余江。

背鳍Ⅱ-7;臀鳍19-20;胸鳍Ⅰ-7;腹鳍6。

体长为体高的4.6~7.6倍,为头长的4.3~5.1倍,为尾柄长的4.5~6.0倍,为尾柄高的14.8~17.9倍。头长为吻长的2.5~3.0倍,为眼径的5.8~7.0倍,为眼间距的1.3~1.8倍。尾柄长为尾柄高的2.8~3.6倍。

体前扁平,后侧扁。尾柄细长。头顶被粗厚的皮膜。吻宽而圆钝。口下位。上、下颌及口盖骨上均有细齿。唇厚,具唇褶。唇沟明显。须4对,均短小。鼻须不达眼中部。上颌须伸达眼后下方,但不达鳃盖。眼小,侧上位,为皮膜所盖。眼间隔宽,中央微凹。前鼻孔位于吻前端,后鼻孔位于吻侧中部。鳃孔宽阔。

背鳍短,刺尖长,后缘均无齿。脂鳍长而厚。胸鳍呈扇形,刺前缘光滑,后缘有发达的锯齿。腹鳍、尾鳍呈圆形。体表无鳞。侧线平直。

体背为青灰色。腹部为白色。各鳍为灰黑色。尾鳍边缘具一半月形白色边。

此鱼多生活于水流缓慢的江河中,为肉食性底栖鱼类。产卵期为4—6月。雄鱼有营巢的习性。

此鱼分布于余江、赣州、抚州、九连山、宜黄、九江、宁都。

(8) 切尾鮠

标本 5 尾,体长 98 mm ~ 129 mm,采自抚河。

背鳍 II - 7;臀鳍 17 - 19;胸鳍 I - 7;腹鳍 6。

体长为体高的 6.2 ~ 6.5 倍,为头长的 4.7 ~ 5.0 倍,为尾柄长的 4.5 ~ 6.2 倍,为尾柄高的 10.4 ~ 11.5 倍。头长为吻长的 2.6 ~ 3.0 倍,为眼径的 5.8 ~ 6.7 倍,为眼间距的 2.3 ~ 2.8 倍。尾柄长为尾柄高的 1.9 ~ 2.1 倍。

体较长,前部扁平,后部侧扁。头扁平,中等大,头顶被皮膜。眼小,上侧位,为皮膜所盖。眼间隔宽平。吻宽短且圆钝。口下位,口裂大。上颌略长于下颌。上、下颌均有细齿。唇稍厚。唇褶发达。须 4 对,较粗扁。鼻须基连于后鼻孔前缘,伸达眼后缘。上颌须起于唇褶上方,伸达胸鳍起点。前鼻孔近吻端,后鼻孔位于吻侧中部。鳃孔宽阔。鳃耙小。

背鳍基短,鳍刺短而光滑。脂鳍低而长,基部长于臀鳍。胸鳍短小,具一强刺,前缘有细齿,后缘齿发达。腹鳍为圆形。臀鳍基长,鳍条上盖以厚皮膜。尾鳍近截形或中央微凹。体表裸露。侧线平直。

体背侧为灰黑色。腹部为黄灰色。沿侧线有数个不规则的灰黑色斑块。胸鳍、腹鳍为灰褐色。背鳍基和尾鳍末端为灰黑色。

此鱼为在水流缓慢的水域底层生活的小型肉食性鱼类。其肉嫩味美,为食用鱼之一。

此鱼分布于长江,在江西境内主要分布于信江、抚河、赣东北及洪门水库。

(9) 长尾鮠

标本 2 尾,体长 112 mm,采自洪门水库。

背鳍 II-7;臀鳍 18;胸鳍 I-8;腹鳍 6。

体长为体高的 4.1 倍,为头长的 3.8 倍,为尾柄长的 5.8 倍,为尾柄高的 11.5 倍。头长为吻长的 3.0 倍,为眼径的 6.7 倍,为眼间距的 2.8 倍。尾柄长为尾柄高的 1.7 倍。

体长,后侧扁。头背被皮膜。枕骨突裸露。口下位。上、下颌具齿。吻扁圆。唇较薄,上、下唇在口角处相连。须 4 对,较短小。鼻须仅达眼前缘。上颌须超过眼后缘。鳃孔宽大。前、后鼻孔分离。

背鳍刺较粗,后缘光滑。胸鳍刺较强,后缘具粗壮的锯齿。脂鳍较长。尾鳍末端呈圆弧形,外缘为白色。全身无鳞。侧线平直。

体为灰黑色。尾鳍边缘为灰黑色,其余鳍均为黑色。

此鱼分布于抚州的洪门水库。

3. 鳠属

(1)大鳍鳠

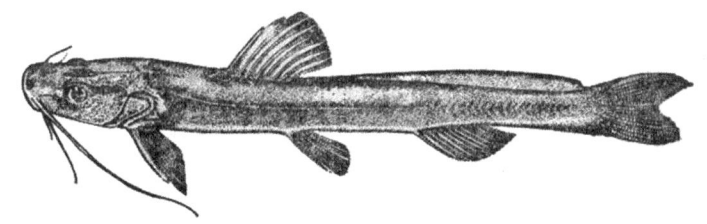

地方名:江鼠、石扁头、牛尾巴、斧头柄。

标本 6 尾,体长 173 mm~280 mm,采自余江。

背鳍 I-7;臀鳍 11-13;胸鳍 I-7;腹鳍 6。

体长为体高的 7.5~8.0 倍,为头长的 4.3~5.1 倍,为尾柄长的 4.3~4.5 倍,为尾柄高的 11.0~12.2 倍。头长为吻长的 2.0~2.7 倍,为眼径的 5.0~6.5 倍,为眼间距的 3.7 倍。尾柄长为尾柄高的 2.1~2.4 倍。

体很长,前部扁平,后部侧扁。头宽而扁平。颊部稍膨大。眼小,侧上位,被皮膜。眼间隔宽而平。吻钝而宽扁。口大。口角具唇褶。唇沟明显。须 4 对。鼻须细小,位于后鼻孔前缘,伸达眼中部的下方。上颌须粗长,可伸达胸鳍基后方。前鼻孔近吻端,后鼻孔位于眼前上方。鳃孔宽阔。鳃耙细长。

背鳍短,位于胸鳍后上方。鳍刺长而锐利,前、后缘光滑无齿。脂鳍低而长,起点紧接背鳍基后,向后几达尾鳍基。胸鳍下侧位,位于背鳍起点的前下方,具一强刺,前缘光滑,后缘具齿。腹鳍小。臀鳍基短。尾鳍呈叉形,末端尖钝,上叶长于下叶。体表无鳞。侧线平直。

体背为灰褐色。腹部为灰白色。各鳍边缘为灰黑色。

此鱼为底栖性鱼类,生活于水流湍急、多砾石的江河中。性颇凶猛,以小型动物为食,有时也摄食植物碎屑。冬季在水深的江河干流中越冬。产卵期为5—6月。多在流水的浅滩上产卵,卵黏于石块上孵化。此鱼是较好的食用鱼之一。

此鱼分布于长江一带,在江西境内主要分布于鄱阳湖、抚河、信江、赣江等各大水系及宜黄、崇仁、寻乌、信丰、瑞金。

鳗鲡目

体呈蛇形,无鳞或被细圆鳞。鳃孔狭窄。各鳍均无鳍刺。背鳍、臀鳍长,一般与尾鳍相连或不相连。无腹鳍。个体发育中明显变态。仔鱼呈叶状。

江西仅有鳗鲡科1科。

一、鳗鲡科

体延长,呈圆筒形,后部侧扁。尾部长。头钝而扁平,呈锥形。吻短。鼻孔每侧2个。前鼻孔具短管,后鼻孔呈裂缝状。口大。牙细。鳃孔位于胸鳍基前下方。体被细鳞,鳞埋于皮下,呈席纹状排列。背鳍、臀鳍与尾鳍相连。胸鳍发达。无腹鳍。

江西仅有1属1种。

1. 鳗鲡属

(1) 鳗鲡

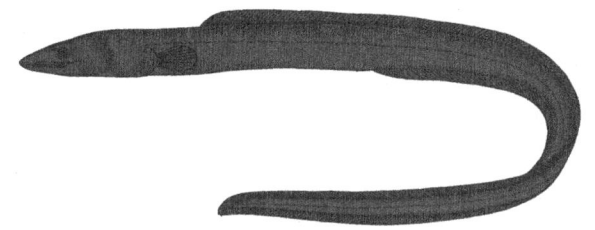

地方名:白鳝、鳗鱼、满里鱼。

标本10尾,体长230 mm～750 mm,采自鄱阳、九江、彭泽、湖口、余江、上饶。

体长为体高的15.0～18.0倍,为头长的8.0～9.8倍。头长为吻长的4.0～5.6倍,为眼径的10.0～12.8倍,为眼间距的4.9～5.8倍。

体呈蛇形,前部近圆筒状,后部稍侧扁。头钝而扁平,呈锥形。口较大,端位,微斜,口裂伸达眼后缘。下颌稍突。上、下颌均具细齿。唇厚,为肉质。眼小,埋于皮下。鳃孔小,位于胸鳍基前方。肛门位于体前半部。体被细鳞,鳞埋于皮下,呈席纹状排列。侧线孔发达。背鳍低而长,其起点距臀鳍的距离比距鳃孔的距离近。背鳍、臀鳍与尾鳍相连。胸鳍短而圆,位于体侧正中,贴近鳃孔。无腹鳍。尾鳍圆钝。

鳗鲡是降河性洄游鱼类。春季,大量幼鳗成群结队地自海入江,到达长江流域时为2—5月。雌鳗在江湖中生长育肥,昼伏夜出。到成熟年龄时,秋季的8—9月再降河洄游到长江口,与在河口生长的雄鳗到海洋中进行繁殖。产后亲鳗一般死亡。

天然鳗鲡食性杂,包括小型鱼类,昆虫幼虫,虾、蟹、蚌、蚬类及高等水生植物等。在不同的生长阶段,食饵不同,摄食强度也不同。一般主要摄食新鲜的动物饵料,但也食腐败的动物尸体。常在夜间捕食。

鳗鲡不能在淡水中繁殖,因为其性腺在淡水中不能很好地发育。近几年来,我国对鳗鲡的人工繁殖和饲养工作日益重视。人工养殖工作,近几年来已在沿海地区逐步开展。鳗鲡肉质肥美鲜嫩,深受群众喜爱。

此鱼分布于鄱阳、九江、赣州。

颌 针 目

体细长,被圆鳞。侧线位低,与腹缘平行。背鳍后位。胸鳍位高。腹鳍腹位。各鳍均无鳍刺或硬刺。上、下颌或仅下颌延长,呈喙状。鳔无管。无幽门盲囊。

江西只有1科。

一、针鱼科

体延长,侧扁或呈圆柱形。头较长。眼大。鼻孔大,有圆形、条形或扇形的嗅囊,囊边缘完整或有穗状分枝。口小。下颌向前延伸,呈针形。前颌骨与颌骨相固接,形成三角形口盖。尾部细而侧扁。

本科仅有1属1种。

1. 鱵属

(1) 鱵

地方名:针鱼、针公子、丁鱼。

标本6尾,体长65 mm~73 mm,采自彭泽、湖口、鄱阳、余江、九江。

背鳍2-13;臀鳍2-15;胸鳍11;腹鳍1-5。

体长为体高的11.9~13.0倍,为头长的2.6倍,为尾柄长的7.2~7.5倍,为尾柄高的32.5倍。头长为吻长的1.3~1.5倍,为眼径长的8.0~8.3倍,为眼间距的12.5倍。尾柄长为尾柄高的4.5倍。

体细长而侧扁。背腹缘平直。尾部侧扁。头较小,背面宽平。口小。上颌扩,呈三角形。下颌延长,呈针形。眼大,侧位。体被圆鳞。头部及上颌三角部均有鳞。侧线位低,近腹缘,在胸鳍基下有一个分枝,向上延伸至胸鳍基部。背鳍位于体后部,起点约与臀鳍相对。臀鳍与背鳍形状相同。胸鳍小而尖,上侧位。腹鳍小。尾鳍呈叉形,下叶较上叶长。

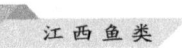

体背为暗绿色。腹部为银白色。体侧自胸鳍基上方至尾鳍基有 1 条银灰色狭纵带（浸泡后变成黑色）。下颌喙部、吻缘、背鳍和尾鳍边缘均为灰黑色,其余鳍为浅色。

鱵为近海暖水性鱼类,生活于近海沿岸及江河上游,栖息于水体中上层,以桡足类及枝角类为食,是一种小型鱼类,在鄱阳湖区较少,有一定的经济价值。

此鱼分布于鄱阳湖、余江、九江、修水、抚河、赣江。

鳉 形 目

体较长。头扁平。口小,上位。口裂上缘仅由前颌骨组成。两颌常具细齿。体被圆鳞。无侧线。各鳍均无鳍刺。腹鳍腹位。鳔无管。

此鱼是一种小型的卵生或卵胎生鱼类。江西省有2科。

科的检索表
1(2)卵生。臀鳍长。雄鱼臀鳍正常。头长大于尾柄长 ··· 鳉科
2(1)卵胎生。臀鳍短。雄鱼臀鳍前部形成输精器。头长小于尾柄长 ························· 胎鳉科

一、鳉科

体长而侧扁。头扁平,其长大于尾柄长。吻宽而短,其长小于眼径。口小,上位。眼大而圆,侧位。体被圆鳞。头部的鳞小。无侧线。臀鳍基远大于背鳍基,其前部鳍条不延长。卵生。

此科在江西省有1属1种。

1.鳉属

(1)青鳉

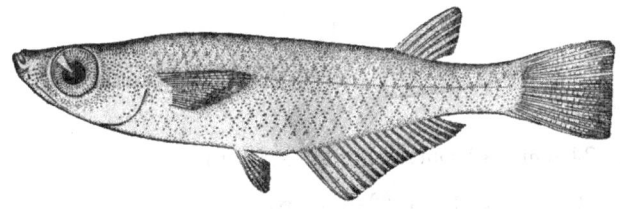

标本4尾,体长24 mm～27 mm,采自抚河、寻乌。

背鳍1-5;臀鳍3-16;胸鳍3-7;腹鳍1-5。纵列鳞28。

体长为体高的3.8～4.6倍,为头长的3.4～4.0倍。头长为吻长的3.0～4.0倍,为眼径的2.4～2.8倍,为眼间距的2.2～2.5倍。尾柄长为尾柄高的1.0～1.5倍。

体长而侧扁。背部较平直。腹部圆凸。头扁平,中等大。吻宽而短。口小,上位,横裂,具细齿。无须。眼大而圆,侧上位。眼间隔宽平。鳃孔大,鳃盖膜与峡部不相连。背鳍后位,接近尾鳍。胸鳍大,位置较高。腹鳍短小。臀鳍基长,起点在背鳍前方。尾鳍宽大,后缘微凹。体被圆鳞,头部亦被细鳞。无侧线。肛门紧靠臀鳍。

活体体色青灰。腹部为灰白色。体背有黑色条纹。胸鳍、腹鳍为浅灰色。臀鳍基部两侧有黑色条纹。尾鳍上有黑色小点。

青鳉为池塘、沟渠及稻田中的小型鱼类,栖息于水表层,以小型无脊椎动物为食,个体小,无食用价值。

此鱼分布于寻乌、余江、南丰、崇仁、抚河。

二、胎鳉科

体长而侧扁。头顶宽而扁,其长短于尾柄长。吻宽而短。眼中大,上侧位。眼间隔宽平。口小,前上位。臀鳍稍大于背鳍。雄鱼的第3～5根鳍条延长成输精器。尾为圆形。卵胎生。

此科在江西省有1属1种。

1. 食蚊鱼属

(1) 食蚊鱼

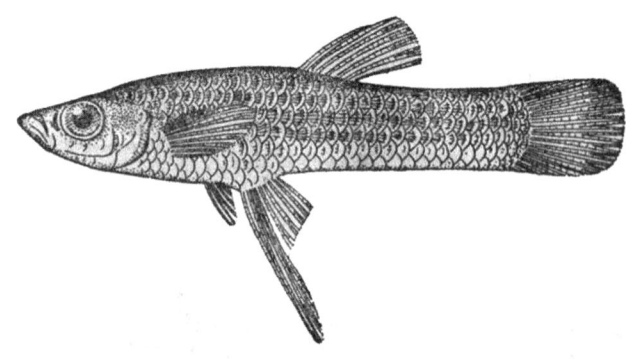

地方名:柳条鱼。

标本8尾,体长24 mm～40 mm,采自南昌县莲塘镇。

背鳍1-5;胸鳍3-7;腹鳍1-5;臀鳍3-6。

体长为体高的3.5～4.0倍,为头长的3.8～4.1倍,为尾柄长的2.6～3.0倍。头长为吻长的2.8～3.2倍,为眼径长的2.6～3.0倍,为眼间距的7.8～8.0倍。

体延长而侧扁。背缘略平直。雄鱼细长。雌鱼胸腹部圆突。尾柄狭长。头短而宽,呈锥形,顶部宽而平。吻宽而短。眼圆,侧上位。眼间隔平宽。口小,前上位。口裂横直。齿小。无须。鳃孔大。头、体均被圆鳞。无侧线。

背鳍基短,始于臀鳍基末端。胸鳍发达,中侧位。腹鳍小。臀鳍稍大于背鳍。雄鱼的第3～5根鳍条延长为输精器。尾鳍宽大,后缘圆。

活体体侧上部为青灰色,下部及腹部为灰白色。体背自头顶到背鳍基前有一黑色条纹。背鳍、尾鳍有 2 行平行的黑点。

此鱼为喜生活于水清的池塘、稻田等静水或缓流水体表层的卵胎生小型鱼类。幼鱼以轮虫及纤毛虫为食。成鱼则以浮游甲壳类及昆虫为食,尤其喜食孑孓,是蚊虫的天敌,但无食用价值。

食蚊鱼原产美国南部及墨西哥北部,曾被广泛移植到世界各地以消灭传播疟疾和黄热病的病源——蚊虫。据记载:1924 年和 1926 年先后两次由菲律宾和美国运来上海,经驯养能大量繁殖;1957 年后又被移植到全国各地;1984 年,江西南昌县莲塘镇发现此鱼。此鱼繁殖期为 3—11 月,通常每胎 30~50 尾,最多可达百余尾。仔鱼 1 个月左右即达性成熟,之后开始繁殖。

在南昌市莲塘镇采到标本。

鳢形目

体长。口大。背鳍与臀鳍很长。腹鳍有或无。颌上有锐齿。全身被鳞。有侧线。江西省仅有鳢科1科。

一、鳢科

体长,稍侧扁。背腹圆。口大,近上位。下颌长于上颌。上下颌、犁骨及口盖上均有锐齿。背鳍和臀鳍均长。胸鳍为圆形。腹鳍有或无。各鳍均无刺。鳃上腔内有片状辅呼吸器。头及体部均被鳞,头部的鳞形状不规则。侧线完全。

此科在江西省有2属3种。

属的检索表
1(2)有腹鳍 ·· 鳢属
2(1)无腹鳍 ·· 月鳢属

1. 鳢属

种的检索表
1(2)背鳍条49~53,臀鳍条31~34。侧线鳞较多 ································ 乌鳢
2(1)背鳍条42~46,臀鳍条28~29。侧线鳞较少 ································ 斑鳢

(1)乌鳢

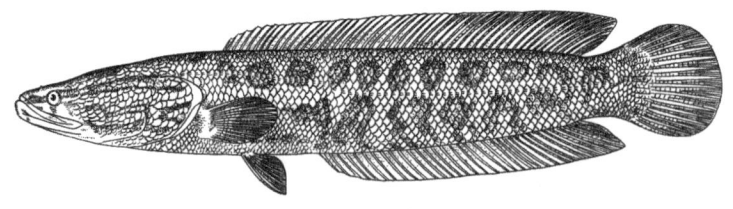

地方名:乌鱼。

标本20尾,体长180 mm~300 mm,采自江西省各地。

背鳍49-53;胸鳍15-18;腹鳍29-34;臀鳍6。侧线鳞61~69。

体长为体高的5.0~5.8倍,为头长的2.8~3.1倍,为尾柄长的14.8~20.1倍,为尾柄高的9.8~10.0倍。头长为吻长的6.3~7.8倍,为眼径长的5.7~9.2倍,为眼间距的

4.7~5.6倍。

体长呈棒形。尾部侧扁。尾柄短而高。头长而大,头顶宽而平。口端位。口裂大,后端达眼后缘下方或略后。下颌突出,略长于上颌。上、下颌外缘有细齿,内缘、犁骨及口盖骨上有大而尖的犬齿。吻短钝。眼侧上位,位于头的前部。鼻孔2对。前鼻孔呈管状,接近吻端。鳃耙为具细刺的结节。鳃盖膜左右联合。

背鳍基长,起点近胸鳍基上方。胸鳍为长圆形,末端超过腹鳍中部。腹鳍较小。臀鳍基长,鳍条末端超过尾鳍基。尾鳍为长圆形。全身被鳞,头部的鳞片不规则。黏液孔发达。侧线约在臀鳍起点上方下弯或断裂。

体色灰黑。腹部为灰白色。体侧有2列不规则的较大黑斑。腹侧间有1列不规则的小黑斑。头侧从眼到鳃盖后缘有2条纵行的褐色条纹。背鳍和臀鳍上有许多不连续的黑白相间的斑点。奇鳍为深灰色,偶鳍略黄。

乌鳢喜栖于水草多、泥质底的河、湖、塘渠中,适应能力较强,因有辅助呼吸器,故可在混浊或缺氧的水体中生活,为凶猛的肉食性鱼类,以小鱼、水生昆虫等为食。产卵期为4—6月。产卵时,亲鱼在水草中吐出泡沫,用碎的水草做成杯形巢穴,产卵于其中,并守护鱼卵。卵具油球,浮于水面孵化。

此鱼肉肥味美,营养丰富,深受人们喜爱。有人认为术后食之能加速伤口愈合。此鱼生长快,分布广,经济价值较高。

此鱼分布于赣州、南昌、余江、鄱阳、九江、抚河、广昌、东乡等。

(2)斑鳢

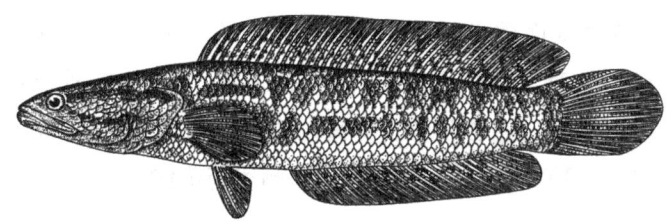

标本4尾,体长200 mm~232 mm,采自赣州、南康、鄱阳。

背鳍42－45;胸鳍28;腹鳍13－16;臀鳍6。侧线鳞58~60。

体长为体高的4.6~5.7倍,为头长的3.0~3.2倍,为尾柄高的8.6~9.1倍。头长为吻长的8.0~8.5倍,为眼径长的8.2~8.6倍,为眼间距的4.3~5.8倍。

体似乌鳢,前胖后扁。头长,头顶平。吻短钝。眼侧上位,位于头的前部,近吻端。口亚上位,口裂大。下颌稍长于上颌,两颌外缘有细齿,内缘、犁骨及口盖骨上的齿大而尖。鼻孔2对,前、后鼻孔分离。前鼻孔近吻端,后鼻孔距眼较近。

背鳍基极长,起点近胸鳍基上方,末端近尾鳍基。胸鳍为扇形。腹鳍较小,起点位于胸鳍基到肛门间的1/3处。臀鳍基亦长,末端稍前于背鳍基末端。鳍条末端也超过尾鳍基。尾鳍为圆形。全身有鳞,头部的不规则。侧线沿体侧往上而后行,至臀鳍起点上方折向下弯或断折,而后行于体侧正中。黏液孔较小。

体侧上部暗绿带褐色,下部为淡黄色。头两侧至鳃盖后缘各有 2 条黑色条纹。体侧有 2 列不规则的黑斑。背鳍和臀鳍上有许多不连续的白斑点。尾柄和尾鳍基部有几列黑白相间的斑条。偶鳍稍带橘红色。

此鱼主要生活在江河中,性凶猛,为肉食性鱼类。其肉质鲜美,是食用鱼类之一。

此鱼分布于赣州、鄱阳、信丰。

2. 月鳢属

(1) 月鳢

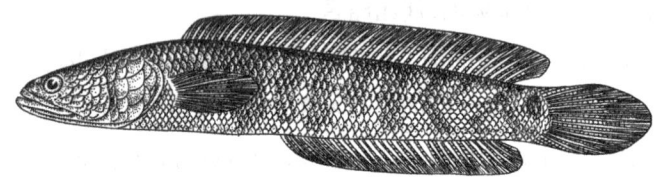

地方名:七星鱼、称星鱼。

标本 1 尾,体长 185 mm,采自赣南。

背鳍 49;胸鳍 15;臀鳍 30。侧线鳞 60。

体长为体高的 5.9 倍,为头长的 4.0 倍,为尾柄长的 17.3 倍,为尾柄高的 9.0 倍。头长为吻长的 6.0 倍,为眼径长的 7.0 倍,为眼间距的 3.1 倍。

体长,后侧扁。头宽大而矮扁。头宽明显大于体宽。口大,端位,斜裂。吻短钝。眼侧上位,近吻端。鼻孔 2 对。后鼻孔近眼,前鼻孔近吻。两颌、犁骨及口盖骨上均有细齿。鳃孔大。鳃膜跨过峡部,左右联合。背鳍与臀鳍均极长,鳍条末端均超过尾基。胸鳍为扇形。腹鳍消失。尾鳍为圆形。全身被鳞。侧线至胸鳍末端转折后行于体侧中央。黏液孔小。

头及背侧为橘黄色。腹部为黄白色。体侧有数个不规则的褐斑,顺侧线排列。尾部有 1 个圆形的褐斑。背鳍上有 4 列白色斑点。臀鳍上有 3 行不连续的白色斑点。各鳍为灰黄色。

此鱼分布在赣南地区。

合 鳃 鱼 目

体鳗形。背鳍和臀鳍退化为皮褶状,无鳍条,均与尾鳍相连。无胸鳍和腹鳍。尾鳍甚小。鳃常退化。鳃孔位于腹面,左、右鳃孔连成一横裂。口腔和肠有呼吸功能。无鳔。

此目在江西省仅有1科。

一、合鳃科

体鳗形。口大。口裂上缘由前颌骨及部分颌骨组成。头短,隆起,稍膨大。吻短,稍尖。背鳍与臀鳍为皮褶,与尾鳍皮褶相连,无鳍条。左、右鳃孔连成一横裂,位于腹面。体表裸露无鳞。

此科在江西省仅有1属1种。

1. 黄鳝属

(1)黄鳝

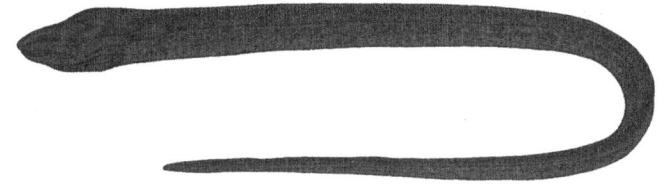

地方名:鳝鱼。

标本5尾,体长301 mm~420 mm,采自余江。

体长为体高的21.0~27.1倍,为头长的11.0~13.2倍。头长为吻长的4.6~27.1倍,为眼径长的9.0~12.8倍,为眼间距的6.2~7.0倍。

体圆而细长,呈蛇形,向后渐侧扁。尾短而尖。头部上下隆起,头高大于体高。口大,端位。上颌稍突出。上、下唇颇发达。上、下颌骨和口盖骨上都有细齿。眼小,为皮膜所覆盖。两鳃孔合为一体,开口位于腹面,呈"V"字形。体表光滑无鳞。无偶鳍。奇鳍退化,仅留不明显的皮褶。腹腔膜为褐色。鳔退化。侧线孔不明显。

体呈黄褐色,有不规则的黑色斑点。腹部为灰白色。

黄鳝为营底栖生活的肉食性鱼类,平时生活在水边,有穴居的习惯。白天很少活动,夜间出穴觅食。鳃不发达,借助口腔及喉腔的内壁表皮作辅助呼吸器官,能直接呼吸空气,故离水后不易死亡。黄鳝主要摄食水蚤、昆虫幼虫,此外也捕食蚯蚓、蝌蚪及小鱼、小虾等。

黄鳝在生长发育中有性逆转的特性。幼鱼到性成熟时全为雌性,产卵后变为雄性。大型个体多为雄性。其产量高,味道鲜美,是广大群众所喜爱的食用鱼之一,近年来还畅销国外,具有较高的经济价值。

此鱼分布于江西各地。

鲈 形 目

上颌口缘通常由前颌骨组成。鳃盖发达,且常具刺。体无鳞,或被圆鳞或栉鳞。背鳍1个则由鳍刺和鳍条组成;若2个,则第一背鳍由鳍刺组成,第二背鳍主要由鳍条组成,与第一背鳍相连或不连。腹鳍胸位或喉位,且具1根鳍刺、5根鳍条。胸鳍位高。无韦伯氏器。

此目在江西省有4科。

科的检索表
1(6)臀鳍最多有3根鳍刺。无鳃上器
2(5)腹鳍正常,不形成吸盘
3(4)鳍刺粗壮。臀鳍常有3根鳍刺。具侧线 ················· 鮨科
4(3)鳍刺细弱。臀鳍只有1根鳍刺。不具侧线 ················· 塘鳢科
5(2)左右腹鳍愈合成吸盘 ················· 鰕虎鱼科
6(1)臀鳍有3根以上鳍刺。有鳃上器 ················· 斗鱼科

一、鮨科

体侧扁。口大,能伸缩。上颌骨不被眶前骨遮盖,末端游离。上、下颌的牙尖细。犁骨及口盖骨上均有绒毛状细齿。前鳃盖骨后缘常具锯齿,下缘有2~4个大刺。鳃盖骨有1~3根钝刺。鳃盖膜分离,不与峡部相连。头、体均被小圆鳞或栉鳞。背鳍具较多的鳍刺和鳍条。腹鳍胸位,具1根鳍刺、5根鳍条。尾鳍圆或分叉或呈截形。

此科在江西省有1属6种。

1. 鳜属

种的检索表
1(2)鳃耙退化。体长为体高的4.7~5.5倍。幽门垂16个 ················· 长体鳜
2(1)具鳃耙。体长为体高的4.0倍以下
3(4)幽门垂100个以上。头长约为眼径的5.3~8.1倍 ················· 鳜
4(3)幽门垂100个以下。头长约为眼径的6.0倍以下
5(10)侧线鳞89以上。体长约为尾柄长的5.8倍。幽门垂45~95个
6(7)鳃耙外侧4个。体侧有较多中央色淡、边缘暗黑的圆形色环 ················· 斑鳜
7(6)鳃耙外侧5~7。体侧无圆形色环

8(9)鳃耙外侧5~6。自吻部穿过眼眶至背鳍前有一褐色斜条带 …………………………… 大眼鳜
9(8)鳃耙外侧7。体侧有白色的波浪形条纹 ……………………………………………… 波纹鳜
10(5)侧线鳞64~70。体长为尾柄长的5.1~5.6倍。幽门垂10个 …………………… 暗鳜

(1) 长体鳜

地方名：石桂、蛇桂、沙桂、尖头桂。

标本17尾，体长119 mm~206 mm，采自余江、修水、九江、彭泽、湖口等。

背鳍Ⅳ-10；臀鳍Ⅲ-7；胸鳍Ⅰ-12；腹鳍Ⅰ-5。侧线鳞90~97。幽门垂6~9。

体长为全高的4.49~4.62倍，为头长的2.7~2.8倍，为尾柄长的7.5~8.5倍，为尾柄高的10.6~11.4倍。头长为吻长的2.7~2.8倍，为眼径长的5.7~5.9倍，为眼间距的5.0倍。尾柄长为尾柄高的1.2~1.5倍。

体延长，略呈圆筒形。头长。吻尖。口亚上位。下颌稍突，前部犬齿单行裸露。上颌往后延伸至眼中部下缘，犬齿排列成多行。前鳃盖骨后缘具细锯齿，下缘较稀疏。一般包于皮内。间鳃盖骨及后鳃盖骨后缘有2根大刺。背鳍由硬刺和鳍条组成，起点位于胸鳍基上方。腹鳍有硬刺，近胸部。肛门近臀鳍。尾鳍为圆形。鳞小。全身仅头及腹鳍之前的腹部无鳞。幽门垂数目极少。

体为棕褐色。头与体侧有许多不规则的暗色斑块。沿体背有4~5条大的暗色斑带。腹部为灰白色。各鳍为黄色。

长体鳜主要生活在江河中，性凶猛，数量不多，因此经济价值不高。

此鱼分布于九江、彭泽、余江、萍乡、景德镇、赣州。

(2) 鳜

地方名：桂鱼、花桂、黄花桂。

标本11尾,体长112 mm~401 mm,采自鄱阳、余江、九江、赣州、宜春。

背鳍Ⅳ-14;臀鳍Ⅲ-9~11;胸鳍14-15;腹鳍Ⅰ-5。侧线鳞约135。鳃耙7。幽门垂133~316。

体长为体高的2.5~3.0倍,为头长的2.4~2.9倍,为尾柄长的8.5~12.0倍,为尾柄高的8.1~9.5倍。头长为吻长的2.3~2.4倍,为眼径的4.3~5.9倍,为眼间距的5.5~7.8倍。尾柄长为尾柄高的0.6~1.2倍。

体高而侧扁。背部隆起。口大,端位,口裂稍斜。上颌延伸至眼后缘。下颌突出。两颌、犁骨及腭骨均有绒毛状齿,前部齿扩大成犬齿。前鳃盖骨后缘有细锯齿,下角及下缘各具2根小刺。间鳃盖骨和下鳃盖骨下缘光滑。鳃盖骨后缘有2根扁刺。鳃孔大。除吻部及眼间隔外,全身均被小圆鳞。侧线完全。

背鳍长,前部长,为硬刺;后部短,为鳍条。其起点在胸鳍基下方。腹鳍近胸位。胸鳍和尾鳍均为圆形。

体色青黄,具不规则的黑褐色斑点和斑块。自吻端经眼至背鳍前下方有1块长的黑色斜带,在第6~8根鳍刺下方有1条宽的黑褐色垂直纹带。背侧近背鳍基底有4~5个斑块。奇鳍上均有黑色斑点,斑点排成行。偶鳍色浅。

鳜一般生活在静水或缓流的水体中,尤其喜欢生活在水草多的湖泊中,冬季不太活动,常在深水处越冬,春季游向浅水区。白天有卧穴的习性,夜间喜在水草丛中觅食。鳜鱼为凶猛的肉食性鱼类,以其他鱼类为主要食物,如鲨鱼、鳑鲏鱼、鲫鱼、似鲚、小虾等。冬季一般停食,春秋季捕食最旺。鳜鱼生长速度快,肉嫩味美,蛋白质丰富,是人们喜爱的一种重要的名贵鱼类,具有较大的经济价值。

鳜鱼生活在静水中,能在湖泊和静水中产卵。现在,人们已在小型湖泊或池塘中发展鳜鱼养殖,用天然的小杂鱼及虾类换取经济价值较高的名贵种类,或用人工饲养的方法进行养殖,为市场提供更多的名贵鱼类,满足人们的需要。

此鱼分布于江西各大水系,以及南城、南丰、九江、余江等地。

(3)斑鳜

地方名:怒桂、路桂、桂鱼。

标本7尾,体长207 mm~261 mm,采自赣州、余江。

背鳍Ⅶ-13;臀鳍Ⅲ-9;胸鳍Ⅰ-13;腹鳍Ⅰ-5。侧线鳞106~125。鳃耙4。幽门垂64~121。

体长为体高的3.0~3.6倍,为头长的2.6~2.9倍,为尾柄长的6.9~3.6倍,为尾柄高的8.6~8.8倍。头长为吻长的2.8~3.2倍,为眼径的5.0~5.6倍,为眼间距的5.2~6.5倍。尾柄长为尾柄高的1.1~1.3倍。

体略呈纺锤形。口大,端位,斜裂。下颌稍突出。上下颌、犁骨及腭骨均具细齿。上颌前端及两侧部分牙稍扩大。下颌犬齿常2个并生。前鳃盖骨后缘具细齿,下缘及下角各具2根小刺。鳃盖骨后缘有2根扁刺。侧线完全,伸过尾鳍基。除吻部与眼间隔外,全身均被小圆鳞。腹鳍胸位,起点稍后于胸鳍基底。尾鳍为圆形。

体背侧为黄褐色。体表具不规则的褐色圆斑。背鳍基底下方有几个鞍状斑块。腹面白或略黄。奇鳍上均具黑色点纹。偶鳍为浅灰色。

斑鳜是生活在水体中下层的凶猛鱼类,多栖息于石砾多的清水中,以鱼类为食。其肉质细嫩鲜美,为上等食用鱼,但数量较少。

江西各大水系及鄱阳湖均有分布。

(4) 大眼鳜

地方名:桂鱼。

标本13尾,体长136 mm~184 mm,采自余江、赣州、于都、彭泽、鄱阳湖。

背鳍Ⅶ-14;臀鳍Ⅲ-9;胸鳍Ⅰ-12 腹鳍Ⅰ-5。侧线鳞102~121。鳃耙6。幽门垂68~95。

体长为体高的2.8~3.1倍,为头长的2.5~2.6倍,为尾柄长的7.7~9.0倍,为尾柄高的9.7~10.0倍。头长为吻长的2.8~3.1倍,为眼径的4.7~4.9倍,为眼间距的7.4~8.0倍。尾柄长为尾柄高的1.1倍。

体长比鳜鱼稍短。头大。吻较尖。眼大。口大,斜裂。上颌骨后伸不达眼后缘下方。下颌突出,稍长于上颌。上下颌、犁骨均有细齿,犬齿较发达。前鳃盖骨外缘有强锯齿。腹鳍刺短。尾鳍为圆形或略呈截形。

体色黄褐。自吻向后经眼至背鳍前部鳍刺下方有一暗色斜带。体侧有不规则的黑色斑块、斑点及垂直条纹。腹部为灰白色。奇鳍上均有连成带状的黑色斑点。尾鳍后缘常为暗色。

其生活习性与鳜鱼相似,喜栖息于流水中,多在草丛间活动,常在浅水沿岸地区觅食。冬季在水中的岩石间或洞穴中越冬。食物以鱼类为主,约占92%;其次为虾类,约占7%。

大眼鳜分布广,产量高,大者可达1.5千克。其肉嫩、味美、刺少,为群众所喜爱,属上等食用鱼,具有重要的经济价值。但它是一种凶猛的肉食性鱼类,为养殖业的一害。如能在人工养殖过程中,普遍放养大规格饲养鱼种,就可减小其危害,并能增加养殖品种。

此鱼分布于江西各地。

(5)波纹鳜

标本5尾,体长125 mm～157 mm,采自余江、鄱阳湖。

背鳍Ⅷ-11;臀鳍Ⅲ-8;胸鳍Ⅱ-12;腹鳍Ⅰ-5。侧线鳞82～90。鳃耙7。幽门垂62。

体长为体高的2.5～2.7倍,为头长2.5～2.6倍,为尾柄长的6.2～6.8倍,为尾柄高的8.1～8.5倍,为眼间距的5.0～5.3倍。尾柄长为尾柄高的1.2～1.9倍。

体较短,侧扁。头大。吻钝圆,背部有一凹陷处。上、下颌等长。齿细小。眼较大,位于头前半部。眼间的头背微隆。前鳃盖骨外缘有较强的锯齿。背鳍基甚长,起于胸鳍基上方或稍前,末端距尾基不远。尾鳍为圆形或近截形。全身被细鳞。侧线在体侧中部向上隆弯。

体色灰暗。体侧有几个大黑斑,下部有几条白色的波浪状条纹及虫状纹。奇鳍上均有暗色斑点,色深灰。胸鳍色浅。

此鱼主要生活在底质为砾石或沙滩的水域中,多分布于江河中上游,以小鱼、小虾为食。其个体小,数量稀少,经济价值低。

此鱼少量分布于余江、景德镇。

(6)暗鳜

地方名:小火柴桂、火烧桂、千年桂、石桂。

标本4尾,体长68 mm～97 mm,采自南城、瑞金、彭泽、余江。

背鳍Ⅷ-10;臀鳍Ⅲ-8;胸鳍Ⅱ-12;腹鳍Ⅰ-5。侧线鳞61～71。鳃耙7。幽门垂10。

体长为体高的2.3～3.1倍,为头长2.4～2.6倍,为尾柄长的7.5～8.7倍,为尾柄高的7.8～9.6倍。头长为吻长的3.4～3.8倍,为眼径的4.0～5.6倍,为眼间距的5.0～6.3倍。尾柄长为尾柄高的1.1～1.2倍。

体为椭圆形,侧扁。头大。吻短,略钝。上、下颌几乎等长,均有细齿,无明显犬齿。前鳃盖骨后缘有11个显著的锯齿。鳃盖骨后缘有2根或3根硬刺。头部及体部均被细鳞。侧线与背缘平行。背鳍起点在胸鳍基的上方,最长的硬刺为第5根或第6根。臀鳍的第2根硬刺最长。尾鳍近截形。

体为深灰色。背部为灰黑色。体侧有不规则的黑斑。各鳍为灰色。奇鳍上有数列不连续的黑点。

暗鳜喜欢生活在清澈的流水中,多在滩边活动,以小鱼、小虾为食。其个体小,数量少,经济价值不高。

此鱼分布于赣南地区、余江、九江。

二、塘鳢科

体低矮或侧扁。口大。上、下颌具齿。背鳍2个,第一背鳍由刺组成,第二背鳍及臀鳍各有1根刺。腹鳍胸位,相互靠近。体被栉鳞或圆鳞。无侧线。

本科在江西省有2属2种。

属的检索表
1(2)体粗壮。体侧有数个褐色大斑块 ……………………………………… 塘鳢属
2(1)体小。体侧有多条垂直斑纹 …………………………………………… 黄鲻鱼属

1. 塘鳢属

(1)沙鳢

地方名:沙鸡婆子。

标本10尾,体长88 mm~160 mm,采自赣州。

第一背鳍Ⅶ~Ⅷ;第二背鳍Ⅰ-8~9;臀鳍Ⅰ-7。纵列鳞36~41。

体长为体高的3.8~5.1倍,为头长的2.5~3.0倍,为尾柄长的3.8~5.0倍,为尾柄高的8.0~9.2倍。头长为吻长的3.6~4.1倍,为眼径的6.5~8.6倍,为眼间距的3.0~4.1倍。尾柄长为尾柄高的1.4~1.9倍。

体粗壮,前部粗圆,后部渐侧扁。头大而宽,略扁平。口大,上位。下颌斜突出,长于上颌。两颌有多行细齿,呈带状排列。吻尖而钝。眼小,上位。眼间隔略宽。鼻孔2对。前鼻孔近上唇。鳃孔狭长,向前达眼前缘下方。鳃耙短。

两背鳍分离,第一背鳍比第二背鳍低、小。胸鳍宽而圆。腹鳍胸位,较小。尾鳍为圆形。体被栉鳞。头部及腹面被小圆鳞。无侧线。

体为黑褐色。体侧有3~4个大的黑色斑块。头部腹面有淡色斑纹。胸鳍基底有2个暗色斑点。各鳍都有深浅相间的条纹。

此鱼为底层鱼类,多生活于河沟及湖泊中的石堆、岩缝、港汊或泥沙和杂草混杂的浅水处,以小鱼、小虾、浮游动物、水生昆虫等为食。繁殖期为4—5月。卵具黏性。雄鱼有护卵现象。此鱼是一种食用鱼类,体肥壮、味鲜美、肉细嫩,为群众所喜爱。

此鱼分布在赣东北地区,以及赣州、抚河。

2. 黄鲉鱼属

(1)黄鲉鱼

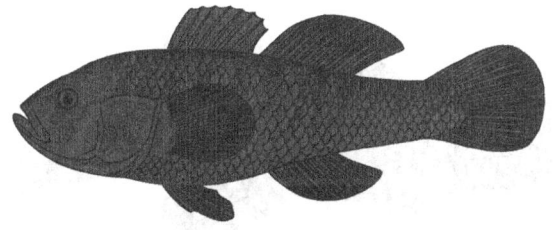

标本12尾,体长38 mm~50 mm,采自鄱阳、余江。

第一背鳍Ⅶ~Ⅷ;第二背鳍Ⅰ-10~11;臀鳍Ⅱ-7~8。纵列鳞32~37。

体长为体高的3.8~5.0倍,为头长的3.0~3.3倍,为尾柄长的3.0~3.8倍,为尾柄高的8.2~9.5倍。头长为吻长的3.4~4.5倍,为眼径的3.5~5.1倍,为眼间距的3.7~5.6倍。尾柄长为尾柄高的2.0~2.8倍。

体侧扁。头后背部稍隆起。头较大,略侧扁。眼大,侧上位。眼径大于眼间距。口大,上位。口裂斜,后达眼下缘。下颌突出,稍长于上颌。两颌均有1行锐利的细齿。吻短钝。鼻孔小。

第一背鳍比第二背鳍低、小。胸鳍较大,有发达的肌肉基。腹鳍胸位,小而尖,左右分离。尾鳍为圆形。体被栉鳞,胸腹部被圆鳞。无侧线。

体为黄白色或黄褐色。背为暗灰色。体侧有10多条暗色条纹。背鳍具4列小黑点。尾鳍上亦有数列黑色斑点。其他鳍无色。眼下缘至口角处有一灰黑色斑条。

此鱼为生活在湖泊、河港和池塘中的小型鱼类,以小动物为食,数量多,但个体小,故无经济价值。

此鱼分布在抚河下游。

三、鰕虎鱼科

体长形。颊部膨大。头宽。眼大。无须。背鳍2个。第一背鳍为硬刺。腹鳍胸位,左右愈合为一吸盘。体被鳞,有时部分无鳞或完全无鳞。无侧线。

本科在江西省有1属3种。

1. 栉鰕虎鱼属

种的检索表
1(2)头部至背鳍前无鳞 ·················· 波氏栉鰕虎鱼
2(1)头部至背鳍前有鳞
3(4)吸盘为圆形,后缘距泄殖孔较近。胸鳍基底上部有一黑斑 ·················· 子陵栉鰕虎鱼
4(3)吸盘为圆形,后缘距泄殖孔颇远。胸鳍基底上无黑斑 ·················· 褐栉鰕虎鱼

(1)波氏栉鰕虎鱼

标本67尾,体长31 mm~49 mm,采自九江、上犹、余江。

背鳍Ⅵ~Ⅶ-Ⅰ-7~8;胸鳍Ⅰ-16~18;臀鳍Ⅰ-7~8。纵列鳞27~28。横列鳞9~10。鳃耙8。

体长为体高的5.0~6.1倍,为头长的3.0~3.3倍,为尾柄长的3.1~4.2倍,为尾柄高的7.1~9.8倍。头长为吻长的3.0~3.6倍,为眼径的4.0~5.2倍,为眼间距的9.0~12.0倍。

体长形,前部较圆,后部侧扁。头大。口端位,口裂大,向上倾斜。下颌齿数行,排成带状,外行齿较大。上、下唇较厚。每侧有 2 个鼻孔。前鼻孔呈短管状,后鼻孔离眼前缘较近。眼侧上位,高于头顶。前鳃盖骨上的肌肉发达,向两侧显著鼓出。

背鳍 2 个,分离。胸鳍发达,为圆扇形。腹鳍胸位,联合成吸盘,较小,其长度等于或稍大于胸鳍长度的 1/2。尾鳍后缘为圆形。

头部、颊部、胸部均无鳞。无侧线。腹部的为圆鳞,其余均为栉鳞。

体为灰褐色。背部比腹部色深。体侧有 7~8 个垂直的斑纹。各鳍为灰褐色或灰白色,均具白边。雄鱼第一背鳍前部有 1 个蓝色斑点。雌鱼背鳍和尾鳍均有由数列黑色小斑点组成的条纹。生殖突起为圆锥形,后端接近臀鳍起点前端。

波氏栉鰕虎鱼常与子陵栉鰕虎鱼生活在一起,所以渔民捕捞时,可以同时捞到这两种鱼的幼鱼。其中,子陵栉鰕虎鱼占 80%~90%,波氏栉鰕虎鱼只占 10% 左右。

此鱼 1 冬龄体长 37 mm~39 mm,个体在种群中占优势。体长达到 28 mm 以上的 1 冬龄鱼即可繁殖。每当雨后转晴,水温为 22 ℃~26 ℃ 时,大量幼鱼逆水上溯,形成大的鱼汛,这时鱼体长 6 mm~8 mm。渔民或农民常以竹箩捞鱼,将鱼晒成鱼干,在集市上出售。庐山的旅游产品中就有鰕虎鱼幼鱼鱼干——庐山石鱼,颇受游客欢迎。

此鱼在江西省分布极为广泛,尤其是在上犹水库、陡水镇,每天有几百斤鱼干出售。在余江、洪门水库、柘林水库中均可见到。因此凡是上有流水、下接大水面(湖、水库、大河)、底质为沙石的溪涧中,都有大量的波氏栉鰕虎鱼。

湖北的春鱼(波氏栉鰕虎鱼)、安徽的麦鱼(子陵栉鰕虎鱼)均为鰕虎鱼的幼鱼。波氏栉鰕虎鱼数量多,肉嫩味美,有一定的经济价值。

此鱼分布于上犹、余江、抚州。

(2)子陵栉鰕虎鱼

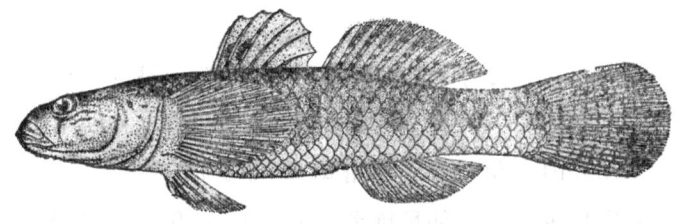

地方名:庐山石鱼。

标本 189 尾,体长 45 mm~61 mm,采自上犹、余江、庐山。

第一背鳍Ⅱ;第二背鳍Ⅰ-8;臀鳍Ⅰ-16~17;臀鳍Ⅰ-7~8。纵列鳞 27~30。

体长为体高的 4.3~5.0 倍,为头长的 3.1~3.5 倍,为尾柄长的 3.5~4.3 倍。头长为吻长的 2.5~2.8 倍,为眼径的 4.0~4.9 倍,为眼间距的 5.7~8.0 倍。

体长形,前部较圆,后部侧扁。头大,略扁平。口大,斜裂。上、下颌等长,上有密的锐利小齿,后部有 1~2 列小齿。舌大而平,前端较圆。舌面无齿。吻宽而圆钝。前、后鼻孔分离。前鼻孔呈短管状,近吻端。后鼻孔近眼,呈纵裂缝状,位于眼前缘至上唇沟间距的中点稍后处。鼻孔下有一黏液沟,下弯至口角,又分为2枝。眼较大,侧上位,在头的前半部。鳃盖膜与峡部相连。峡部宽。前鳃盖骨上的肌肉发达,突出。

两背鳍不相连,第一背鳍低于第二背鳍。胸鳍大,呈圆扇状,有发达的肌肉基。腹鳍胸位,左右愈合成吸盘状,呈椭圆形或圆形,末端接近泄殖孔。臀鳍起点与第二背鳍的第2根鳍条相对。尾鳍呈圆形。

头部、颊部和胸部裸露无鳞。背鳍前至头部有鳞。背部和腹部被圆鳞,其余部分被栉鳞。无侧线。

体为黄褐色。腹部为黄白色。体背及体侧有6个左右不规则的黑色斑块。头部有云状斑纹和斑点。胸鳍基部有1个黑色斑块。2个背鳍和尾鳍上有许多棕红色斑点。其他鳍为白色。

子陵栉鰕虎鱼生活于江河、湖泊的浅水区以及山溪中。春汛涨水时,幼鱼(体长10 mm左右)成群结队地溯水而游,形成鱼汛,极易捕捞。

此鱼分布于庐山、余江等地。

(3) 褐栉鰕虎鱼

标本6尾,体长27 mm~36 mm,采自瑞洪、九江。

背鳍Ⅵ~Ⅰ-7~8;胸鳍1-17~18;臀鳍Ⅰ-6~7。纵列鳞26-28;横列鳞7~8。鳃耙8~11。

体长为体高的5.4~6.7倍,为头长的3.2~3.9倍,为头高的5.9~6.4倍,为尾柄长的3.7~4.7倍,为尾柄高的8.9~11.0倍。头长为吻长的3.4~4.0倍,为眼径的3.7~5.2倍,为眼间距的8.6~10.5倍,为尾柄高的2.3~3.5倍。

体长形,稍侧扁,向后渐细。头部呈锥形。眼侧上位,位于头的前半部,眼球稍突出于头顶。口裂小,倾斜,端位。两颌有多行齿,外行齿比内侧的大。舌端游离,呈圆形。唇宽厚。鼻孔2对,呈管状。前鼻孔稍长于后鼻孔。前鳃盖肌肉发达。鳃孔大,下角伸达头部腹侧,上角位于胸鳍基部上缘。

背鳍2个。腹鳍胸位,联合成吸盘,呈圆形或椭圆形。腹鳍后缘达到或超过胸鳍的2/3处。臀鳍起点位于第二背鳍起点之后。两鳍末端相对。尾鳍后缘呈圆形。生殖突起呈扁圆锥形或三角形,末端接近臀鳍起点。肛门开口位于突起顶端。

头、颊部、胸部和腹部中线无鳞。背鳍前中央和腹部两侧被圆鳞。躯体的其余部分被栉鳞。

体为黄褐色。眼下缘和眼前各有 1 条深色纵纹。体侧有 5~7 个黑色圆斑,排成 1 列,有的鱼则不显著。背鳍边缘为白色。第二背鳍色浅。尾鳍有 6~7 条浅的暗纹。活体的头部、颊部有红色虫状纹及斑纹。体侧上部的每个鳞片都有一红点。胸鳍、腹鳍、臀鳍为肉桂色。

此鱼生活在河流浅滩、水库库湾、鱼苗池中,可用吸盘吸附在池壁上,也能迅速移动。此鱼分布于瑞洪、余干、都昌。

四、斗鱼科

体侧扁,略呈椭圆形。口小。眼大。具鳃上器。体被栉鳞。无侧线。背鳍与臀鳍相对,二者的鳍基均长。胸鳍为长圆形。腹鳍胸位,第 1 根鳍条延长成丝状。肛门近胸位。尾鳍为圆形或分叉。

1. 斗鱼属

种的检索表
1(2) 尾鳍为叉形 ··· 叉尾斗鱼
2(1) 尾鳍为圆形 ··· 圆尾斗鱼

(1) 叉尾斗鱼

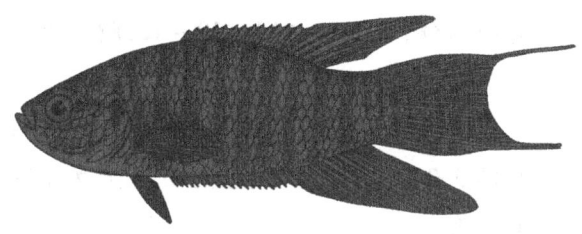

地方名:篦梳鱼、叉尾花皮脸。

标本 5 尾,体长 41 mm~50 mm,采自余江、上饶、彭泽、湖口、修水、瑞金。

背鳍 X-7;臀鳍 XVII~XXI-12~15;胸鳍 10;腹鳍 I-5。纵列鳞 28~30。

体长为体高的 2.5~2.9 倍,为头长的 2.9~3.3 倍,为尾柄长的 11.5~12.8 倍,为尾柄高的 5.2~6.0 倍。头长为吻长的 3.1~3.9 倍,为眼径的 3.0~4.0 倍,为眼间距的 3.0~3.5 倍。尾柄长为尾柄高的 0.3~0.6 倍。

体为长卵圆形,侧扁。吻短钝。唇明显。口小,上位。齿小。前鳃盖骨下缘及下鳃盖骨后缘均有细锯齿,鳃盖骨光滑。头被圆鳞,体被栉鳞。背鳍基甚长。臀鳍与背鳍相似。臀鳍基比背鳍基稍长,后端几乎与尾鳍相连。腹鳍胸位。背鳍第 3~4 根鳍条、臀鳍第 6~7

根鳍条、腹鳍第 1 根分枝鳍条及尾鳍上、下叶均延长,雄鱼的更长。尾柄不明显。无侧线。

体为灰褐色。体侧有 10 余条蓝绿色的横带。头侧略红。自吻端经眼至鳃盖有 1 条黑色条纹,眼后又各有 1 条。鳃盖后角有 1 个暗绿色圆斑。背鳍与臀鳍为灰黑色,边缘为红色,其上有小斑点。尾鳍及腹鳍第 1 根鳍条为红色。雌鱼体色较暗。斗鱼的体色可随栖息环境的不同而变化。

此鱼喜生活于静水或缓流的河沟、池塘及稻田等处,大多以浮游动物及昆虫幼虫为食。产卵期有营巢习性。雄鱼有护卵及护仔现象。此鱼无食用价值,但体色鲜艳、好斗,因此可作为观赏鱼类。在静水水体中会吞食子了。

此鱼在江西西北部分布较多,在宜黄、崇仁、寻乌、宜丰、余江、宁都、瑞金也有分布。

(2) 圆尾斗鱼

地方名:篦梳鱼、圆尾花皮脸。

标本 4 尾,体长 40 mm ~ 55 mm,采自余江、宜丰、安远、寻乌、鄱阳湖、抚河(黎川、南城)。

背鳍 XVI ~ XVIII – 6 ~ 8;臀鳍 XVIII ~ XXI – 10 ~ 12;胸鳍 10;腹鳍 I – 5。纵列鳞 27 ~ 30。

体长为体高的 3.0 ~ 3.3 倍,为头长的 3.1 倍,为尾柄长的 8.0 ~ 10.1 倍,为尾柄高的 6.2 ~ 6.7 倍。头长为吻长的 3.3 ~ 3.6 倍,为眼径的 4.4 倍,为眼间距的 3.3 ~ 3.6 部。尾柄长为尾柄高的 0.6 ~ 0.8 倍。

其体形与叉尾斗鱼相似。头侧扁。口小,上位。眼大,侧上位。眼间距较宽。头被圆鳞,体被栉鳞。具一宽大的鳃上器。无侧线。背鳍和臀鳍相似,基底甚长,与尾鳍间隔小。腹鳍胸位。背鳍第 4 ~ 5 根鳍条、臀鳍第 6 ~ 7 根鳍条及腹鳍第 2 ~ 3 根软鳍条均延长成丝状。尾鳍为圆形。

其体色也与叉尾斗鱼相似。体侧有 12 ~ 15 条深蓝色横带(有些个体不明显)。鳃盖膜后有一深蓝色圆斑。奇鳍色微红。腹鳍为灰黑色。雄鱼个体比雌鱼大,体色也较鲜艳。

其习性与叉尾斗鱼相同,生活于各地的稻田、池塘中,但数量比叉尾斗鱼少,无食用价值,可供观赏。

此鱼分布于寻乌、余江、广昌、南城。

刺鳅目

体长,被细鳞。背鳍棘部为一纵行的小刺。吻前端有肉质突起。无腹鳍。

本目在江西仅有刺鳅1科。

一、刺鳅科

体细长。头小而尖。吻延长,前端有肉质突起。眼下斜前方有一尖端向后的小刺,埋于皮下。前鼻孔管位于吻的肉质突起的两侧,形成3叶。背鳍棘部为一行游离的鳍刺。臀鳍有2~3根刺。背鳍和臀鳍均长,常与尾鳍相连。无腹鳍。尾鳍为长圆形。

本科在江西有1属2种。

1. 刺鳅属

种的检索表
1(2) 口角达眼前缘。臀鳍刺3根 ………………………………………………………… 刺鳅
2(1) 口角不达眼前缘。臀鳍刺2根 ……………………………………………………… 大刺鳅

(1) 刺鳅

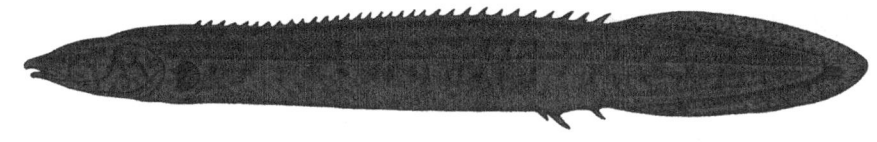

地方名:锯鳅、割黄鳅。

标本8尾,体长117 mm~185 mm,采自鄱阳、余江、九江、彭泽。

背鳍 XXXI~XXXIII-65~65;臀鳍 II-58~64。

体长为体高的9.3~12.1倍,为头长的6.2~7.0倍。头长为吻长的2.9~3.5倍,为眼径的8.0~9.8倍,为眼间距的8.0~9.5倍。

体长而侧扁。头小,长而尖。吻尖而长。吻端向下伸出,成吻突。眼小,侧上位。眼下有一硬刺,埋于皮内。口下位,口裂深,后端达眼前缘或稍后。两颌齿尖细,为绒毛状齿带。鼻孔2对。前鼻孔位于吻突两侧,呈管眼状。后鼻孔近眼,呈平眼状。鳃孔窄。鳃耙退化。

背鳍与臀鳍均与尾鳍相连。胸鳍小而圆。无腹鳍。尾鳍圆或略尖。鳞小。侧线不明显。

体为黑褐色或黄褐色。腹部为淡黄色。腹侧为灰白色。背部、腹部有许多网眼状花纹。体侧有多条淡色的垂直线纹,形成多条黑褐色横带。头部有2条淡色纵线。胸鳍为浅黄色,其余鳍为灰褐色。有的个体鳍间有许多白色斑点,鳍边缘为白色。

刺鳅在江河、湖泊中均有分布,但数量不太多,且个体小,经济价值不高。

此鱼分布于东乡、南城、资溪、余江、崇仁、赣州。

(2)大刺鳅

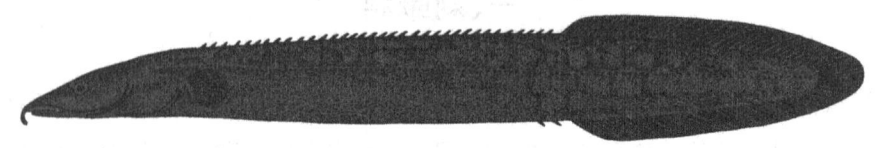

标本2尾,体长225 mm~324 mm,采自寻乌。

背鳍XXXIV-68~80;臀鳍III-65~76。

体长为体高的8.9~9.8倍,为头长的6.4~6.7倍。头长为吻长的3.0~3.3倍,为眼间距的9.0~10.1倍。

体长而扁,头尖细。口下位。上、下颌有绒毛状齿带。眼位于头的前部,侧上位。个体大的鱼,眼下刺埋于皮下,个体小(300 mm以下)的多突出皮外。鼻孔2对。前鳃盖骨后缘有3根刺。背鳍与臀鳍最后的刺均小且埋于皮下。其他形态特征与刺鳅相同。

体为灰褐色。腹部为灰黄色。头部正中多有1条黑色纵带,头侧由吻端至鳃盖上也有1条。体侧常有淡色斑点,从而形成黑色网纹或波状纵条纹。但大型鱼的斑纹不清。胸鳍为黄白色,其余鳍为灰黑色。鳍缘有灰白边。

此鱼喜栖息于多石的底层,以小型无脊椎动物及部分植物为食。其个体较大,但数量少。

此鱼分布于寻乌。其他地区少见。

鲽 形 目

成鱼体左右不对称。两眼均位于头部一侧。背鳍和臀鳍均很长。背鳍一般起自头部或吻部。各鳍均无硬刺。

江西省有1科。

一、舌鳎科

两眼均位于头部左侧。吻突出,且向后下方延伸,呈钩状,包着下颌。背鳍始于吻前部,臀鳍始于鳃盖后缘下方,后端与尾鳍相连。无胸鳍。腹鳍仅存在于有眼侧,且与臀鳍相连。

江西仅1属1种。

1. 舌鳎属

(1) 窄体舌鳎

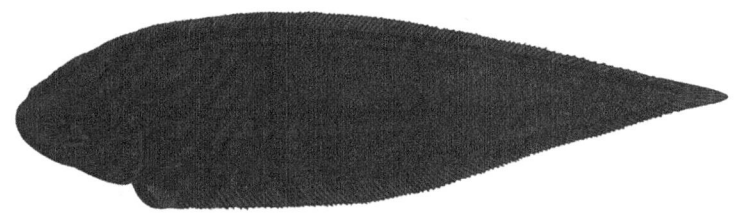

标本11尾,体长145 mm～290 mm,采自鄱阳湖、九江。

背鳍130～134;臀鳍104～110;腹鳍4。

体长为体高的4.0～4.6倍,为头长的4.0～5.3倍。头长为吻长的2.0～2.3倍,为眼径的16.4～22.0倍,为眼间距的11.6～13.5倍。

体长,扁而窄。头较小。头长稍大于头高。吻圆钝。吻长大于眼至背鳍基的距离。口小,呈弓形。有眼侧两颌无齿。无眼侧则具有呈带状排列的绒毛状细齿。眼甚小,相距很近,均位于体左侧。鳃孔窄。左、右鳃膜愈合,但不与峡部相连。前鳃盖骨后缘不游离。鳃耙退化。肛门偏向无眼侧。

背鳍、臀鳍和尾鳍相连。无胸鳍。有眼侧的腹鳍与臀鳍相连。无眼侧无腹鳍。尾鳍

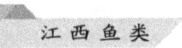

尖。体两侧均被小栉鳞,有眼侧的稍大于无眼侧的。有眼侧具3条侧线。无眼侧无侧线。

此鱼营底栖生活,对环境中的盐度变化适应性强,有时也可到淡水中生活。成鱼以贝类和小虾为食,也食鱼卵及植物腐屑。产卵期约在4月。此鱼为食用鱼类之一,有一定的经济价值。

此鱼分布于鄱阳湖、九江、余江。

鲀 形 目

体裸露或有鳞、骨板和硬刺。上颌骨常固连于前颌骨或与之愈合。上颌一般不能伸出。齿呈圆锥形或门齿状,或愈合成喙状齿板。鳃孔小,侧位。

本目在江西省仅有1科。

一、鲀科

体前段圆,尾部明显变细。口端位。上、下颌各具2个板状门齿。前端正中的中缝明显。鳃孔小,仅开口于胸鳍基部。背鳍后移,无鳍刺。无腹鳍。胃有气囊,可吸入空气或水,使腹部膨大如球。

本科在江西省仅有1属2种。

种的检索表
1(2)体背侧面具1条暗色横带,呈鞍形,边缘为白色 ······················· 弓斑东方鲀
2(1)体背侧面具5~6条暗色横纹 ································· 暗纹东方鲀

1. 东方鲀属

(1)弓斑东方鲀

地方名:河鲀。

标本3尾,体长87 mm~144 mm,采自鄱阳湖。

背鳍16;臀鳍12;胸鳍18。

体长为体高的2.8~3.4倍,为头长的2.8~3.0倍,为尾柄长的4.8倍,为尾柄高的11.8倍。头长为吻长的2.4倍,为眼径的5.0倍,为眼间距的1.9倍。尾柄长为尾柄高的2.1倍。

体前部圆钝,后部渐细。眼小,侧上位。吻短,圆钝。口小,端位,横裂。唇发达,分别包在上、下颌上。上、下颌上各有1对板状门齿。中缝明显。鳃孔小,开口于胸鳍基前。鼻孔2对。

背鳍后移,近尾鳍基。胸鳍宽短。无腹鳍。臀鳍与背鳍相对。尾呈截形。体大部裸露,仅背面自鼻孔至背鳍起点处有小刺。腹面从鼻孔垂直线下至肛门间被小刺。侧线发达,每侧2条,背、腹部各1条。头部侧线有分枝。

体背及上侧部为灰褐色,下侧部略黄。腹部为白色略带粉红。体侧在胸鳍后上方有一白缘大黑斑,与横跨背面的黑色宽带相连,呈鞍状。背鳍基两侧也各有一白缘大黑斑。各黑斑与横带均有橙色边缘。各鳍色淡。尾鳍边缘为黑色。

此鱼为生活于近海中下层的鱼类,可进入淡水生活,喜栖息于水较清之处,以贝类、鱼类为食。成鱼在江河中产卵,幼鱼回海里育肥。遇敌时,腹部气囊膨胀,腹面上浮至水面,用以自卫。此鱼为有毒鱼类,食用时务必小心谨慎,以少食或不食为佳。

此鱼分布于长江口处,我省的鄱阳湖区有少量。

(2)暗纹东方鲀

地方名:河鲀、气鼓袋。

标本6尾,体长60 mm～302 mm,采自鄱阳湖、余江等。

背鳍16－18;臀鳍15－17;胸鳍16－19。

体长为体高的2.8～4.0倍,为头长的2.8～3.7倍,尾柄长的4.4～6.3倍,为尾柄高的8.3～11.4倍。头长为吻长的2.0～2.6倍,为眼径长的5.3～8.4倍,为眼间距的1.5～2.2倍。尾柄长为尾柄高的2.1～2.5倍。随着身体的增长,体高、吻长、眼间距的比相对增大,而头长、眼径、尾柄高的比则相对减小。

体前部圆钝,后部渐细小。眼小,侧上位。眼间隔宽,微凸。吻短而圆钝。口小,端位。上、下颌各有2个板状门齿,中缝明显。唇发达,下唇两端向上弯曲至上唇外侧。鳃孔小,呈裂缝状,位于胸鳍基前方。

背鳍近尾基部。胸鳍宽短,近方形。无腹鳍。臀鳍约与背鳍相对。尾鳍平截。侧线明显,每侧2条,各位于背侧和腹侧。头部多分枝。体无鳞,仅在背面和腹面有小刺。

体背为灰褐色。腹部为白色。背鳍前的背侧面有4～5条暗褐色横纹,其间有3～4条白色狭条纹。胸鳍上方具一白缘大黑斑。背鳍基两侧各有一周白缘大黑斑。幼鱼的暗色宽带上有白色小点。背鳍、胸鳍和尾鳍后缘均呈灰褐色。

此鱼为洄游性鱼类,栖息于水的中下层,在淡水中产卵。幼鱼在翌年回到海里育肥。产卵期为4—6月,5月为盛期。

其肉味鲜美,但内脏及血液有毒,特别是在繁殖期,毒性更强。但从其肝脏和卵巢提取的毒素,对治疗神经痛、痉挛等有一定的疗效。

此鱼分布在鄱阳湖、余江、赣江、赣东北地区、九江、彭泽。

附　　录

附表1　江西鱼类名录及其分布

种类	分布							
	赣江	抚河	信江	饶河	修水	鄱阳湖	长江	寻乌水
鲟形目								
鲟科								
中华鲟	+						+	
匙吻鲟科								
白鲟							+	
鲱形目								
鲱科								
鲥鱼	+		+			+	+	
云鲥							+	
鳀科								
长颌鲚		+	+			+	+	
短颌鲚		+	+			+	+	
银鱼科								
短吻间银鱼		+	+			+	+	
大银鱼						+	+	
太湖新银鱼		+	+			+	+	
寡齿新银鱼						+		
鲤形目						+	+	
胭脂鱼科			+			+	+	
胭脂鱼								
鲤科								
鲂亚科								
南方马口鱼	+	+	+	+	+	+	+	+

续表

种类	分布							
	赣江	抚河	信江	饶河	修水	鄱阳湖	长江	寻乌水
中华细鲫								
大鳞鲬								
宽鳍鱲	+	+	+	+	+	+		
雅罗鱼亚科								
青鱼	+	+	+	+	+	+		+
鯮	+	+	+			+	+	
草鱼	+	+	+	+	+	+	+	+
鳡	+	+	+	+	+	+		
鳤	+	+	+	+		+	+	
拉氏鱥	+	+	+	+		+		
赤眼鳟	+	+	+	+	+	+		
鲴亚科								
细鳞斜颌鲴	+	+	+	+		+	+	
黄尾密鲴（黄尾鲴）	+	+	+	+	+	+	+	+
银鲴	+	+	+	+		+	+	
圆吻鲴	+	+	+	+			+	
似鳊	+	+	+	+		+	+	
鲌亚科	+	+	+	+	+	+	+	
四川半䱗	+	+	+					
△海南拟䱗								+
南方拟䱗	+	+	+	+				
金华拟䱗	+	+	+	+				
银飘鱼	+	+	+	+				
寡鳞飘鱼						+	+	
似鱎	+	+	+			+	+	
䱗条	+	+	+	+	+	+	+	+
油䱗	+	+	+	+		+	+	
黑尾䱗		+						
三角鲂	+	+	+	+		+	+	
团头鲂	+	+	+	+		+	+	+

续表

种类	分布						
	赣江	抚河	信江	饶河	修水	鄱阳湖	长江	寻乌水
长春鳊	+	+	+	+	+	+	+	
华鳊								
红鳍鲌	+	+				+	+	
翘嘴红鲌	+	+	+	+		+	+	
蒙古红鲌	+	+	+	+		+	+	
青梢红鲌	+	+	+			+	+	
尖头红鲌						+	+	
拟尖头红鲌			+	+		+	+	
△大眼华鳊	+	+	+	+				+
△多鳞华鳊			+					
鲢亚科								
鳙	+	+	+	+	+	+	+	+
鲢	+	+	+	+	+	+	+	+
鉤亚科	+	+	+	+	+	+	+	
唇鲭	+	+	+	+		+	+	+
花鲭	+	+	+	+		+	+	+
长吻鲭	+		+					
似刺鳊鉤								
似鲭								
麦穗鱼	+	+	+	+	+	+	+	
长麦穗鱼						+		
华鳈	+	+	+	+	+	+	+	
小鳈	+	+	+					
江西鳈	+		+					
黑鳍鳈	+	+	+	+	+	+	+	+
短须颌须鉤								
隐须颌须鉤								
济南颌须鉤				+				
银鉤								
点纹银鉤	+	+	+					

续表

种类	分布							
	赣江	抚河	信江	饶河	修水	鄱阳湖	长江	寻乌水
铜鱼						+	+	
吻鮈	+	+	+	+	+			
圆筒吻鮈						+	+	
片唇鮈	+	+	+					
长须片唇鮈	+		+					
似鮈	+	+	+					+
棒花鱼	+	+	+	+	+	+	+	+
嵊县胡鮈	+		+		+			+
福建小鳔鮈	+	+	+					
洞庭小鳔鮈			+					
乐山小鳔鮈	+	+						+
长蛇鮈		+	+					
蛇鮈	+	+	+	+		+	+	
细尾蛇鮈	+		+					
光唇蛇鮈			+		+			
鳅鮀亚科								
裸胸鳅鮀	+		+					
南方长须鳅鮀	+	+	+					
宜昌鳅鮀	+	+				+	+	
江西鳅鮀	+	+	+					
鱊鲌亚科								
中华鳑鲏	+	+	+				+	+
高体鳑鲏	+	+	+				+	+
彩石鲋	+	+					+	+
方氏副鳑鲏			+					
须鱊			+	+				
无须鱊			+	+		+		
大鳍刺鳑鲏	+	+	+	+	+	+		
越南刺鳑鲏	+	+	+	+	+		+	
短须刺鳑鲏	+	+	+	+			+	

续表

种类	分布							
	赣江	抚河	信江	饶河	修水	鄱阳湖	长江	寻乌水
多鳞刺鳑鲏	+	+	+					
斑条刺鳑鲏		+	+		+	+		
寡鳞刺鳑鲏	+	+	+					
长身刺鳑鲏			+					
兴凯刺鳑鲏		+	+	+	+	+	+	
白河刺鳑鲏		+	+					
彩副鱊					+	+		
广西副鱊	+	+	+					
鲤亚科								
鲤								
鲫	+	+	+	+	+	+	+	+
鲃亚科								
条纹二须鲃	+							+
刺鲃	+	+	+	+	+	+	+	+
半刺厚唇鱼	+		+					
厚唇鱼	+	+						+
侧条厚唇鱼	+	+	+					+
带半刺厚唇鱼	+	+						
北江厚唇鱼(新亚种)								+
光唇鱼						+		
细身光唇鱼	+		+	+				
薄颌光唇鱼		+	+					
台湾铲颌鱼	+		+					+
白甲鱼	+					+		
南方白甲鱼								+
小口白甲鱼	+			+				+
稀有白甲鱼						+		
瓣结鱼	+		+					
鲮鱼								+
异华鲮								

续表

种类	分布							
	赣江	抚河	信江	饶河	修水	鄱阳湖	长江	寻乌水
东方墨头鱼	+							
鳅科								
花鳅亚科								
中华花鳅								
大斑花鳅		+	+			+	+	
泥鳅	+	+	+	+	+	+	+	+
长身泥鳅								
大鳞副泥鳅	+	+						+
沙鳅亚科								
花斑副沙鳅	+	+	+			+	+	
武昌副沙鳅	+		+					
点面副沙鳅	+							
江西副沙鳅（新种）			+					
紫薄鳅	+		+			+		
条鳅亚科								
横纹南鳅								
花纹条鳅	+							+
平鳍鳅科								
犁头鳅	+		+			+	+	
平舟原缨口鳅		+						
海南原缨口鳅								+
裸腹原缨口鳅	+							+
缨口鳅			+					
中华原吸鳅			+					
长汀拟腹吸鳅			+					+
东坡长汀拟腹吸鳅	+							+
珠江拟腹吸鳅	+							+
花斑拟腹吸鳅								+
拟腹吸鳅								+
鲇形目								

续表

种类	分布							
	赣江	抚河	信江	饶河	修水	鄱阳湖	长江	寻乌水
胡子鲶科								
胡子鲶		+	+			+	+	+
鲶科								
越南鲶	+							
鲶	+	+	+	+	+	+	+	+
河鲶						+	+	
大口鲶								
鲿科								
黄颡鱼	+	+	+			+	+	
叉尾黄颡鱼		+				+	+	
江黄颡鱼	+	+	+			+	+	
光泽黄颡鱼	+	+				+	+	
巨目黄颡鱼		+						
长吻鮠	+	+				+	+	
粗唇鮠	+	+	+					
钝吻鮠		+	+					
细体鮠								
乌苏里鮠	+	+				+	+	
凹尾鮠						+		
白边鮠	+	+	+			+	+	
切尾鮠		+	+					
长尾鮠								
大鳍鳠	+	+	+	+		+	+	+
鮡科								
福建纹胸鮡	+	+	+					+
中华纹胸鮡	+	+	+			+	+	+
钝头鮠科	+	+	+	+		+	+	+
白缘鮡								
黑尾鮡		+				+	+	
鳗尾鮡						+		

续表

种类	分布							
	赣江	抚河	信江	饶河	修水	鄱阳湖	长江	寻乌水
司氏鮡						+		
拟缘鮡		+						
鳗鲡目								
鳗鲡科		+	+			+	+	+
鳗鲡								
颌针目	+		+			+	+	
针鱼科								
鱵								
鳉形目			+			+	+	
鳉科								
青鳉	+	+					+	+
胎鳉科								
食蚊鱼								
鳢形目								
鳢科								
乌鳢								
斑鳢	+							
月鳢	+	+						
合鳃鱼目								
合鳃科								
黄鳝	+	+	+	+	+	+	+	+
鲈形目								
鮨科								
长体鳜	+	+		+		+	+	
鳜	+	+	+	+	+	+	+	+
斑鳜	+	+	+			+	+	
大眼鳜	+	+				+	+	+
波纹鳜	+			+		+	+	
暗鳜	+	+		+				
塘鳢科	+	+						+

续表

种类	分布							
	赣江	抚河	信江	饶河	修水	鄱阳湖	长江	寻乌水
沙鳢	+	+		+		+	+	+
黄鲫鱼	+	+	+	+	+	+	+	
鰕虎鱼科								
波氏栉鰕虎鱼	+					+	+	+
子陵栉鰕虎鱼	+	+	+			+	+	+
褐栉鰕虎鱼	+							
斗鱼科								
叉尾斗鱼	+	+						+
圆尾斗鱼	+	+		+		+	+	+
刺鳅目								
刺鳅科								
刺鳅	+	+	+			+	+	
大刺鳅	+							+
鲽形目								
舌鳎科								
窄体舌鳎	+					+		
鲀形目								
鲀科								
弓斑东方鲀	+						+	
暗纹东方鲀					+	+		

附表2 江西鱼类分类变化

种类	分类变化
中华鲟 *Acipenser sinensis*(Gray)	
白鲟 *Psephurus gladius*(Martens)	
鲥鱼 *Macrura reevesii*(Richardson)	
云鲥 *Macrura ilisha*(Hamilton)	
长颌鲚 *Coilia ectenes*(Jordan et Scale)	
短颌鲚 *C. brachygnathus*(Kreyenbery et Pappenheim)	
短吻间银鱼 *Hemisalanx brachyrostralis*(Fang)	
大银鱼 *Protosalanx hyalocranius*(Basilewsky)	
太湖新银鱼 *Neosalanx taihuensis*(Chen)	
寡齿新银鱼 *Neosalanx oligodontis*(Chen)	
胭脂鱼 *Myxocyprinus asiaticus*(Bleeker)	
青鱼 *Mylopharyngodon piceus*(Richardson)	
鯮 *Luciobrama macrocephalus*(Lacepede)	
草鱼 *Ctenopharyngodon idellus*(Cuvier et Valenciennes)	
鳡 *Elopichthys bambusa*(Richardson)	
鳤 *Ochetobius elongatus*(Kner)	
拉氏鲅 *Phoxinus lagowskii*(Günther)	*Rhynchocypris lagowskii*
赤眼鳟 *Squaliobarbus curriculus*(Richardson)	
南方马口鱼 *Opsariichthys uncirostris bidens*(Günther)	*Opsariichthys bidens* 鲌亚科 *Danioninae*→鲴亚科 *Xenocyprininae*
中华细鲫 *Aphyocypris chinensis*(Günther)	鲌亚科 *Danioninae*→鲴亚科 *Xenocyprininae*
大鳞鱲 *Zacco macrolepis*(Yang et Hwang)	*Opsariichthys macrolepis*
宽鳍鱲 *Z. platypus*(Temminck et Schlegel)	
四川半鲅 *Hemiculterella sauvagei*(Warpachowsky)	
海南拟鲅 *Pseudohemiculter hainanensis*(Nich. et Pope)	
南方拟鲅 *P. dispar*(Peters)	
金华拟鲅 *P. kinghwaensis*(Wang)	
银飘鱼 *Pseudolaubuca sinensis*(Bleeker)	
寡鳞飘鱼 *P. engraulis*(Nichols)	

续表

种类	分类变化
似鳊 *Toxabramis wwinhonis*(Günther)	
鳘条 *Hemiculter leucisculus*(Basilewsky)	
油鳘 *H. bleekeri*(Warpachousky)	
黑尾鳘 *H. nigromarginis*(Yi et Wu)	
三角鲂 *Megalobrama terminalis*(Richardson)	
团头鲂 *M. amblycephala*(Yih)	
长春鳊 *Parabramis pekinensis*(Basilensky)	
华鳊 *Sinibrama wui*(Rendahl)	
红鳍鲌 *Culter erythropterus*(Basil)	
翘嘴红鲌 *Erythroculter ilishaeformis*(Bleeker)	
蒙古红鲌 *E. mongolicus*(Basilewskyky)	
青梢红鲌 *E. dabryi*(Bleeker)	
尖头红鲌 *E. oxycephalus*(Bleeker)	
拟尖头红鲌 *E. oxycephaloides*(Kreyenberg et Pappenheim)	
大眼华鳊 *Sinibrama macrops*(Günther)	
多鳞华鳊 *S. wui polylepis*(Yih et wu)	
细鳞斜颌鲴 *Plagiognathops microlepis*(Bleeker)	
黄尾密鲴(黄尾鲴)*Xenocypris davidi*(Bleeker)	
银鲴 *X. argentea*(Günther)	
圆吻鲴 *Distoechodon tumirostris*(Peters)	
似鳊 *Pseudobrama simoni*(Bleeker)	
鳑鲏亚科 *Acheilognathinae*	
中华鳑鲏 *Rhodeus sinensis*(Günther)	
高体鳑鲏 *R. ocellatus*(Kner)	
彩石鲋 *Pseudoperilampus lighti*(Wu)	*Rhodeus sinensis*
方氏鳑鲏 *Paranhodeus fangi*(Miao)	*Rhodeus fangi*
须鱊 *Acheilognathus barbatus*(Nichols)	
无须鱊 *A. gracilis*(Nichols)	
大鳍刺鳑鲏 *Acanthorhodeus macropterus*(Bleeker)	*Acheilognathus macropterus*
越南刺鳑鲏 *A. tonkinensis*(Vaillant)	*Acheilognathus tonkinensis*

续表

种类	分类变化
短须刺鳑鲏 A. barbatulus(Günther)	Acheilognathus barbatulus
多鳞刺鳑鲏 A. polylepis(Woo)	Acheilognathus polylepis
斑条刺鳑鲏 A. taenianalis(Günther)	Acheilognathus taenianalis
寡鳞刺鳑鲏 A. hypselonotus(Bleeker)	Acheilognathus hypselonotus
长身刺鳑鲏 A. elongatus(Regan)	Acheilognathus elongatus
兴凯刺鳑鲏 A. chankaensis(Dybowsky)	Acheilognathus chankaensis
白河刺鳑鲏 A. peihoensis(Fowler)	Acheilognathus peihoensis
彩副鱊 Paracheilognathus imberbis(Günther)	Acheilognathus imberbis
广西副鱊 P. meridianus(Wu)	Acheilognathus meridianus
鳙 Aristichthys nobilis(Rich)	
鲢 Hypophthalmichthys molitrix(Cuvier et Valenciennes)	
条纹二须鲃 Capoeta semifasciolata(Günther)	Barbodes semifasciolatus
刺鲃 Barbodes caldwelli(Nichols)	Spinibarbus caldwelli
半刺厚唇鱼 Acrossocheilus hemispinus(Nichols)	
厚唇鱼 A.(Lissochilichthys) labiatus(Regan)	
侧条厚唇鱼 A.(Lissochilichthys) parallens(Nichols)	
带半刺厚唇鱼 A.(Lissochilichthgs) hemispinus cinctus(Lin)	
北江厚唇鱼(新亚种)A.(Lissochilichthgs) wenchowensis beijiangensis(Wu et Lin), subsp. nov	Acrossocheilus beijiangensis
光唇鱼 A. fasciatus(Steindachner)	
细身光唇鱼 A. elongatus(Pellegrin et Chevey)	
薄颌光唇鱼 A. kreyenbergii(Regan)	
台湾铲颌鱼 Varicorhinus(Scaphesthes) barbatulus(Pellegrin)	Onychostoma barbatulum
白甲鱼 Onychostoma simus(Saurage et Dabry)	
南方白甲鱼 O. gerlachi(Peters)	
小口白甲鱼 O. lini(Wu)	
稀有白甲鱼 O. rarus(Lin)	
瓣结鱼 Tor brevifilis brevifilis(Peters)	
鲮鱼 Cirrhinus molitorella(Cuvier et Valencinnes)	

续表

种类	分类变化
异华鲮 *Parasinilabeo assimilis*(Wu et Yao)	
东方墨头鱼 *Garra orientalis*(Nichols)	
鲤 *Cyprinus carpio*(Linnaeus)	
鲫 *C. auratus*(Linnaeus)	
唇䱻 *Hemibarbus labeo*(Pallas)	
花䱻 *H. maculatus*(Bleeker)	
长吻䱻 *H. longirostris*(Regan)	
似刺鳊鮈 *Paracanthobrama guichenoti*(Bleeker)	
似䱻 *Belligobio nummifer*(Boulenger)	
麦穗鱼 *Pseudorasbora parva*(Temmiuck et Schlegel)	
长麦穗鱼 *P. elongata*(Wu)	
华鳈 *Sarcocheilichthys sinensis*(Bleeker)	
小鳈 *Sarcocheilichthys parvus*(Nichols)	
江西鳈 *S. kiangsiensis*(Nichols)	
黑鳍鳈 *S. nigripinnis*(Günther)	
短须颌须鮈 *Gnathopogon imberbis*(Sauvage et Dabry)	
济南颌须鮈 *G. tsinanensis*(Mori)	
隐须颌须鮈 *G. nicholsi*(Fang)	
银鮈 *Squalidus argentatus*(Sauvage et Dabry)	
点纹银鮈 *S. wolterstorffi*(Regan)	
铜鱼 *Coreius heterodon*(Bleeker)	
吻鮈 *Rhinogobio typus*(Bleeker)	
圆筒吻鮈 *R. cylindricus*(Günther)	
似鮈 *Pseudogobio vaillanti*(Sanvage)	
棒花鱼 *Abbottina rivularis*(Basilewsky)	
福建小鳔鮈 *Microphysogobio fukiensis*(Banarescu)	
洞庭小鳔鮈 *M. tungtingensis*(Banarescu)	
乐山小鳔鮈 *M. kiatingensis*(Wu)	
嵊县胡鮈 *Huigobio chenhsienensis*(Fang)	
片唇鮈 *Platysmacheilus exiguus*(Lin)	
长须片唇鮈 *P. longibarbatus*(Lo, Yao et Chen)	

续表

种类	分类变化
长蛇鮈 *Saurogobio dumerili*(Bleeker)	
蛇鮈 *S. dabryi*(Bleeker)	
细尾蛇鮈 *S. gracilicaudatus*(Yao et Yang)	
光唇蛇鮈 *S. gymnocheilus*(Lo,Yao et Chen)	
裸胸鳅鮀 *Gobiobotia*(*Gobiob*)*tungi*(Fang)	
南方长须鳅鮀 *G.*(*Gobiob*)*longibarba meridionalis*(Chen et Tsao)	*Gobiobotia meridionalis*
宜昌鳅鮀 *G.*(*Gobiob*)*ichangensis*(Fang)	
江西鳅鮀 *G.*(*Gobiob*)*jiangxiensis*(Zhang et Liu)	
中华花鳅 *Cobitis sinensis*(Sauvage et Dabry)	
大斑花鳅 *C. macrostigma*(Dabry et Thiersant)	
泥鳅 *Misgurnus anguillicaudatus*(Canfor)	
长身泥鳅 *M. elongatus*(Kimura)	
大鳞副泥鳅 *Paramisgurnus dabryanus*(Sanvage)	
花斑副沙鳅 *Parabotia fasciata*(Dabry)	
武昌副沙鳅 *P. banarescui*(Nalbant)	
点面副沙鳅 *P. maculosa*(Wu)	
江西副沙鳅(新种) *P. kiangsiensis*(Liu et Guo sp. nov.)	
紫薄鳅 *Leptobotia taeniops*(Sauvage)	
横纹南鳅 *Schistura fasciolatus*(Nichols et Pope)	
花纹条鳅 *Nemacheilus fasciolatus*(Dichosot pope)	
犁头鳅 *Lepturichthys fimbriata*(Günther)	
平舟原缨口鳅 *Vanmanenia pingchowensis*(Fang)	
海南原缨口鳅 *V. hainanensis*(Chen et Zheng)	
裸腹原缨口鳅 *V. gymnetrus*(Chen)	
中华原吸鳅 *Protomyzon sinensis*(Chen)	
缨口鳅 *Crossostoma davidi*(Sauvage)	
长汀拟腹吸鳅 *Pseudogastromyzon changtingensis*(Liang)	
东坡长汀拟腹吸鳅 *P. changtingensis tungpeiensis*(Chen et Liang)	*Pseudogastromyzon changtingensis*
花斑拟腹吸鳅 *P. maculatum*(Chen et Zheng)	

续表

种类	分类变化
珠江拟腹吸鳅 *P. fangi* (Nichols)	
拟腹吸鳅 *P. fasciatus* (Sauvage)	
胡子鲶 *Clarias fuscus* (Lacépéde)	
鲶 *Parasilurus asotus* (Linnaens)	
越南鲶 *P. cochinchinensis* (Cuvier et Valencinnes)	
河鲶 *P. meridionalis* (Chen)	
大口鲶 *Silurus soidatovi meridionalis* (Chen)	
黄颡鱼 *Pelteobagrus fulvidraco* (Richardson)	*Tachysurus sinensis*
叉尾黄颡鱼 *P. eupogon* (Boulenger)	*Tachysurus eupogon*
江黄颡鱼 *P. vachelli* (Richardson)	*Tachysurus vachellii*
光泽黄颡鱼 *P. nitidus* (Sauvage et Dabry)	*Tachysurus nitidus*
巨目黄颡鱼 *P. macrops* (Nichols)	*Tachysurus crassilabris*
长吻鮠 *Leiocassis longirostris* (Günther)	*Tachysurus dumerili*
粗唇鮠 *L. crassilabris* (Günther)	*Tachysurus crassilabris*
钝吻鮠 *L. crassirostris* (Regan)	*Tachysurus crassilabris*
细体鮠 *L. pratti* (Günther)	*Tachysurus pratti*
乌苏里鮠 *L. ussuriensis* (Dybouski)	*Tachysurus ussuriensis*
长尾鮠 *L. tenuis* (Günther)	*Tachysurus tenuis*
白边鮠 *L. albomarginatus* (Rendhal)	*Tachysurus albomarginatus*
切尾鮠 *L. truncatus* (Regan)	*Tachysurus truncatus*
凹尾鮠 *L. emarginatus* (Regan)	*Tachysurus emarginatus*
大鳍鳠 *Hemibagrus macropterus* (Bleeker)	
白缘鮡 *Liobagrus marginatus* (Günther)	
黑尾鮡 *L. nigricauda* (Regan)	
司氏鮡 *L. styani* (Regan)	
拟缘鮡 *L. marginatoides* (Wu)	
鳗尾鮡 *L. anguillicauda* (Nichols)	
福建纹胸鮡 *Glyptothorax fukiensis* (Rendahl)	*Glyptothorax sinensis*
中华纹胸鮡 *G. sinensis* (Regan)	
鳗鲡 *Anguilla japonica* (Temminck et schlegel)	
鱵 *Hemirhamphus kurumeus* (Jordan et Starks)	

续表

种类	分类变化
青鳉 *Oryzias latipes*(Temminck et Schlegel)	鳉形目 *Cyprinodontiformes*→颌针鱼目 *Beloniformes*
食蚊鱼 *Gambusia affinis*(Baird et Goirard)	
鳢科 *Ophiocephalidac*	
乌鳢 *Ophiocephalus argus*(Cantor)	
斑鳢 *O. maculatus*(Lacepede)	
月鳢 *Channa asiatica*(Linnaeus)	
黄鳝 *Monopterus albus*(Zuiew)	
长身鳜 *Siniperca roulei*(Wu)	鲈形目 *Perciformes*→日鲈目 *Centrarchiformes*
鳜 *S. chuatsi*(Basil)	鲈形目 *Perciformes*→日鲈目 *Centrarchiformes*
斑鳜 *S. scherzeri*(Steindachner)	鲈形目 *Perciformes*→日鲈目 *Centrarchiformes*
大眼鳜 *S. kneri*(Garman)	鲈形目 *Perciformes*→日鲈目 *Centrarchiformes*
波纹鳜 *S. undalata*(Fang et Chong)	鲈形目 *Perciformes*→日鲈目 *Centrarchiformes*
暗鳜 *S. obscura*(Wu)	鲈形目 *Perciformes*→日鲈目 *Centrarchiformes*
叉尾斗鱼 *Macropodus opercularis*(Linnaeus)	鲈形目 *Perciformes*→攀鲈目 *Anabantiformes*
圆尾斗鱼 *M. chinensis*(Bloch)	鲈形目 *Perciformes*→攀鲈目 *Anabantiformes*
沙鳢 *Odontobutis obscurus*(Temminck et Schlegel)	鲈形目 *Perciformes*→鰕虎鱼目 *Gobiiformes*
黄鲫鱼 *Hypseleotris swinhonis*(Günther)	鲈形目 *Perciformes*→鰕虎鱼目 *Gobiiformes*
子陵栉鰕虎鱼 *Ctenogobius giurinus*(Rutler)	*Rhinogobius similis* 鲈形目 *Perciformes*→鰕虎鱼目 *Gobiiformes*
褐栉鰕虎鱼 *C. brunneus*(Temminck et Schlegel)	*Rhinogobius brunneus* 鲈形目 *Perciformes*→鰕虎鱼目 *Gobiiformes*
波氏栉鰕虎鱼 *C. cliffordpopei*(Nichols)	*Rhinogobius cliffordpopei* 鲈形目 *Perciformes*→鰕虎鱼目 *Gobiiformes*
刺鳅 *Mastacembelus aculeatus*(Basilewsky)	*Sinobdella sinensis* 刺鳅目 *Mastacembeliformes*→合鳃鱼目 *Synbranchioformes*
大刺鳅 *M. armatus*(Lacepepe)	刺鳅目 *Mastacembeliformes*→合鳃鱼目 *Synbranchioformes*
窄体舌鳎 *Cynoglossus gracilis*(Günther)	
弓斑东方鲀 *Fugu ocellatus*(Osbeck)	
暗纹东方鲀 *F. obscurus*(Abe)	

参 考 文 献

[1]曹文宣.梁子湖的团头鲂与三角鲂[J].水生生物学集刊,1960(1):58-82.

[2]陈宁生.太湖所产银鱼的初步研究[J].水生生物学集刊,1956(2):324-335.

[3]陈景星.中国花鳅亚科鱼类系统分类的研究[A].//中国鱼类学会.鱼类学论文集:第一辑[C].北京:科学出版社,1981.

[4]陈佩薰.梁子湖戴氏红鲌的生物学[J].水生生物学集刊,1959(4):403-410.

[5]陈相麟.我国鲶科鱼类的总述[J].水生生物学集刊,1977(2):197-218.

[6]陈宜瑜.中国平鳍鳅科鱼类系统分类的研究II.腹吸鳅亚科鱼类的分类[J].水生生物学集刊,1980(1):95-120.

[7]陈宜瑜.中国平鳍鳅科鱼类系统分类的研究I.平鳍鳅亚科鱼类的分类[J].水生生物学集刊,1978(3):331-348.

[8]陈宜瑜.马口鱼类分类的重新整理[J].海洋与湖沼,1982,13(3):293-299.

[9]丁瑞华.四川鱼类志[M].成都:四川科学技术出版社,1994.

[10]《福建鱼类志》编写组.福建鱼类志[M].福州:福建科学技术出版社,1984.

[11]广西壮族自治区水产研究所.广西鲮鱼的生物学及其养殖[J].水生生物学集刊,1975(4):449-470.

[12]广西壮族自治区水产研究所,中国科学院动物研究所.广西淡水鱼类志[M].南宁:广西人民出版社,1981.

[13]郭治之,刘瑞兰.鄱阳湖鱼类调查报告[J].江西大学学报(自然科学版),1963.(2):121-130.

[14]郭治之,刘瑞兰.赣南水产资源调查报告(初步报告)[J].1980.

[15]郭治之,等.荷包红鲤的生物学[J].江西大学学报(自然科学版),1983,7(4):19-36.

[16]郭治之,刘瑞兰.江西余江县(信江)鱼类调查报告[J].江西大学学报(自然科学版),1983,7(2):11-21.

[17]郭治之,刘瑞兰.江西鱼类的研究[J].南昌大学学报(理科版),1995,19(3):222-232.

[18]郝天和.梁子湖沙鳢的生态学研究[J].水生生物学集刊,1960(2):145-158.

[19]湖北省水生生物研究所鱼类研究所.长江鱼类[M].北京:科学出版社,1976.

[20]湖北省水生生物研究所.中国鲤科鱼类检索表.1976.

[21]湖南省水产科学研究所.湖南鱼类志[M].长沙:湖南科学技术出版社,1980.

[22]江西省水产厅.江西水产统计资料(1957—1992年度).

[23]江西省水产厅.江西鱼类[M].不详:不详,1960.

[24]蒋一珪.梁子湖鳜鱼的生物学[J].水生生物学集刊,1959(3):375-385.

[25]李思忠.中国淡水鱼类的分布区划[M].北京:科学出版社,1981.

[26]李思忠.中国鲟形目鱼类地理分布的研究[J].动物学杂志,1987(4):35-40.

[27]刘瑞兰,郭治之.副沙鳅属(鲤形目:鳅科)鱼类一新种[J].江西大学学报(自然科学版),1986,10(4):69-71.

[28]刘瑞兰.武夷山鱼类[A].//中国动物学会30周年论文汇编[C].1974.

[29]刘世平.江西省抚河流域鱼类资源调查[J].江西大学学报(自然科学版),1975,9(1):68-71.

[30]陆桂,钟展烈,赵长春.钱塘江鱼类及渔业调查(初步报告)[R].1960.

[31]尼科里斯基.分门鱼类学[M].缪学组,林福申,田明诚,译.北京:高等教育出版社,1958.

[32]四川省长江水产资源调查组.长江鲟鱼类生物学及人工繁殖研究[M].成都:四川科学技术出版社,1988.

[33]施白南.吻鮈的生物学资料[J].西南师范学院学报,1980(2):111-118.

[34]施白南.圆筒吻鮈的生物学资料[J].西南师范学院学报,1980(2):122-126.

[35]石道全.庐山地区柿鰕虎鱼的生物学研究[J].江西农业学报,1989,1(1):62-66.

[36]孙帼英.长江口及其临近海域的银鱼[J].华东师范大学学报(自然科学版),1982(1):111-119.

[37]唐家汉,钱名全.洞庭湖的鱼类区系[J].淡水渔业.1979(10):24-32.

[38]田见龙.万安大坝截流前赣江鱼类调查及渔业利用意见[J].淡水渔业,1989(1):33-39.

[39]王岐山,施白南,郭治之,等.松花江流域鱼类初步调查[J].吉林师范大学学报,1959(1):1-99.

[40]王以康.鱼类分类学[M].上海:上海科学技术出版社,1958.

[41]魏里钰,等.江西水产纵览[M].北京:中国农业科技出版社,1991.

[42]伍汉霖,陈永豪.我国的河鲀鱼及其毒素[J].动物学杂志,1981(1):75-79.

[43]吴清江,易伯鲁.鲨条属鱼类和黑龙江流域鲨条属鱼类的初步生态调查[J].水

生生物学集刊,1959(2):157-169.

[44]伍献文,等.中国鲤科鱼类志:上卷[M].上海:上海科学技术出版社,1964.

[45]伍献文,等.中国鲤科鱼类志:下卷[M].上海:上海人民出版社,1977.

[46]新乡师范学院生物系鱼类志编写组.河南鱼类志[M].郑州:河南科学技术出版社,1984.

[47]易伯鲁,朱志荣.中国的鮈属和红鮊属鱼类的研究[J].水生生物学集刊,1959(2):170-199.

[48]张春霖.中国系统鲤科鱼类志[M].北京:人民教育出版社,1959.

[49]张春霖.中国鲶类志[M].北京:人民教育出版社,1960.

[50]张鹗,刘焕章.鳅鮀属鱼类一新种(鲤形目:鲤科)[J].动物分类学报,1995,20(2):249-253.

[51]张鹗,刘焕章,何长才.赣东北地区鱼类区系的研究[J].动物学杂志,1996,31(6):3-12.

[52]张鹗,陈宜瑜.赣东北地区鱼类区系特征及我国东部地区动物地理区划[J].水生生物学报,1997,21(3):254-261.

[53]郑慈英,陈宜瑜.广东省的平鳍鳅科鱼类[J].动物分类学报,1980,5(1):89-102.

[54]中国水产科学研究院东海水产研究所,上海市水产研究所.上海鱼类志[M].上海:上海科学技术出版社,1990.

[55]周仰璟.大鳍鳠的生物学资料[J].动物学杂志,1983,23(2):39-42.

[56]邹多录.江西九连山地区的鱼类[J].江西大学学报(自然科学版),1982(2):50-53.

[57]邹多录.江西寻乌水的鱼类资源[J].动物学杂志,1988,23(3):15-17.

[58]朱松泉,王似华.云南省的条鳅亚科鱼类(鲤形目:鳅科)[J].动物分类学报,1985,10(2):208-217.

[59]CHEN J T F, LIANG Y S. Description of anew homalop-terid fish, pseadogastromyzon tungpeiensis, with a synopsis of the known Chinese homalopteridae[J]. Quart J. Taiwan Mus., 1949, 2(4):157-169.

[60]CHU Y T. Comparative study on the seales and on the pharyngeals and their teeth in Chinese cyprinids, with particular reference to taxonomy and evolution[J]. Biol. Bull. St. Tohns Univ., 1935, 4(2):1-221.

[61]FANG P W. New species of Gobiobotia from upper Yangtze River[J]. Sinensia,

1930(5):57-63.

[62] FANG P W, CHONG L T. Study on the fishes referring to sinopera of China[J]. Sinensia,1932,2(12):137-200.

[63] FANG P W. Notes on gobiobotia tungi[J]. SP. Now. Sinensis,1933,3(10):265-268.

[64] FANG P W. Study on botoid fishes of China[J]. Ibid,1936,7(1):1-49.

[65] GÜNTHER A. Contribution to our knowledge of the fishes of the Yangtze-Kiang[J]. Ann. Mag. Nat. Hist.,1988,6(1):433.

[66] HORA S L. Classification, bionomics and evolution of homalopterid fishes[J]. Mem. Ind. Mus.,1932,12(2):263-330.

[67] KIMURA S. Description of the fishes collected from the Yangtze-Kiang, China[J]. Jour. Shanghai Sci. Inst. Soc.,1927—1929,3(1):1-247.

[68] LIANG Y S. Notes on some species of homalopterid loaches referring to pseudogastromyzon from Fukien, China[J]. Contr. Res. Inst. Zool. Bot. Fukien, Acad.,1942(1):1-10.

[69] LIN S Y. Contribution to a study of cyprinidae of Kwangtung and adjacent provinces [J]. Lingnan Sci. Jour.,1935,12(4):492-493.

[70] NICHOLS J T. The fresh-water fishes of China[J]. Nat. Hist. Central Asia,1943(9):194-197.

[71] NICHOLS J T. Chinese fresh-water fishes in American Museum of Natural History's collections: a provisional checklist of the fresh-water fishes of China[J]. Bull. Amer. Mus. Nat. Hist.,1928(58):45-47.

[72] NICHOLS J T. The fresh-water fishes of China[J]. Nat. Hist. Cent. Asia,1943,4:194-197.

[73] REGAN C T. The classification of teleostean fishes of the order ostariophysi. I. cyprinoidea[J]. Ann. Mag. Nat. Hist.,1911,8(8):31-32.

[74] TCHANG T L. The study of Chinese cyprinoid fishes[J]. Part 1, Zool. Sinica, B. S.,1933,2(1):94-102.

[75] TCHANG T L. A review of Chinese hemirhamphus[J]. Bull. Fan. Mem. Inst. Biol.,1939,8(5):339-346.

[76] TCHANG T L. The study of the genus silurus[J]. Bull. Fan. Mem. Inst. Biol.,1937,7(4):141-143.

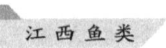

[77] TCHANG T L. The gobies of China[J]. Bull. Fan. Mem. Inst. Biol. Zool. Ser., 1939,9(3):263-287.

[78] WU H W, WANG K F. On a collection of fishes from upper Yangtes Valley[J]. Contr. Biol. Lob. Sci. Soc. China,1931,7(6):221-237.

[79] WU H W. Notes on the fishes from the coat of Foochaw region and Ming River[J]. Contr. Biol. Lob. Sci. Soc. China,1931,7(1):9-12.

[80] WU H W. On the fishes of Li-Kiang[J]. Sinensia,1939,10(1-6):127-130.

后 记

  本书为郭治之和刘瑞兰老师长期工作的研究成果,由于某些原因,当年未能出版,如今经吴小平、陈重光、胡鸿飞整理即将出版。几十年来,大量的新研究不断出现,使江西鱼类的分类系统发生了一定的变化。但为体现本书成书的时代背景,未对内容进行大幅更改。